普通高等教育机电类专业规划教材

机械产品三维设计与自动编程

——CATIA V5R20

主编　周渝庆
参编　张　荣　毛国平
　　　叶家飞　韦光珍

机 械 工 业 出 版 社

本书从读者的角度出发，以 CATIA V5R20 软件为操作平台，选取了典型零件，如轴类、盘类、箱体、叉架类零件，进行建模和加工讲解，用到了多种建模及加工的方法和技巧，讲解思路清晰，图文并茂。每个实例都有实例文件和操作视频，涵盖了 CATIA 软件的建模和加工功能。通过观看视频资料并加以练习，读者能清楚地把握 CATIA 软件的思想，举一反三，提高对实际工作的信心，全面提升应用能力。

本书可作为普通高等院校机械类专业的教材，也适合从事产品开发者和数控加工的技术人员自学。

本书配有电子课件，凡使用本书作教材的教师可登录机械工业出版社教育服务网（http://www.cmpedu.com）下载，或发送电子邮件至 cmp-gaozhi@sina.com 索取。咨询电话：010-88379375。

图书在版编目（CIP）数据

机械产品三维设计与自动编程：CATIA V5R20/周渝庆主编．—北京：机械工业出版社，2014.2（2016.7 重印）

普通高等教育机电类专业规划教材

ISBN 978-7-111-45290-4

Ⅰ.①机… Ⅱ.①周… Ⅲ.①机械设计-计算机辅助设计-应用软件-高等学校-教材 Ⅳ.①TH122

中国版本图书馆 CIP 数据核字（2013）第 312921 号

机械工业出版社（北京市百万庄大街 22 号 邮政编码 100037）
策划编辑：王英杰 责任编辑：王英杰
版式设计：霍永明 责任校对：李锦莉
封面设计：陈 沛 责任印制：常天培
北京京丰印刷厂印刷
2016 年 7 月第 1 版·第 2 次印刷
184mm×260mm·13.5 印张·329 千字
3 001—4 900 册
标准书号：ISBN 978-7-111-45290-4
ISBN 978-7-89405-254-4（光盘）
定价：34.00 元（含 1CD）

凡购本书，如有缺页、倒页、脱页，由本社发行部调换

电话服务
服务咨询热线：010-88379833
读者购书热线：010-88379649

网络服务
机 工 官 网：www.cmpbook.com
机 工 官 博：weibo.com/cmp1952
教育服务网：www.cmpedu.com
金 书 网：www.golden-book.com

前　言

CATIA V5R20 是由法国 Dassault 公司基于 Windows 平台开发的新一代高端 CAD/CAM/CAE 软件系统。CATIA 软件被广泛用于航空航天、汽车制造、船舶制造、机械制造、家电设计等行业，其用户包括波音、克莱斯勒、宝马、奔驰、丰田、本田等著名公司。

CATIA 软件采用先进的混合建模技术，在整个产品周期内便于修改，尤其是后期的修改能力。CATIA 软件的各个模块基于统一的数据平台，各个模块之间存在着真正的全相关性，产品从概念设计到最终产品的形成，从单个零件的设计到最终电子样机的建立，具有统一的数据结构。CATIA 提供多个模型链接的工作环境及混合建模方式，具有真正的并行工程设计环境，从而大大缩短了设计周期。CATIA 软件还具有强大的电子商务能力，通过使用电子设计流程可以进行工程设计，也可实现在电子商务架构上的二次开发集成应用，能够大大增强企业的竞争力。

本书以 CATIA V5R20 软件为操作平台，系统介绍从零件的三维设计、数控加工的设计以及加工流程。本书主要内容为：

第 1 章讲解 CATIA V5R20 软件的概况、工作界面、文件操作、鼠标操作、指南针操作、特征树、选择操作、查找操作、取消与恢复操作、显示控制操作。

第 2 章讲解 CATIA V5R20 软件的草图绘制。内容包括进入和退出草图设计的环境、绘图按钮、草图图形、几何操作、约束操作。通过典型实例讲解草图绘制，并配有多个练习题，每个实例和练习题均有视频资料。

第 3 章讲解零件的三维建模。内容包括概述、基于草图建立特征、特征编辑、形体的变换、形体与曲面有关操作等内容。通过 4 个实例讲解零件的三维建模过程，附有 20 个练习题，每个实例和练习题均有视频资料。

第 4 章讲解曲面设计。内容包括生成线框元素的工具、生成曲面、几何操作等内容。通过典型实例讲解曲面设计，并配有多个练习题，每个实例和练习题均有视频资料。

第 5 章讲解数控加工基础。内容包括工艺设计与工序划分、加工刀具的选择、走刀路线的选择、切削用量的确定、高度与安全高度、轮廓控制、误差控制等。

第 6 章讲解 2.5 轴数控铣削加工。内容包括平面铣削加工、型腔铣削加工、轮廓铣削加工、孔加工、程序生成与后处理及程序输出等。

第 7 章内容讲解曲面铣削加工。内容包括等高线加工、轮廓驱动加工、沿面加工、螺旋加工、清根加工、投影加工等。

为方便读者自学，本书提供配套的实训范例数据文件和视频文件，包括草图绘制、实体设计、曲面设计、数控加工，共 55 个视频，长达数小时，都放在随书附赠的光盘中。

本书讲解详尽，力求精简、实用。根据职业院校学生的学习特点，配有大量的视频资料。读者通过教材和视频资料相结合，可以在最短的时间内掌握零件的三维设计与数控加工。本书可作为高等职业技术学院的培训教材或参考书，同时也可作为广大从事零件设计和数控加工的技术人员的自学参考书。

感谢张荣、叶家飞、毛国平和韦光珍等在教学内容选取中的指导。另外，在本书编写过程中，重庆工业职业技术学院2010届机制301、302班全体同学从学习者的角度提出了中肯的意见和建议，在此表示感谢！

由于编者水平有限，错误之处在所难免，希望读者不吝指教，编者在此表示衷心的感谢。

编　者

目　录

第1章　工作界面与基本操作

1.1　概况

CATIA是由法国达索（Dassault Systemes）公司推出的一套集成应用软件包，其功能覆盖了产品设计的各个方面：计算机辅助设计（CAD）、计算机辅助工程分析（CAE）、计算机辅助制造（CAM），既提供了支持各种类型的协同产品设计的必要功能，也可以进行无缝集成，完全支持“端到端”的企业流程解决方案。

作为世界领先的CAD/CAM软件，CATIA在过去的二十多年中一直保持着骄人的业绩，并继续保持其强劲的发展趋势。CATIA在汽车、航空航天领域的统治地位不断增强。同时，CATIA也大量地进入了其他行业，如摩托车、机车、通用机械、家电等。国际一些著名的公司如空客、波音等飞机制造公司，宝马、克莱斯勒等汽车制造公司都将CATIA作为他们的主流软件。国内10多家大的飞机研究所和飞机制造厂选用了CATIA，一汽集团、二汽集团、上海大众集团等10多家汽车制造厂都选用CATIA作为新车型的开发平台。

1.2　启动和退出CATIA软件

1. 启动CATIA软件

单击Windows的按钮，从弹出菜单中选择【开始】/【CATIA】/【CATIA V5R20】或者双击CATIA的快捷按钮即可启动CATIA V5R20。

2. 启动工作模块

通过【开始】菜单启动工作模块，例如【开始】/【机械设计】/【零件设计】，即可开始零件的三维建模。也可以通过【文件】菜单开始一个新文件，或者打开一个已有的文件，文件的具体类型确定了要进入的模块。

从【开始】或【文件】下拉菜单选择【退出】，即可退出CATIA。

1.3　CATIA软件的工作界面

CATIA采用了标准的Windows工作界面。虽然拥有几十个模块，但其工作界面的风格是一致的，如图1-1所示。二维作图或三维建模的区域位于屏幕的中央，周边是工具栏，顶部是菜单条，底部是人机信息交换区。

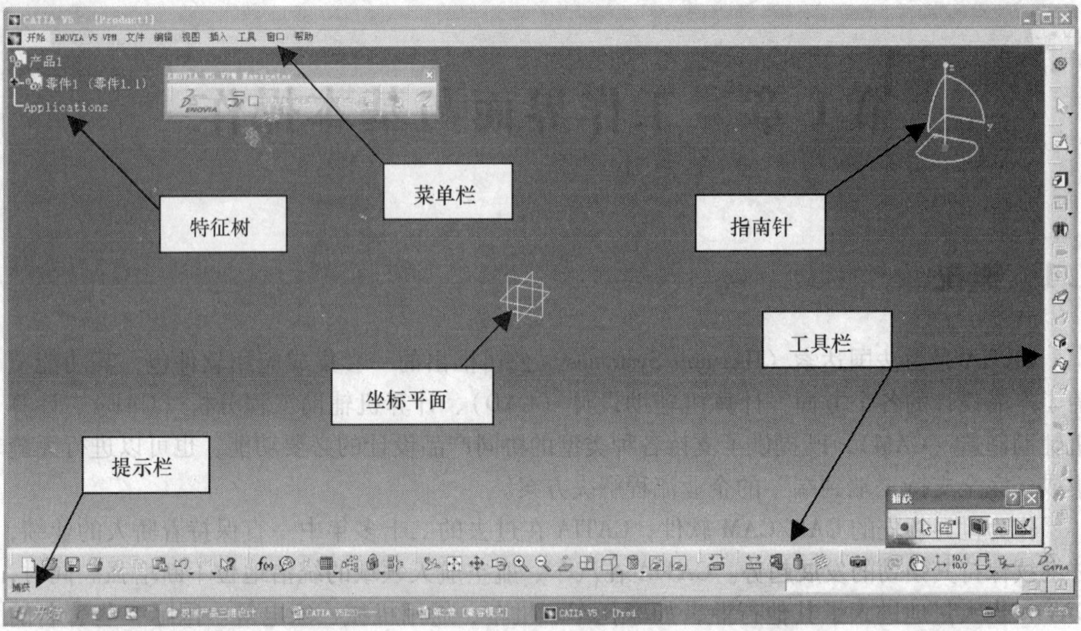

图 1-1 CATIA 工作界面

1.4 文件操作

1. 建立新文件

单击按钮或选择菜单【文件】/【新建】，将弹出图 1-2 所示确定新文件类型的【新建】对话框，例如选择【Part】，单击【确定】，即可建立一个新文件，并且进入三维零件建模模块。

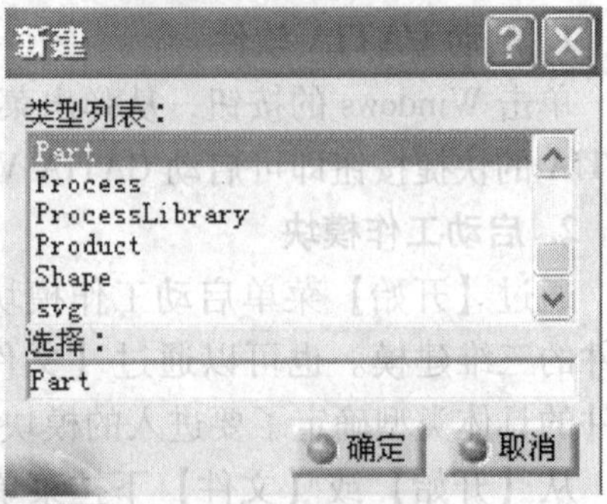

图 1-2 新建对话框

2. 打开已有的文件

单击按钮或选择菜单【文件】/【打开】，将弹出【选择文件】对话框，选择一个已有的文件，单击【打开】，即可打开该文件，并且进入相应的模块。

3. 保存文件

（1）保存已命名的文件　单击按钮或选择菜单【文件】/【保存】即可。

（2）以另外的名字保存文件　选择菜单【文件】/【另存为】，在随后弹出的【另存为】对话框内输入文件名即可。

（3）保存未命名的新文件　单击按钮或选择菜单【文件】/【保存】，在随后弹出的【另存为】对话框内输入文件名即可。

1.5 鼠标操作

CATIA 推荐用三键或带滚轮的双键鼠标，各键的功能如下：

（1）左键　确定位置、选取图形对象、菜单或按钮。

（2）右键 单击右键，弹出上下文相关菜单。

（3）中键或滚轮

1）按住中键或滚轮，移动鼠标，拖动图形对象的显示位置。

2）按住中键或滚轮，单击左键，向外移动鼠标，放大图形对象的显示比例，向内移动鼠标，缩小图形对象的显示比例。

3）同时按住中键或滚轮和左键，移动鼠标，改变对图形对象的观察方向。

以上操作可以改变图形对象的位置、大小和旋转一定角度，但只是改变了用户的观察位置和方向，图形对象的位置并没有改变。

1.6 指南针操作

指南针是由与坐标轴平行的直线和三个圆弧组成的，其中 x 轴和 y 轴方向各有两条直线，z 轴方向只有一条直线。这些直线和圆弧组成平面，分别与相应的坐标平面平行，如图 1-3 所示。通过菜单【视图】/【指南针】可以显示或隐藏指南针。当指南针与形体分离时，利用指南针可以改变形体的显示状态。当指南针附着到形体的表面时，利用指南针可以改变形体的实际位置。

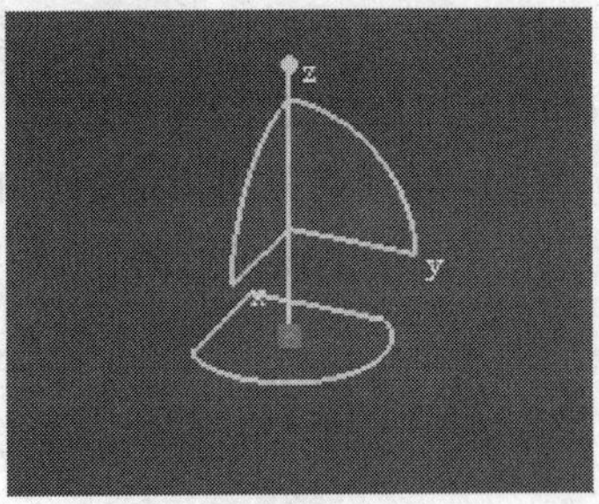

图 1-3 指南针

1. 改变形体的显示位置

当光标接近指南针的直线和圆弧段时，直线或圆弧段呈红色显示，光标由箭头改变为手的形状。按住鼠标左键，沿指南针的直线移动时，形体将沿着相应的方向做同样的移动。按住鼠标左键，沿指南针的弧线移动时，形体将绕相应的坐标轴同方向做同样的旋转。用光标指向指南针顶部的圆点时，圆点呈红色显示。按住鼠标左键，拖动圆点绕另一端红色的方块旋转时，形体也会跟着旋转。以上操作只是改变了观察形体的位置和方向，形体的实际位置并没有改变。

2. 改变形体的实际位置

当光标指向指南针的红色方块时，光标改为。按住鼠标左键，拖动指南针到形体的表面，指南针呈绿色显示，坐标轴名称改变为 U、V、W，表示指南针已经附着到形体的表面上。操作方法和操作过程与改变形体的显示位置相同，但改变的是形体的实际位置。

用鼠标拖动指南针底部的红色方块，或者选择菜单【视图】/【重置指南针】，指南针即可脱离形体表面，返回到原来位置。

1.7 特征树

1. 特征树的结构

特征树以树状层次结构显示了二维图形或三维形体的组织结构。根结点的种类和 CATIA 的模块相关，例如零件建模模块的根结点是零件、绘制二维图形模块的根结点是草图。带有符号“⊕”的结点还有下一层结点，单击结点前的“⊕”，显示该结点的下一层结点，单击结点的“⊖”，返回到该结点，如图 1-4 所示，结点后的文本是对该结点的说明。

2. 特征树的操作

（1）显示或隐藏特征树 通过功能键 F3 可以显示或隐藏特征树。

（2）移动特征树 将光标指向特征树结点的连线，按住鼠标左键，即可拖动特征树到指定位置。

（3）缩放特征树 将光标指向特征树结点的连线，按住 Ctrl 键和鼠标左键，特征树将随着鼠标的移动而改变大小。

（4）只显示形体的第一层结点 选择菜单【视图】/【树展开】/【展开第一层】，将只显示形体的第一层结点。

（5）显示形体的前两层结点 选择菜单【视图】/【树展开】/【展开第二层】，将显示形体的前两层结点。

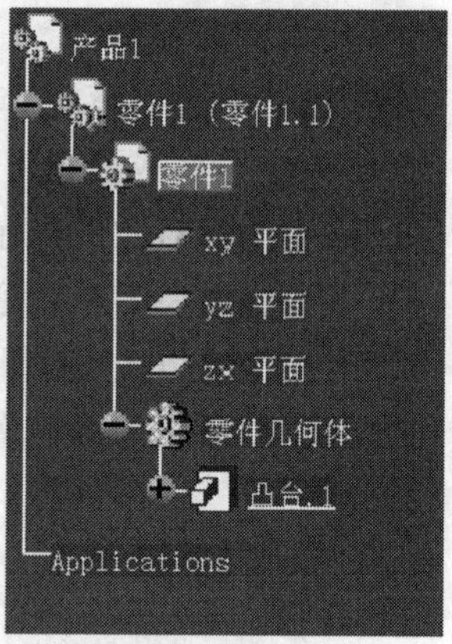

图 1-4 特征树

（6）不显示形体的下一层结点 选择菜单【视图】/【树展开】/【全部折叠】，将不显示形体的下一层结点。

（7）展开或关闭指定结点的下一层结点 单击结点前的符号“⊕”，将显示该结点的下一层结点，单击该结点的符号“⊖”，将关闭该结点的下一层结点。

1.8 选择操作

CATIA 选择提供了【选择】工具栏所示的选择方法，如图 1-5 所示。

1. 单点选择

单击（选择）按钮，用光标指向要选择的对象或特征树的结点，光标改变为手的形状，待选择的对象呈红色显示，单击鼠标左键即可。

图 1-5 选择工具栏

2. 矩形选择框

单击（矩形选择框）按钮，将光标移至合适的位置，按住鼠标左键，移动光标至另一位置，松开鼠标左键，这两个位置形成一个矩形窗口，整体在矩形窗口内的对象呈红色显示。它们即为选到的对象。

3. 相交矩形选择框

单击（相交矩形选择框）按钮，除了整体在矩形窗口内的对象被选中外，与矩形窗口接触的对象也被选中。

4. 多边形选择框

单击（多边形选择框），整体在多边形窗口内的对象被选中。多边形是用鼠标左键拾取的点确定的，双击鼠标左键，确定多边形的最后一个点。

5. 手绘选择框

单击（手绘选择框）按钮，按住鼠标左键，移动光标绘制波浪线，松开鼠标左键，与波浪线相交的对象呈红色显示，它们即为选到的对象。

1.9 查找操作

选择菜单【编辑】/【搜索】或者选用 Ctrl + F 快捷键，将弹出图 1-6 所示“搜索”对话框。输入要查找对象的名字、类型、颜色、线型、图层、线宽、可见性等某些属性，即可找到这些对象。单击【确定】，即可选到这些对象。

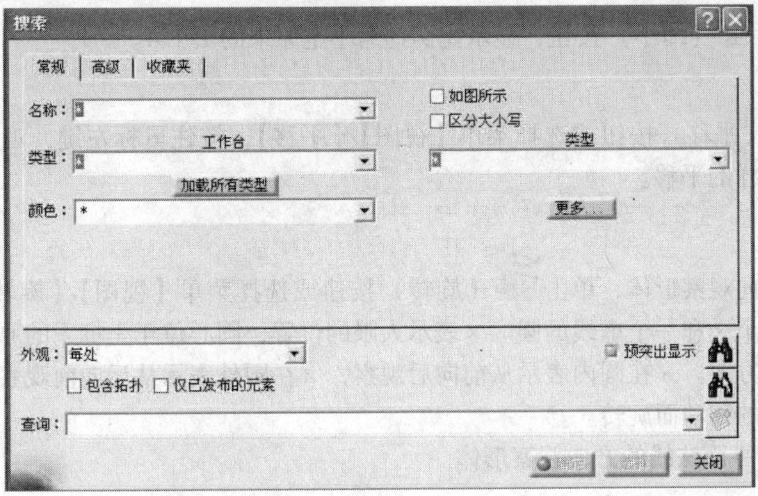

图 1-6 “搜索”对话框

1.10 取消与恢复操作

1. 取消操作

单击（取消）按钮或选择菜单【视图】/【撤销】，单击按钮或按 Ctrl + Z，将取消最近一次的操作。

2. 恢复操作

单击（恢复）按钮或选择菜单【视图】/【重做】，单击按钮或按 Ctrl + Y，将恢复取消的操作。

1.11 显示控制操作

通过【视图】工具栏和图 1-7 所示【视图】菜单调用 CATIA 的显示功能。

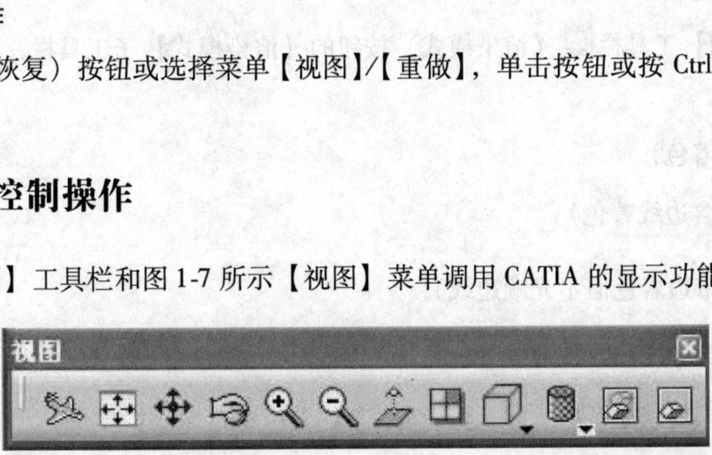

图 1-7 视图菜单

1. 全部适应

单击（全部适应）按钮或选择菜单【视图】/【全部适应】，全部图形对象按最佳比例显示。

2. 放大显示

单击一次（放大）按钮，显示比例约放大至原来的 1.4 倍。

3. 缩小显示

单击一次（缩小）按钮，显示比例约缩小至原来的 1/1.4。

4. 平移

单击（平移）按钮或选择菜单【视图】/【平移】，按住鼠标左键，观察位置随着鼠标的移动做同样的平移。

5. 旋转

从任意方向观察形体，单击（旋转）按钮或选择菜单【视图】/【旋转】，按住鼠标左键，出现一个×和一个虚线的圆。×表示人眼的位置，圆心位于坐标系的原点，×与圆心连线即为观察方向。×在圆内表示从前向后观察，×在圆外表示从后向前观察。图形对象随着鼠标沿弧线的移动而旋转。

6. 沿基准平面法线的方向观察形体

单击（法线视图）按钮，选择基准平面，即可实现沿基准平面法线的方向观察形体。

7. 选择标准的观察方向

单击（标准的观察方向）按钮即可选择标准的观察方向。在标准方向观察形体通常称为视图，从前向后观察，得到正视图，从左向右观察，得到左视图，从右向左观察，得到右视图，从上向下观察，得到俯视图，从下向上观察，得到仰视图，从后向前观察，得到后视图。

8. 选择渲染模式

通过【视图】工具栏（渲染模式）按钮的【渲染模式】子工具栏，可以确定以下显示模式：

（1）（着色）

（2）（含边线着色）

（3）（带边着色但不光顺边线）

（4）（含边线和隐藏边线着色）

（5）（含材料着色）

（6）（线框）

第 2 章　草 图 绘 制

2.1　进入和退出草图设计的环境

CATIA V5R20 软件的草图功能为设计者提供了快捷精确的二维图形设计手段。使用草图在构造二维图形的同时对这些几何图形产生约束，一旦需要可随时对其进行编辑，以获得任何所需的二维图形。

1. 从零件设计环境进入草图设计的环境

1）选择菜单【开始】/【机械设计】/【零件设计】，进入零件设计的环境，如果已经进入了零件设计环境，则不需这一步。

2）选取绘图平面，绘图平面可以是坐标平面、基准面或形体的平表面。

3）单击按钮，即可进入图 2-1 所示的草图设计的环境。

2. 从【开始】菜单进入草图设计的环境

1）选择菜单【开始】/【机械设计】/【草图编辑器】，首先进入零件设计的环境。

2）选取绘图平面，单击按钮，进入图 2-1 所示的草图设计的环境。

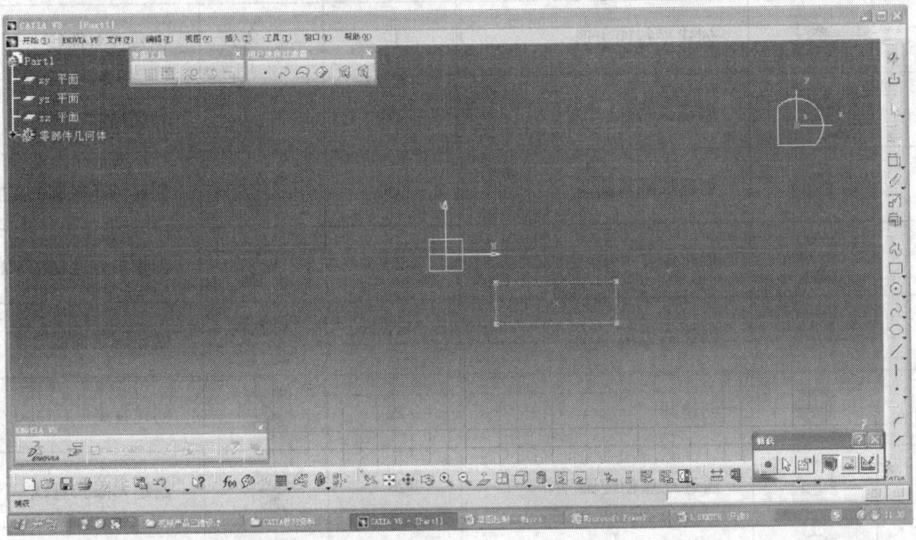

图 2-1　草图设计的环境

3. 从草图设计环境返回零件设计的环境

单击按钮，即可返回到零件设计的环境。

2.2 绘图按钮

1. 界面按钮

序号	按钮	名称	序号	按钮	名称
1		创建草图	5		创建几何约束
2		退出草图	6	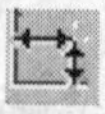	创建尺寸约束
3	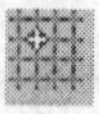	捕捉点	7		通过草图平面切零件
4	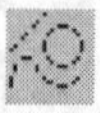	创建参考元素或标准元素			

2. 轮廓创建

序号	按钮	名称	序号	按钮	名称
1		创建直线和圆组成的轮廓	14		用三点限制创建圆弧
2		创建矩形	15		创建基本圆弧
3		创建导向矩形	16	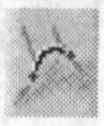	创建过渡线
4	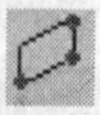	创建平行四边形	17		创建样条曲线
5		创建长圆孔	18		创建椭圆
6		创建长圆弧孔	19		创建焦点控制的抛物线
7		创建锁孔	20		创建焦点控制的双曲线
8	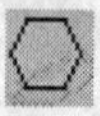	创建六边形	21		创建圆锥曲线
9		创建圆	22		创建直线
10		通过三点创建圆	23		创建无限长直线
11		输入坐标值创建圆	24	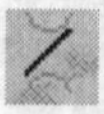	创建双切线
12		三处相切创建圆	25		创建角分线
13		通过三点创建圆弧	26		创建轴

（续）

序号	按钮	名称	序号	按钮	名称
27		创建点	30		创建交点
28		创建坐标点	31		创建投影点
29		创建等距点			

3. 几何操作

序号	按钮	名称	序号	按钮	名称
1		倒圆（裁剪所有元素）	13		打断并保留所选元素
2		倒圆（裁剪首先选择的元素）	14		封闭圆、椭圆或样条曲线
3		倒圆（不裁剪）	15		创建相反圆弧或椭圆弧
4		倒角（裁剪所有元素）	16		镜像
5		倒角（裁剪首先选择的元素）	17		平移
6		倒角（不裁剪）	18		旋转
7		裁剪（裁剪所有元素）	19		缩放
8		裁剪（裁剪首先选择的元素）	20		偏置
9		打断	21		将3D元素投影到草图平面
10		快速裁减	22		创建3D元素与草图平面相交的元素
11		打断并擦除所选区域内元素	23		将3D元素轮廓边界投影到草图平面
12		打断并擦除所选区域外元素	24		Isolate 独立

4. 约束

（1）约束命令

序　号	按　钮	名　称	序　号	按　钮	名　称
1		使用对话框进行约束	4		自动创建约束
2	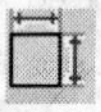	创建快速约束	5	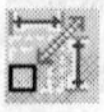	产生动画约束
3		创建接触几何约束			

（2）约束符号

序　号	按　钮	名　称	序　号	按　钮	名　称
1		垂直	6		平行
2		一致	7	R 25	半径/距离/长度
3		竖直	8	D 50	直径
4		水平	9		同心
5		固定			

（3）约束颜色（按系统默认值）

白色/表示当前元素

橘红色/表示已选择的元素

黄色/表示不能修改的元素

棕色/表示不变化的元素

绿色/表示固定和已约束的元素

紫色/表示过约束元素

红色/表示前后矛盾的元素

2.3　草图图形

本节将详细地介绍相关的功能及各功能在实际造型中的应用。

2.3.1　草图工具

在使用草图相关命令之前，先介绍草图工具。

草图工具是一种智能工具，可以帮助设计者在使用大多数草图命令创建几何外形时准确定位。草图工具可以大幅提高工作效率，降低为定位这些元素所必需的交互操作次数，如图2-2 所示。

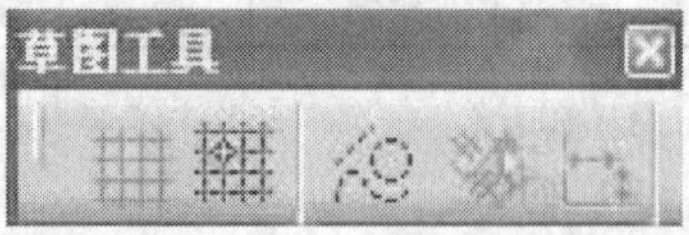

图 2-2　草图工具

使用草图工具可以定位于任意点、坐标位置点、已知一点、曲线上的极点、直线中点、圆或椭圆中心点、曲线上任意点、两条曲线交点、竖直或水平位置点、假想的通过已知直线端点的垂直线上任意点等。

由于草图工具会产生多种可能的捕捉方式，因此设计者可以使用鼠标右键弹出下拉菜单进行选择或按住 Ctrl 键对所捕捉方式予以固定，也可按住 Shift 键放弃任何捕捉方式，弹出菜单按所选择的元素会有不同。

2.3.2 界面按钮

1. 工具栏

进入草图模块以后，若将菜单上【视图】/【工具条】/【工具】打开，会出现如图 2-2 所示的草图工具。

激活捕捉点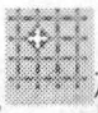模式，所做草图不论起始点或终点都只能落在网格的交点上（草图工具起作用时除外）。

激活或关闭创建参考元素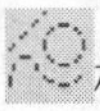模式，则创建参考元素或标准元素。建立参考元素是为了方便标准元素的创建。参考元素在创建特征时不予考虑且离开草图模块时不显示。可以使用此按钮将参考元素或标准元素进行切换。

激活几何约束模式，则创建草图工具得到的几何约束。

激活尺寸约束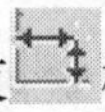模式，则创建草图工具得到的尺寸约束。

2. 轮廓创建

单击（轮廓）按钮，工具栏如图 2-3 所示。

图 2-3　轮廓创建草图工具

可在数值框内键入坐标值或直接在屏幕上单击，画直线单击，画相切圆单击，画三点圆单击。若所画轮廓封闭则自动退出命令。若需不封闭轮廓，可在所需轮廓最终位置双击或再次单击即可。使用绘制结果如图 2-4 所示。

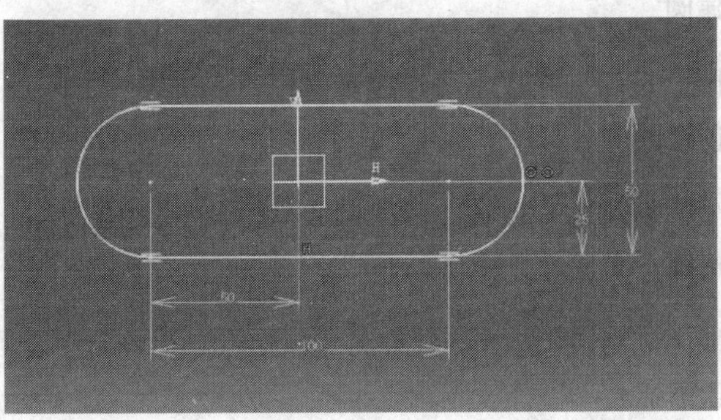

图 2-4　轮廓绘制

3. 创建矩形

单击（矩形）按钮，系统提示选择矩型第一点，可在屏幕上单击或在工具栏内输入数值，接着系统提示选择矩型第二点完成矩型绘制。若数值都是通过工具栏输入，则工具栏中几何约束和尺寸约束都被激活。

4. 斜置矩形

单击（斜置矩形）按钮，定义导向矩形第一点，再定义导向矩形第一条边与 H 轴角度，接着再定义导向矩形第二点即可。

5. 创建平行四边形

单击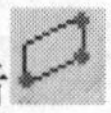（平行四边形）按钮，连续定义平行四边形第一、第二及第三点，即产生平行四边形。

6. 创建延长孔

单击（延长孔）按钮，先在屏幕上定义第一个圆心点，再定义第二个圆心点，接着再定义圆弧半径。

7. 创建圆柱形延长孔

单击（圆柱形延长孔），先在屏幕上定义一参考圆以确定第一个长圆弧孔圆心位置，再定义第二个长圆弧孔圆心位置，接着再定义圆弧半径。

8. 创建钥匙孔轮廓

单击（钥匙孔轮廓）按钮，先在屏幕上定义较大圆的圆心位置，再定义较小圆圆心位置，接着定义较小圆半径，最后定义较大圆半径。

9. 创建六边形

单击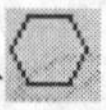（六边形）按钮，先在屏幕上定义六边形中心位置，再定义六边形参考线与 H 轴角度，最后定义六边形大小。

10. 创建圆

单击（圆）按钮，先在屏幕上定义圆心位置，再定义半径。

11. 通过三点创建圆

单击（三点圆）按钮，在屏幕上连续定义三点以确定一个圆。

12. 输入坐标值创建圆

单击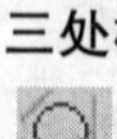（使用坐标创建圆）按钮，输入圆心坐标及半径值。

13. 三处相切创建圆

单击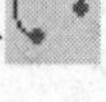（三切线圆），连续选择三个元素（包括点）以确定一个圆。

14. 通过三点创建圆弧

单击（三点弧）按钮，定义起始点位置，再定义第二点位置，最后定义终点位置。

15. 用三点限制创建圆弧

单击（起始受限的圆弧）按钮，定义起始点位置，再定义终点位置，最后定义第二点位置。

16. 创建基本圆弧

单击（基本圆弧）按钮，定义圆心位置，再定义起始点位置，最后定义终点位置。

17. 创建样条曲线

单击（样条曲线）按钮，单击样条曲线要通过的控制点，双击结束操作。

18. 创建过渡线

单击（过渡线）按钮，工具栏上显示圆弧连接和样条曲线连接两种选项，默认为圆弧连接。

19. 创建椭圆

单击（椭圆）按钮，先定义椭圆中心，再定义长半轴端点位置，最后定义椭圆大小。

20. 创建焦点控制的抛物线

单击（通过焦点创建抛物线）按钮，先定义抛物线焦点和顶点，再定义抛物线起始点和终点。

21. 创建焦点控制的双曲线

单击（通过焦点创建双曲线）按钮，先定义双曲线焦点和中心点，再定义顶点位置，最后定义双曲线起始点和终点。

22. 创建直线

单击（直线）按钮，定义起始点和终点。

23. 创建无限长直线

单击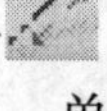（无限长线）按钮，工具栏上出现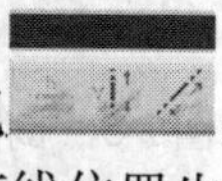，分别对应水平方向、竖直方向及任意方向。单击所需模式，在屏幕上单击所需直线位置生成直线。对任意方向模式还需再定义与 H 轴夹角。

24. 创建双切线

单击（双切线）按钮，分别选择第一个和第二个元素，将创建一直线与此两元素相切，相切位置决定于鼠标单击位置。

25. 创建角平分线

单击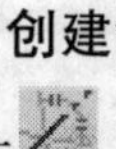（角平分线）按钮，分别选择第一条直线和第二条直线，将创建此两直线角分线（无限长直线）。

26. 创建轴

单击（轴）按钮，分别定义第一点和第二点位置生成轴。在一个草图里只能有一根

轴，若试图再画第二根轴，第一根轴则转为参考元素。轴不能使用将其转为参考元素。若已选中一根直线，单击按钮则将此直线转为轴。

27. 创建点

单击（点）按钮，在屏幕上直接定义一点。若复选多点（至少两点），单击按钮，则生成所选点的重心点。

28. 创建坐标点

单击（坐标点）按钮，选择参考点，定义坐标值。

29. 创建等距点

单击（等距点）按钮，选择直线或曲线，在新创建点数目栏输入希望创建的点的数量，得到等距点。

30. 创建交点

单击（交点）按钮，分别选择两条线，得到交点。或复选几个元素，单击，再选一条线，得到交点。

31. 创建投影点

单击（投影点）按钮，复选或单选点，选择一条线，得到投影点。

2.4 几何操作

1. 倒圆

单击（倒圆）按钮，草图工具栏出现选项如图 2-5 所示。

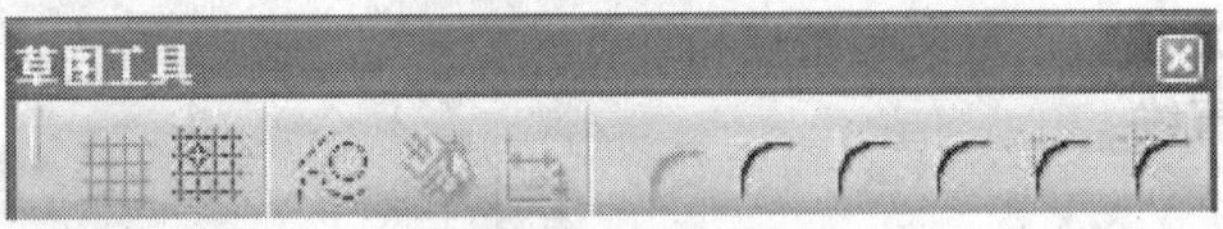

图 2-5 倒圆角草图工具

2. 倒角

单击（倒角）按钮，倒角可在任何类型的元素之间完成。选择两条线，工具栏出现选项如图 2-6 所示。

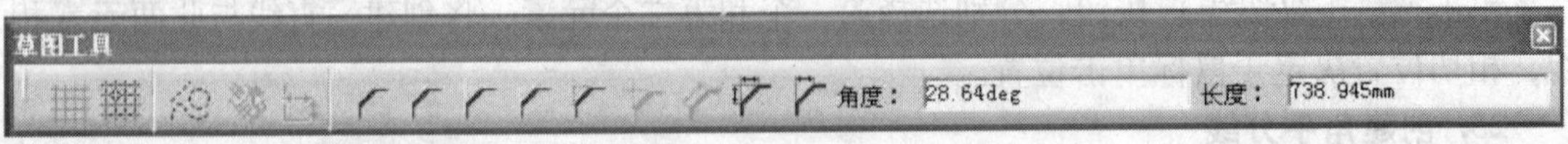

图 2-6 倒角草图工具

3. 修剪

单击（修剪）按钮，草图工具栏出现两种选择。

在图 2-7 所示的工具栏中单击按钮，表示修剪所有元素。选择元素时指针所处的位置为裁剪后所需保留的部分。

在工具栏中单击按钮，表示裁剪首先选择的元素。

单击命令后假如两次选择的都是同一元素，该元素将被裁剪到第二次选择时指针位置。

4. 断开

单击（断开）按钮，选择要打断的元素，选择一点，若点不在此元素上，则投影至该元素上，然后在此点处将元素断开。

5. 快速修剪

单击（快速修剪）按钮，工具栏出现三种选择（图2-8）：

单击按钮，表示打断并擦除所选区域内元素。

单击按钮，表示打断并擦除所选区域外元素。

单击按钮，表示仅仅打断并保留所选元素。

图2-7　修剪草图工具

图2-8　快速修剪草图工具

6. 封闭圆、椭圆或样条曲线

单击（封闭弧）按钮，选择要封闭的圆或椭圆。对使用修剪后的样条曲线，可恢复其初始形状。

7. 创建相反圆弧或椭圆弧

单击（补充）按钮，选择圆弧。

8. 镜像

单选或复选元素，单击（镜像）按钮，选择轴或直线作为镜像中心。

9. 平移

单击（平移）按钮，在出现的对话框中，检查复制模式状态，选中为复制，在“实例”中输入复制数目；不选中则为移动。若选中保持约束模式，则复制后元素保持原有约束。选择要复制或移动的元素，定义参考点、方向及距离。

10. 旋转

单击（旋转）按钮，在出现的对话框中，检查复制模式状态，选中为复制，在“实例”中输入复制数目；不选中则为旋转。若选中保持约束模式，则复制后元素保持原有约束。选择要旋转元素，定义旋转中心点及旋转参考方向和角度值。

11. 缩放

单击（缩放）按钮，在出现的对话框中检查复制模式状态，选中为复制，在“实例”中输入复制数目；不选中则为比例缩放。若选中保持约束模式，则复制后元素保持原有约束。选择要缩放元素，定义缩放原点，输入比例值。

12. 偏置

单击（偏置）按钮，在工具栏中选择偏置模式，选择要偏置的元素。

13. 将 3D 元素投影到草图平面

在草图界面下单选或复选 3D 边界，单击（将 3D 元素投影到草图平面）按钮即可。

14. 创建 3D 元素与草图平面相交的元素

在草图界面下单选或复选 3D 曲面，单击（创建 3D 元素与草图平面相交的元素）按钮即可。

15. 将 3D 元素轮廓边界投影到草图平面

在草图界面下选择单选或复选规则曲面，单击（将 3D 元素轮廓边界投影到草图平面）按钮即可。

16. 隔离

使用或生成的线与 3D 是关联的，无法对其编辑。要想去除关联，可选择要独立的元素，单击（隔离）按钮。

2.5 约束

1. 使用对话框进行约束

选择要约束的元素，单击（使用对话框进行约束）按钮，出现“约束定义”对话框，如图 2-9 所示。

对话框可选部分因选择元素不同而呈现不同选项。选中所需约束，单击【确定】按钮。此对话框也可通过去除已选中的选项而解除已产生的约束。

2. 创建尺寸约束

单击（尺寸约束）按钮，选择一个或两个元素，系统产生默认的尺寸标注，单击右键在弹出菜单（图 2-10）中可重新选择所需的尺寸或几何约束。

菜单内容因所选元素不同而不同，对已产生的约束修改可双击该约束，在弹出的对话框的数值栏内可对其进行编辑，或通过选择要编辑元素，使用鼠标右键弹出菜单编辑。

3. 创建接触几何约束

单击（接触约束）按钮，选择第一个元素和第二个元素，系统按同心、一致、相切优先顺序创建几何约束。

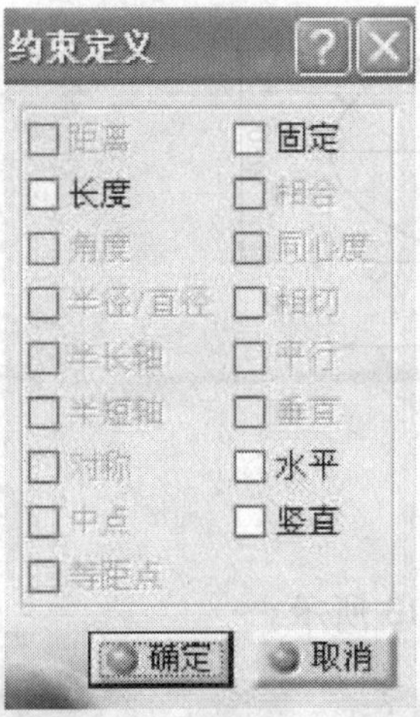

图 2-9 “约束定义”对话框

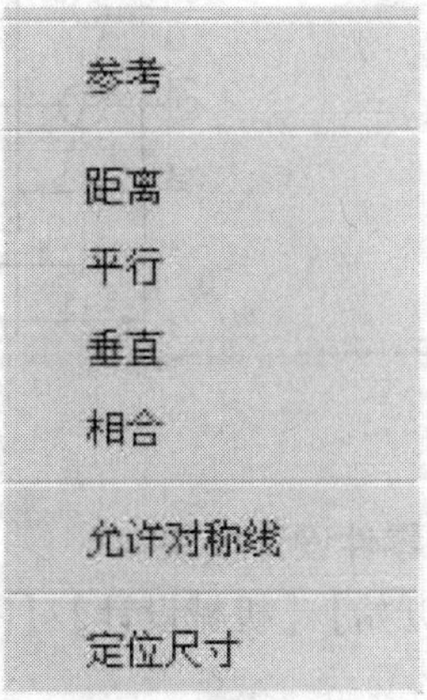

图 2-10 创建尺寸约束

4. 自动创建约束

单击（自动约束）按钮，出现对话框，单击需要约束的元素，再选择参考元素，若需要可选择对称线，在约束模式中选择链式或基准式，系统会自动产生约束。

5. 产生动画约束

单击（对约束应用动画）按钮，选择要产生动画约束的尺寸，出现对话框，在初始值和最终值里键入所希望的最大及最小值。在步距里输入初始值和最终值之间变化次数。单击动态演示。

6. 草图分析

单击【工具】/【草图分析】，出现如下图 2-11 所示对话框，设计者可判断几何图形状态和更正操作。

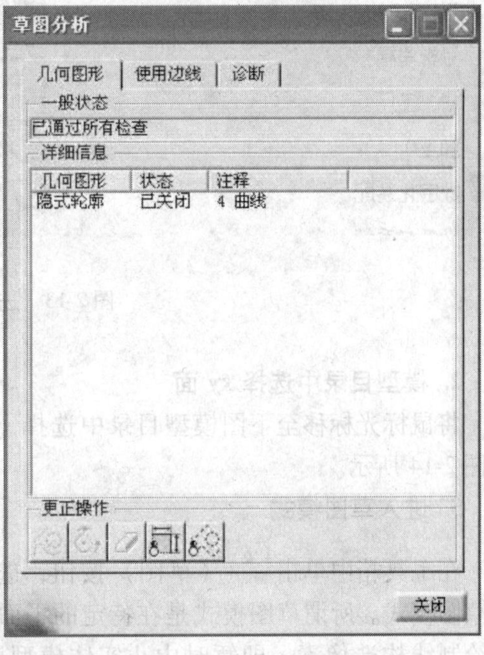

图 2-11 “草图分析”对话框

2.6 实例

2.6.1 实例一

绘制图 2-12 所示的零件图。

模型见光盘中课程模型资源/第 2 章草图绘制/shili1. CATpart。

操作过程见光盘中课程视频/第 2 章草图绘制/草图实例一 . exe。

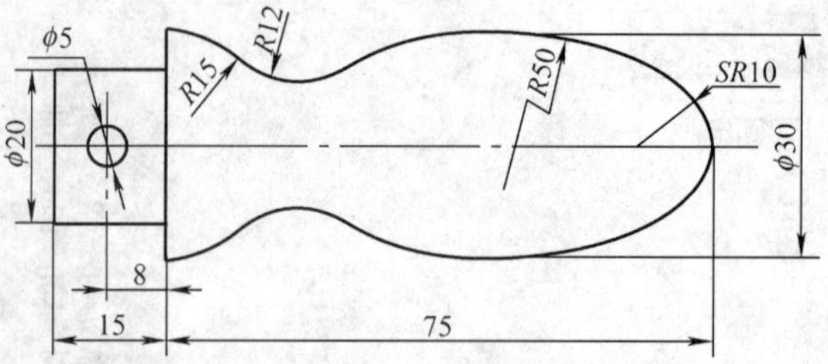

图 2-12 实例一

1. 选择零件设计模块

选择【开始】/【机械设计】/【零件设计】命令，如图 2-13 所示。

图 2-13 进入零件设计模块

2. 模型目录中选择 xy 面

将鼠标光标移至下图模型目录中选择 xy 平面，会显示被选取状态，以不同颜色区分，如图 2-14 所示。

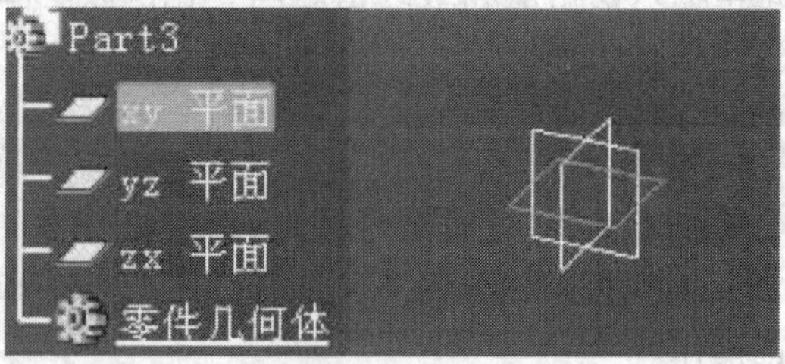

图 2-14 选择 xy 面

3. 进入草图模式

在工具箱中单击（草图）按钮，进入草图模式。所谓草图模式是在特定的平面上绘制线构造像素，即暂时中止实体模型，而切换至线性构造的绘图模式。草图模式中所产生的线构造像素，将以拉伸、旋转或扫掠的方式，建立出实体模型的特征。在草图模式中，屏幕右侧的工具按钮即变为线构造像素的工具按钮，如图 2-15 所示。

4. 绘制矩形草图

在工具箱中单击（矩形）按钮，在工具箱中有显示位置的工具，如果没有，可能是隐藏在工具箱的角落中，将它拉出来就可以了，先决定第一点的位置，单击鼠标。

向右下角移动鼠标决定第二点位置，单击鼠标，完成矩形绘制，如图 2-16 所示。

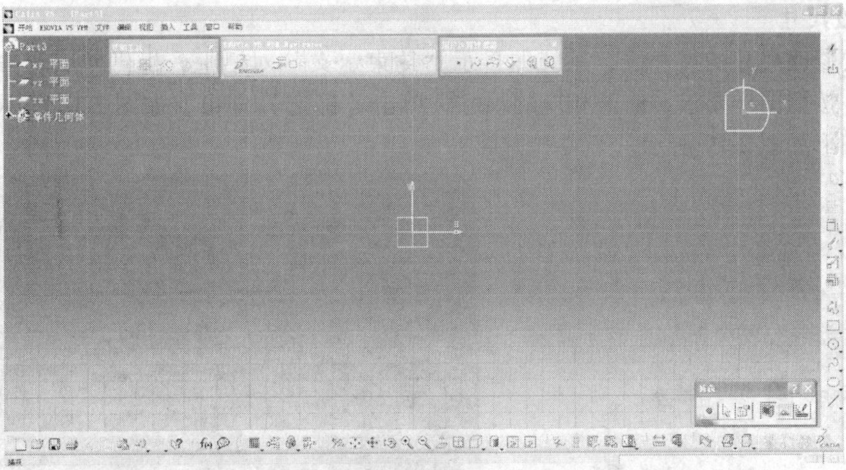

图 2-15 草图界面

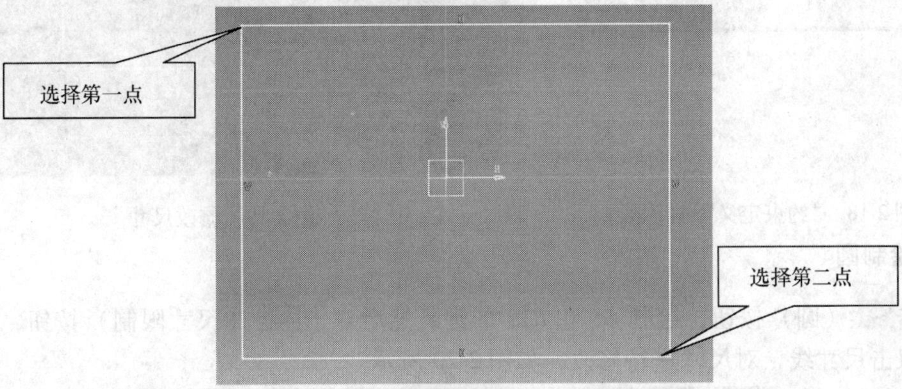

图 2-16 绘制矩形

5. 标注尺寸

在工具箱中双击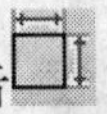（尺寸限制）按钮，选择要标注的边，在图 2-17 中标注出水平与垂直线段的长度和原点的距离。

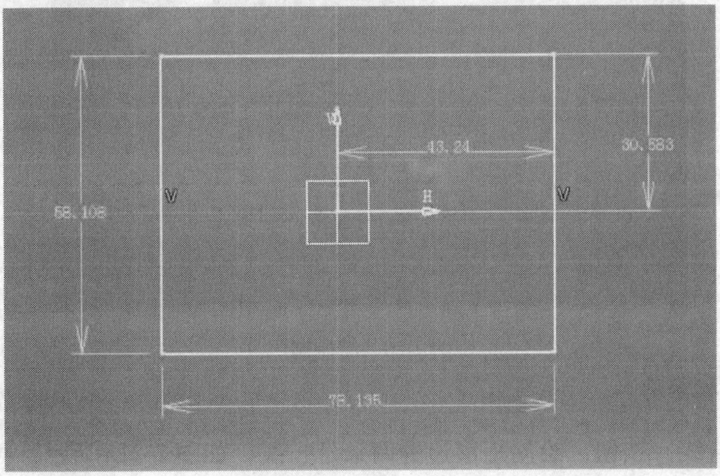

图 2-17 标注尺寸

6. 修改尺寸

双击要修改尺寸的尺寸线，系统即显示“约束定义”对话框，提供使用者修改指定的尺寸标注，按照图样要求，修改相应的尺寸，单击【确定】即可，如图 2-18 所示。修改后尺寸后的图形如图 2-19 所示。

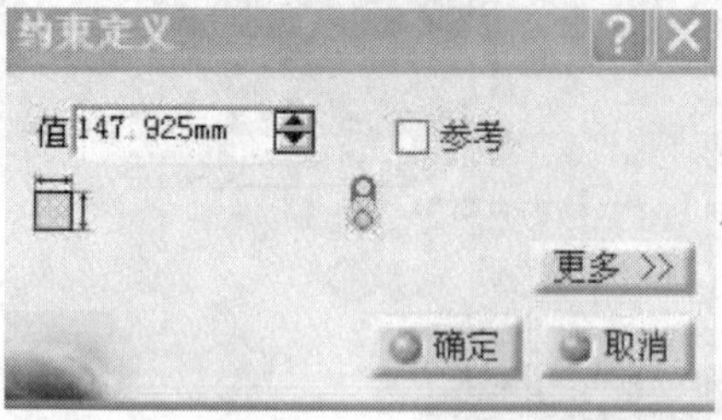

图 2-18 “约束定义”对话框

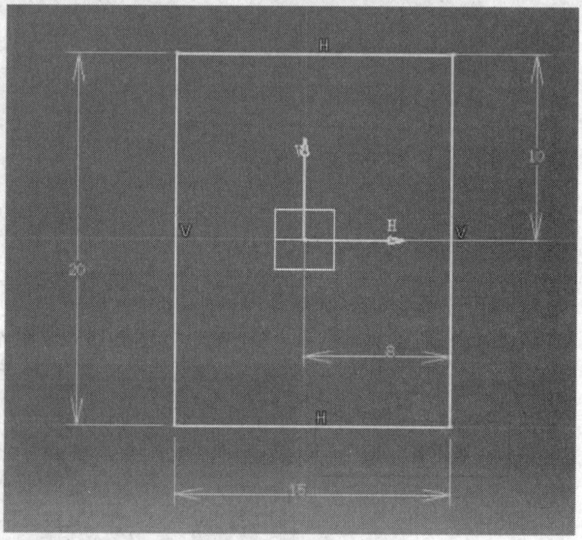

图 2-19 修改尺寸

7. 绘制圆

双击（圆）按钮，绘制 $\phi5$ 和 $R15$ 的圆，然后双击（尺寸限制）按钮，标注尺寸，再双击尺寸线，对尺寸进行修改，如图 2-20 所示。

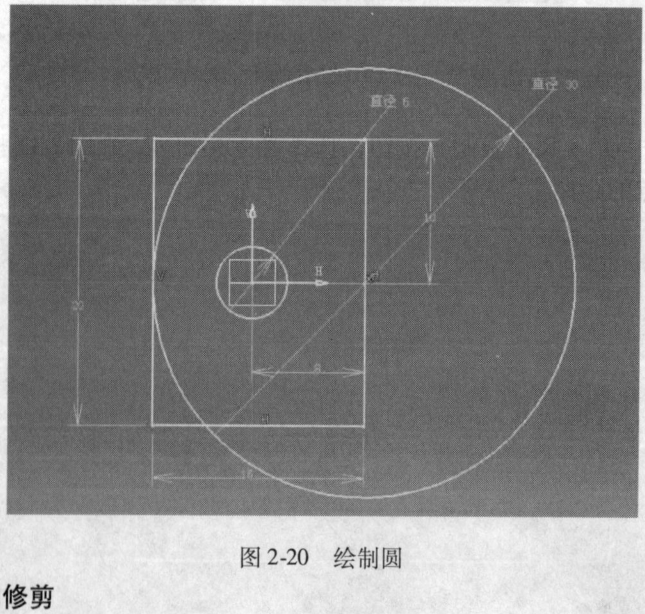

图 2-20 绘制圆

8. 绘制直线和修剪

双击（直线）按钮，绘制矩形边的两条延长线，如图 2-21a 所示，再双击（快速修剪）按钮，修剪多余的线段，如图 2-21b 所示。

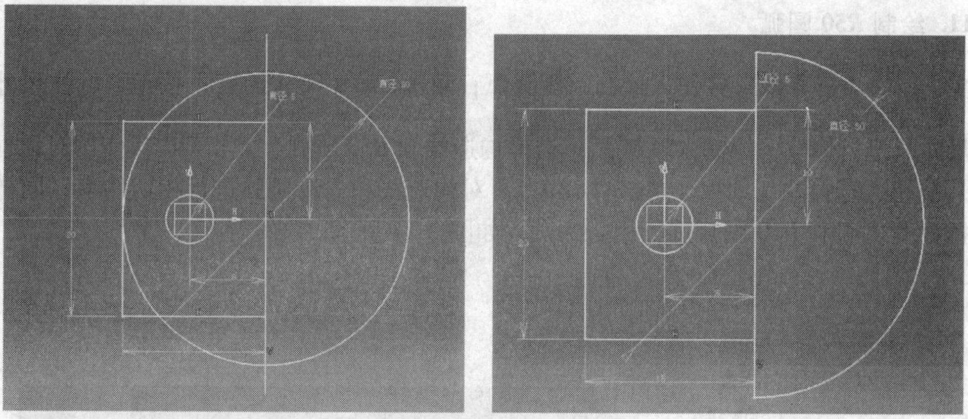

a)绘制直线　　b)修剪

图 2-21　绘制直线和修剪

9. 绘制 *R*10 圆弧

单击（弧）按钮，绘制已知线段 *R*10，单击（尺寸约束）按钮，标注相应的尺寸，再双击尺寸线，对尺寸进行修改，如图 2-22 所示。

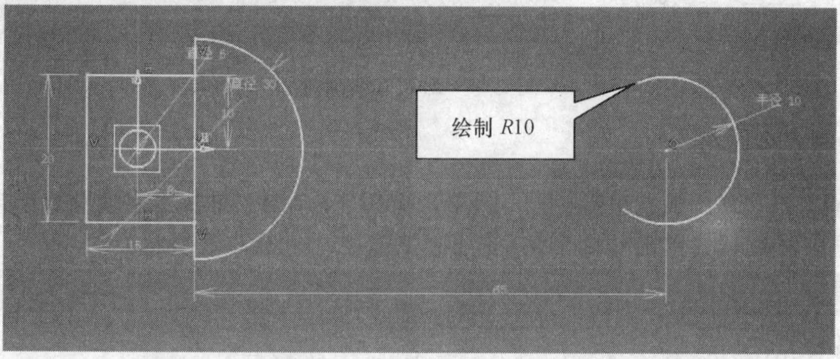

图 2-22　绘制 *R*10 圆弧

10. 绘制构造线

单击（直线）按钮，然后单击（构造/标准元素），按钮，绘制构造线；单击（尺寸约束）按钮，标注尺寸，再双击尺寸线进行修改，如图 2-23 所示。

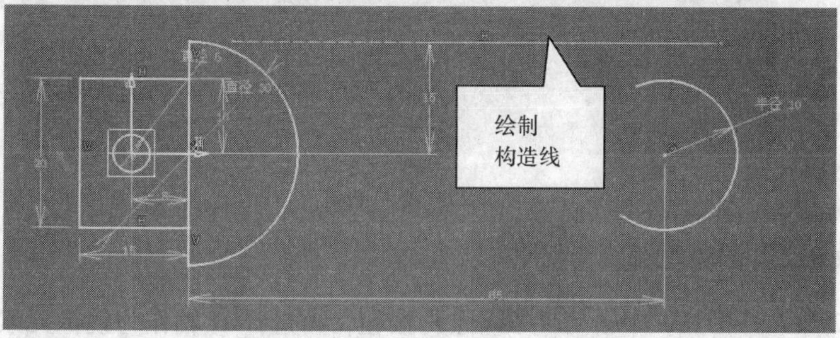

图 2-23　绘制构造线

11. 绘制 *R*50 圆弧

单击（三点弧）按钮，绘制一段圆弧；单击（尺寸约束）按钮，标注尺寸，再双击尺寸线进行修改，绘制 *R*50 圆弧；选择构造线和 *R*50 圆弧，单击（使用对话框进行约束）按钮，选择相切约束，单击【确定】，对构造线和 *R*50 圆弧进行相切约束；同样的方法选择 *R*50 圆弧和 *R*10 圆弧进行相切约束，如图 2-24 所示。

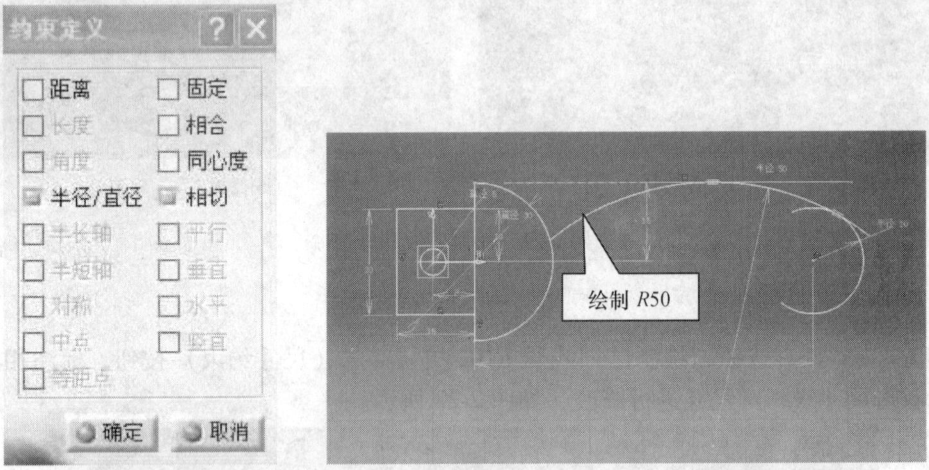

图 2-24 绘制 *R*50 圆弧

12. 绘制 *R*12 圆角

选择 *R*15 和 *R*50 圆弧，单击（圆角）按钮，【草图工具】上出现圆弧连接按钮，在半径会话框中输入 12，单击【回车】，完成圆弧连接，如图 2-25 所示。

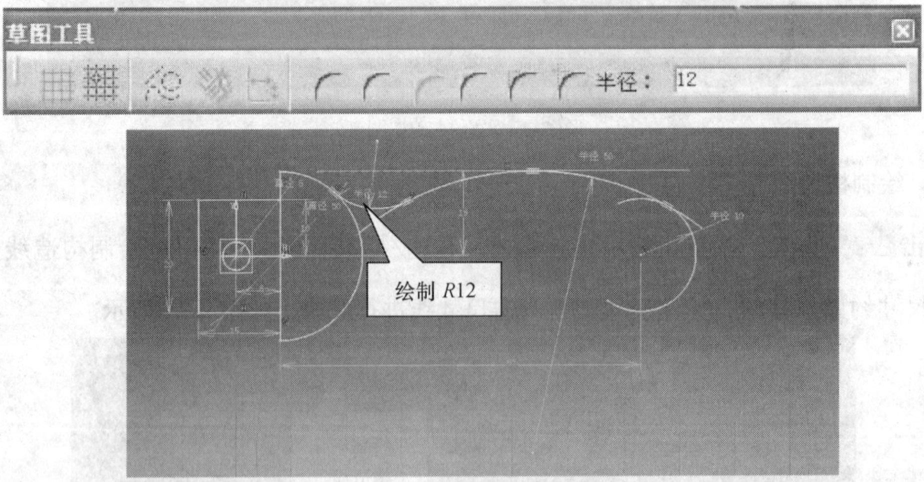

图 2-25 绘制圆角

13. 镜像 *R*12 和 *R*50 圆弧

选择 *R*12 和 *R*50 圆弧，单击（镜像）按钮，再选择 H 轴作为镜像元素，单击【确定】，完成镜像操作，如图 2-26 所示。

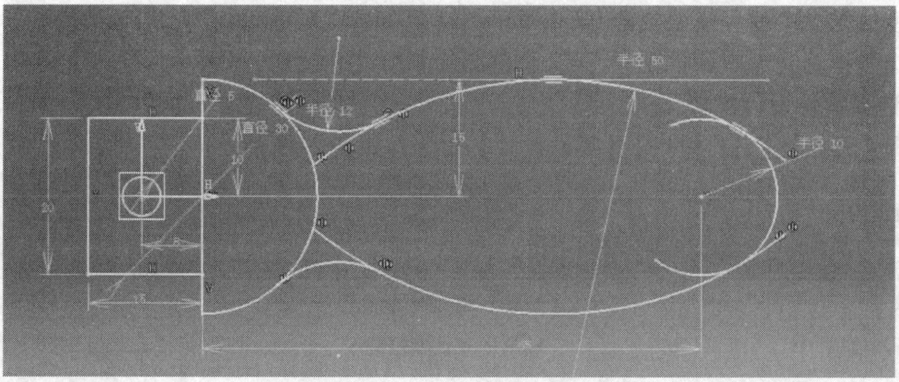

图 2-26 镜像 $R12$ 和 $R50$ 圆弧

14. 修剪

双击（快速修剪）按钮，修剪多余的线段，完成图形绘制，结果如图 2-27 所示。

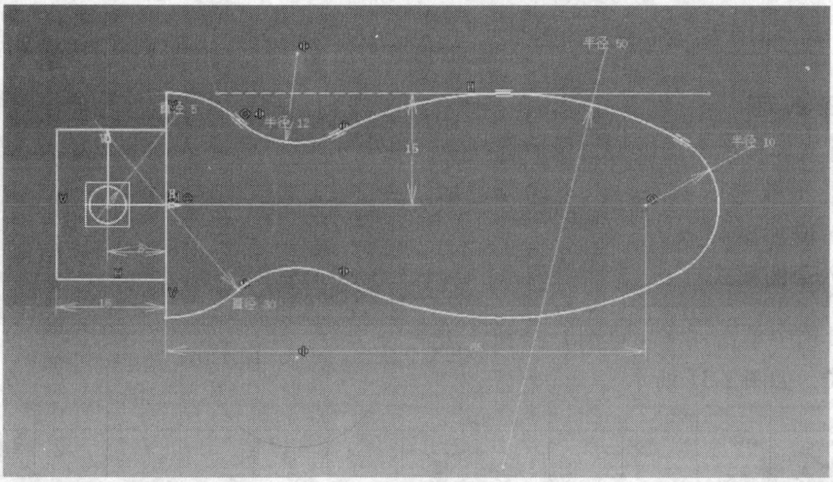

图 2-27 修剪

2.6.2 实例二

绘制图 2-28 所示的零件图。

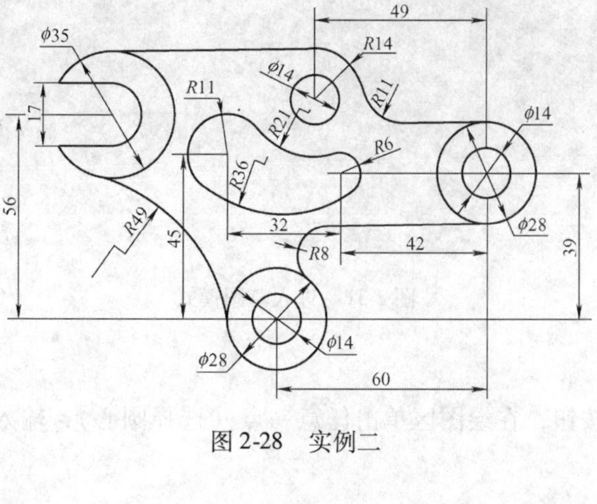

图 2-28 实例二

模型见光盘中课程模型资源/第 2 章草图绘制/shili2. CATpart。

操作过程见光盘中课程视频/第 2 章草图绘制/草图实例二 . exe。

1. 选择零件设计模块

选择【开始】/【机械设计】/【零件设计】命令，如图 2-29 所示。

图 2-29　进入零件设计模块

2. 选择 xy 面

将鼠标光标移至下图模型目录中选择 xy 平面，会显示被选取状态，以不同颜色区分，如图 2-30 所示。

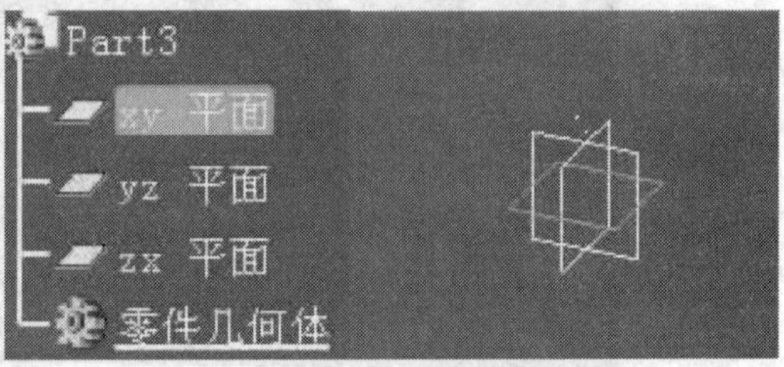

图 2-30　选择 xy 平面

3. 进入草图模式

在工具箱中单击（草图）按钮，进入草图模式，如图 2-31 所示。

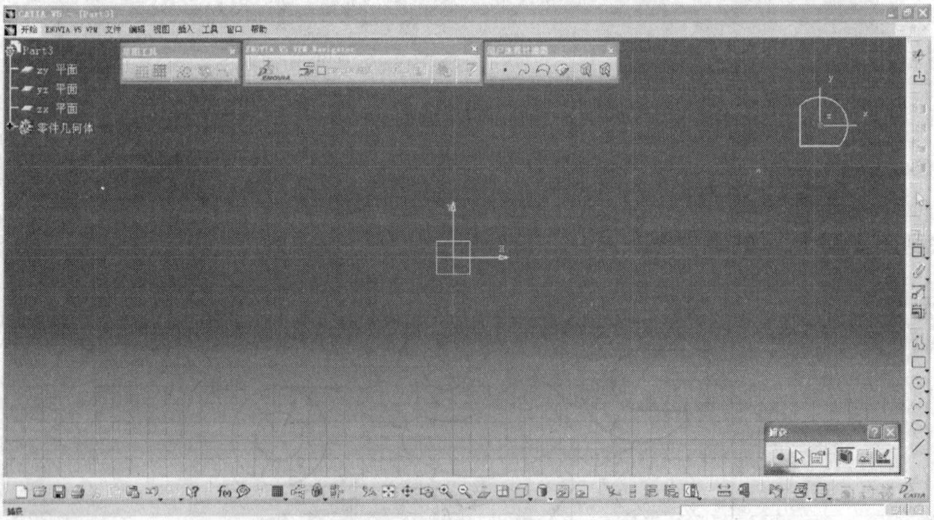

图 2-31　进入草图模式

4. 绘制圆

双击（圆）按钮，在绘图区单击任意一点（选择圆心），输入半径值，绘制圆，依照如此方法，绘制圆；双击（尺寸约束）按钮，标注定位尺寸（单击右键可选择水平、竖直标准）；双击尺寸线，修改尺寸，如图 2-32 所示。

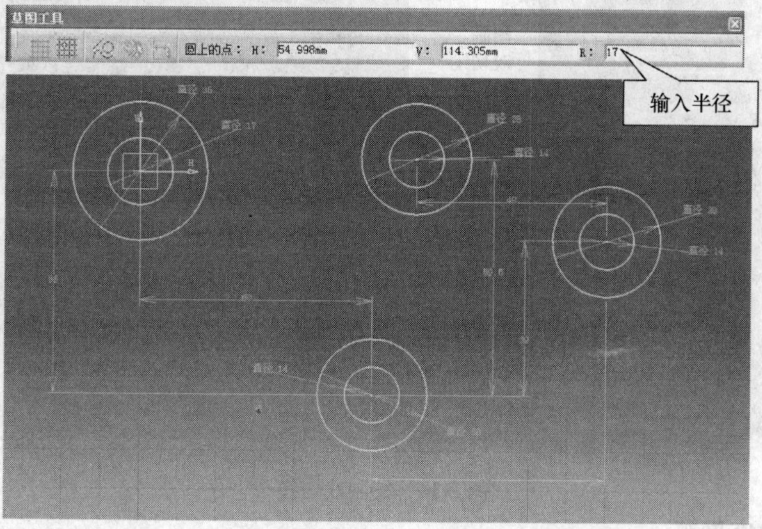

图 2-32 绘制圆

5. 绘制直线

单击（直线）按钮，绘制直线，按住 Ctrl 键选择直线和 $\phi17$，单击（使用对话框进行约束）按钮，选择相切约束，单击【确定】，完成约束操作；单击（镜像）按钮，选择直线，再选择镜像元素，单击【确定】，完成镜像操作；双击（快速修剪）按钮，修剪不需要的线段，如图 2-33 所示。

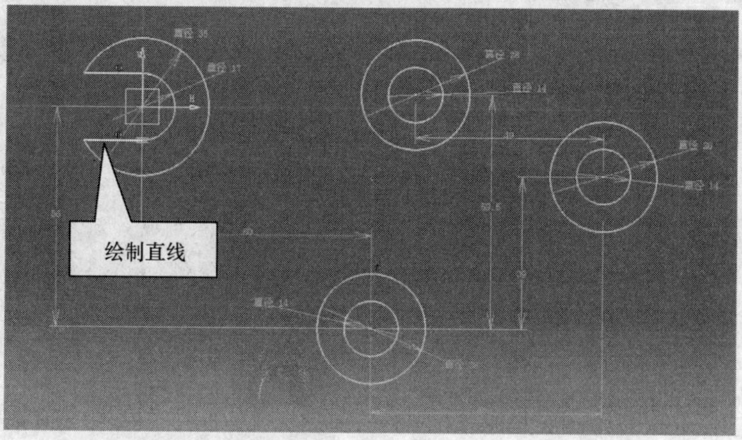

图 2-33 绘制直线

6. 绘制双切线

单击（双切线）按钮，选择 $\phi35$ 和 $\phi28$，绘制两圆的切线，如图 2-34 所示。

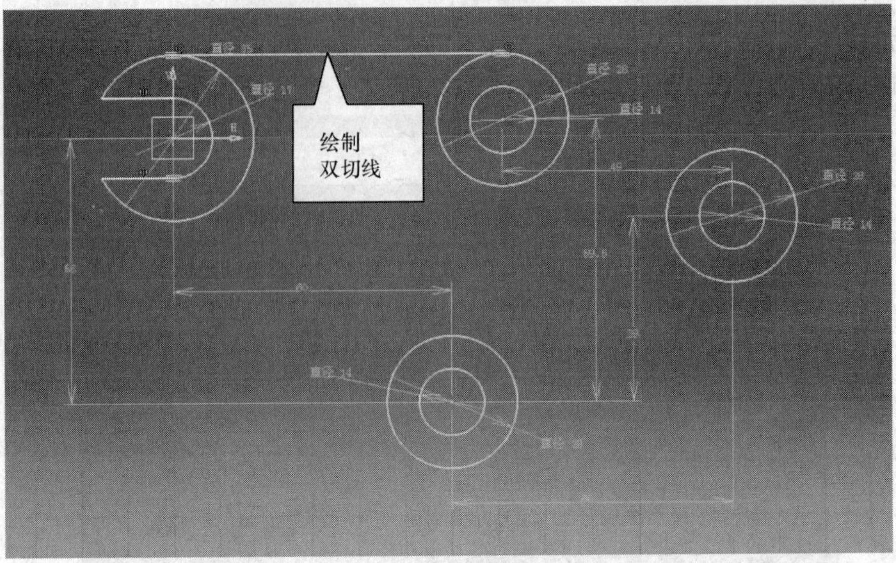

图 2-34 绘制双切线

7. 绘制 *R*49 圆弧

单击（三点圆弧），任意选择三点绘制圆弧，在【草图工具】中修改圆弧半径为 *R*49，按住 Ctrl 键，选择 *R*49 和 ϕ28，单击（使用对话框进行约束）按钮，选择相切约束，单击【确定】，完成两圆弧的约束；以同样的方法完成 *R*49 与 ϕ35 的相切约束；双击（快速修剪）按钮，修剪不需要的线段，如图 2-35 所示。

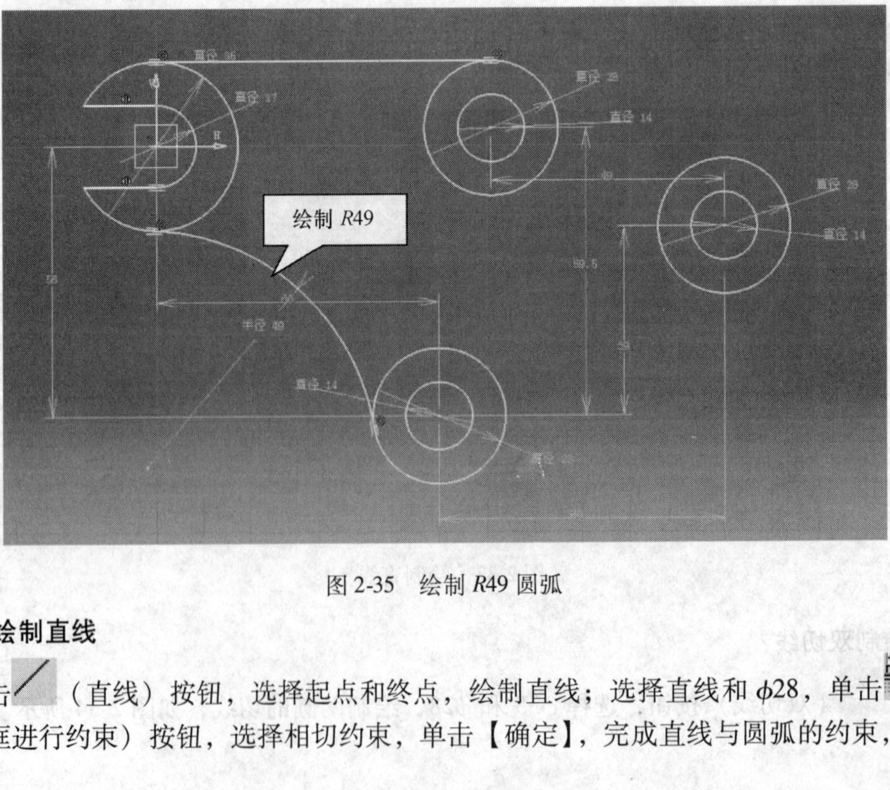

图 2-35 绘制 *R*49 圆弧

8. 绘制直线

单击（直线）按钮，选择起点和终点，绘制直线；选择直线和 ϕ28，单击（使用对话框进行约束）按钮，选择相切约束，单击【确定】，完成直线与圆弧的约束，以同样的方法绘制另一边的直线，如图 2-36 所示。

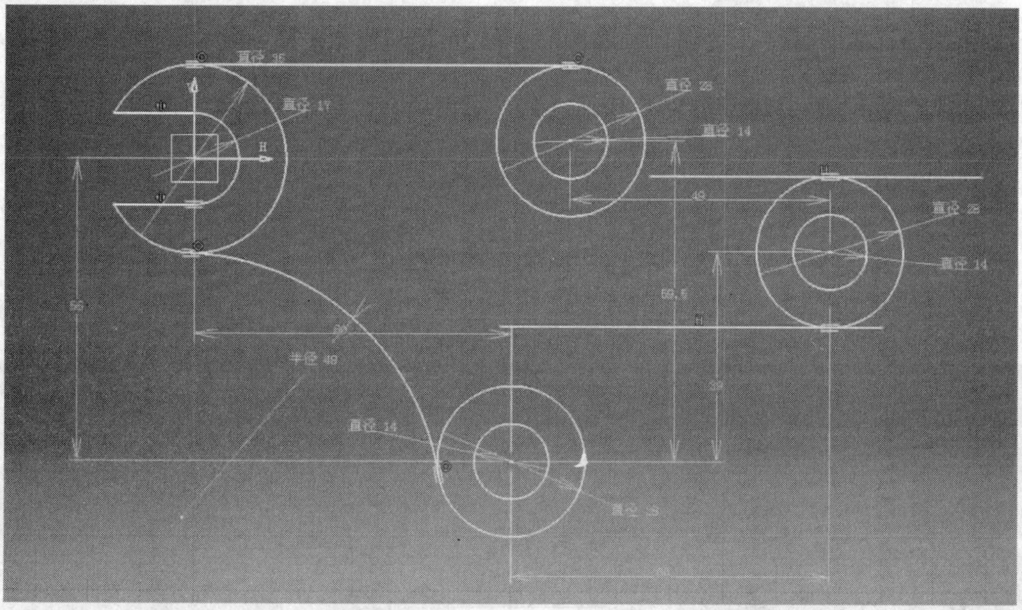

图 2-36 绘制直线

9. 倒圆角

双击（倒圆）按钮，选择直线与 $\phi28$，修改草图工具中的裁剪方式和半径；同样的方法完成下端直线与 $\phi28$ 的 $R8$ 圆弧连接；双击（快速修剪）按钮，修剪不需要的线段，如图 2-37 所示。

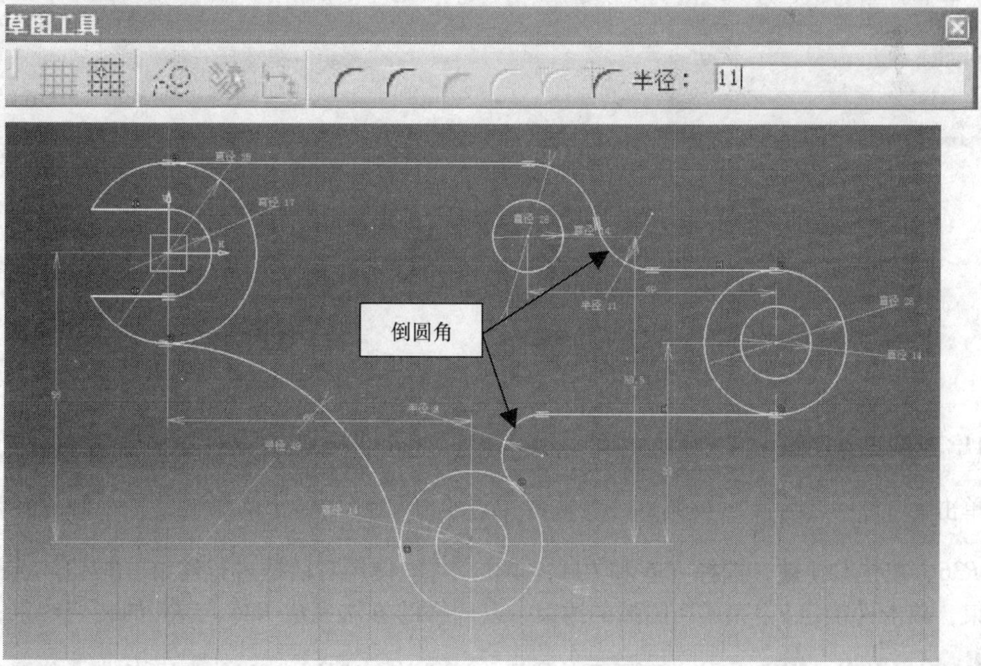

图 2-37 倒圆角

10. 绘制基本圆弧

双击（基本圆弧）按钮，选择圆心，修改【草图工具】中的半径值，绘制 *R*6 和 *R*11 的圆弧；双击（尺寸约束）按钮，标注定位尺寸，双击尺寸线，修改相应的尺寸，如图 2-38 所示。

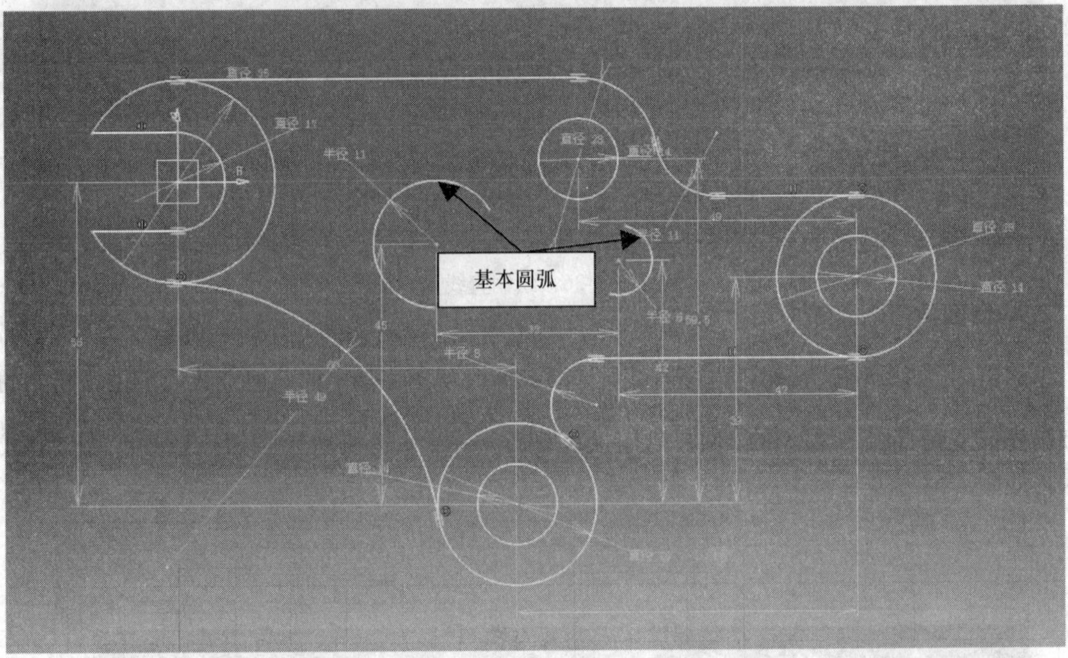

图 2-38　绘制基本圆弧

11. 绘制三点圆弧

单击（三点圆弧）按钮，任意选择三点绘制圆弧，在【草图工具】中修改圆弧半径为 *R*36，按住 Ctrl 键，选择 *R*36 和 *R*11，单击（使用对话框进行约束）按钮，选择相切约束，单击【确定】，完成两圆弧的约束，以同样的方法完成 *R*36 与 *R*6 的相切约束；双击（快速修剪）按钮，修剪不需要的线段，同样的方法绘制 *R*21 的圆弧连接，如图 2-39 所示，完成草图的绘制。

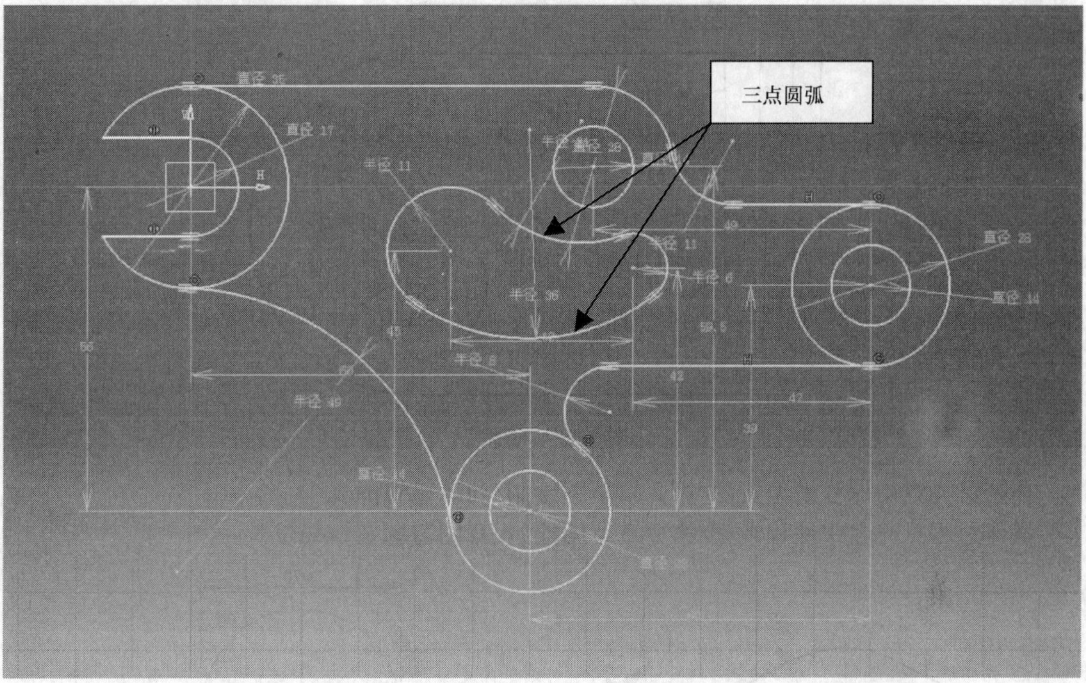

图 2-39 绘制三点圆弧

2.7 练习题

绘制图 2-40 ~ 图 2-46 所示的零件图。

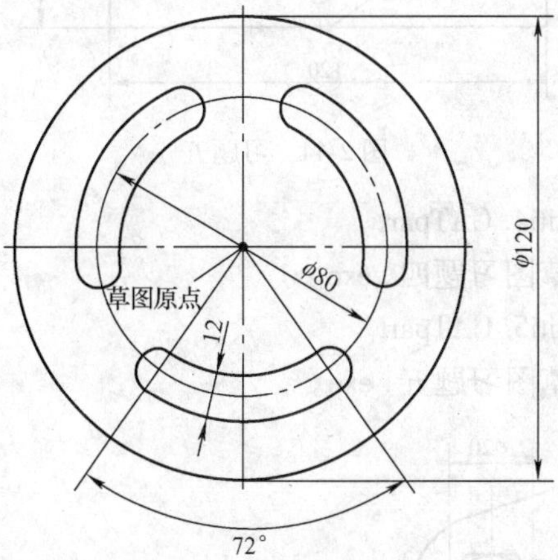

图 2-40 习题一

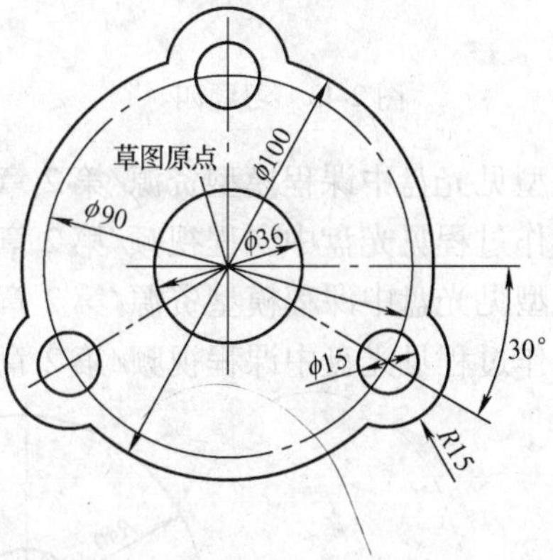

图 2-41 习题二

模型见光盘中课程模型资源/第 2 章草图绘制/xiti1. CATpart。

操作过程见光盘中课程视频/第 2 章草图绘制/草图习题一 . exe。

模型见光盘中课程模型资源/第 2 章草图绘制/xiti2. CATpart。

操作过程见光盘中课程视频/第 2 章草图绘制/草图习题二 . exe。

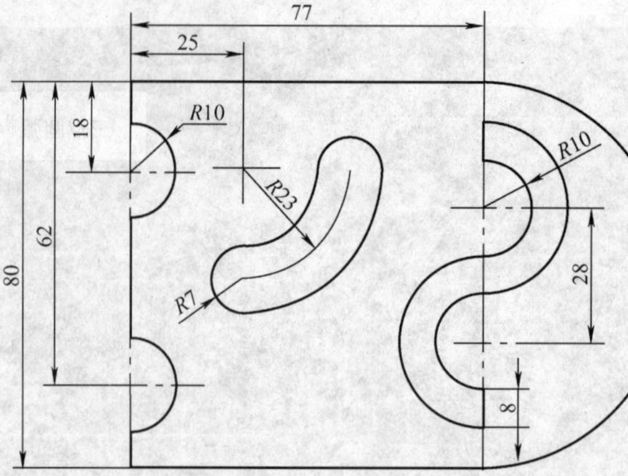

图 2-42　习题三

模型见光盘中课程模型资源/第 2 章草图绘制/xiti3. CATpart。

操作过程见光盘中课程视频/第 2 章草图绘制/草图习题三 . exe。

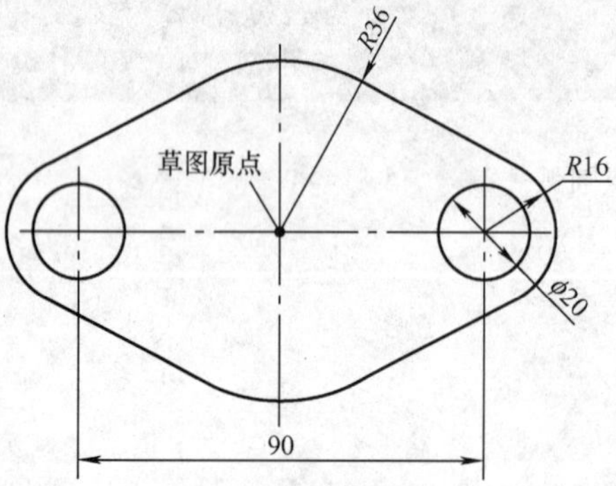

图 2-43　习题四

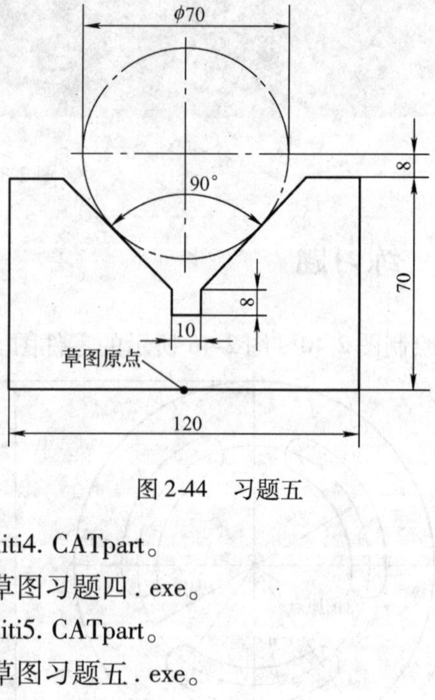

图 2-44　习题五

模型见光盘中课程模型资源/第 2 章草图绘制/xiti4. CATpart。

操作过程见光盘中课程视频/第 2 章草图绘制/草图习题四 . exe。

模型见光盘中课程模型资源/第 2 章草图绘制/xiti5. CATpart。

操作过程见光盘中课程视频/第 2 章草图绘制/草图习题五 . exe。

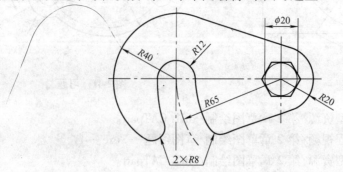

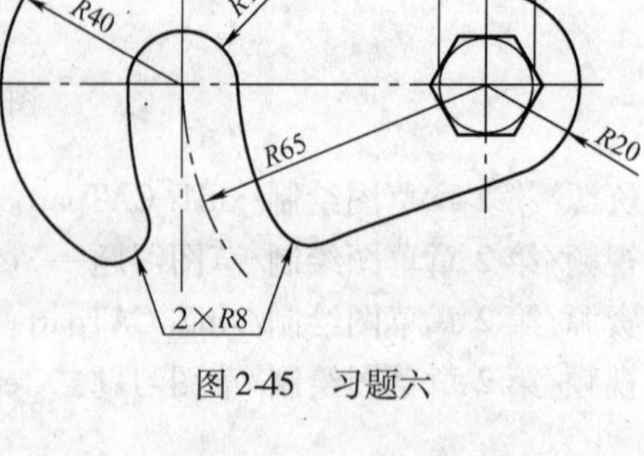

图 2-45　习题六

模型见光盘中课程模型资源/第 2 章草图绘制/xiti6. CATpart。

操作过程见光盘中课程视频/第 2 章草图绘制/草图习题六 . exe。

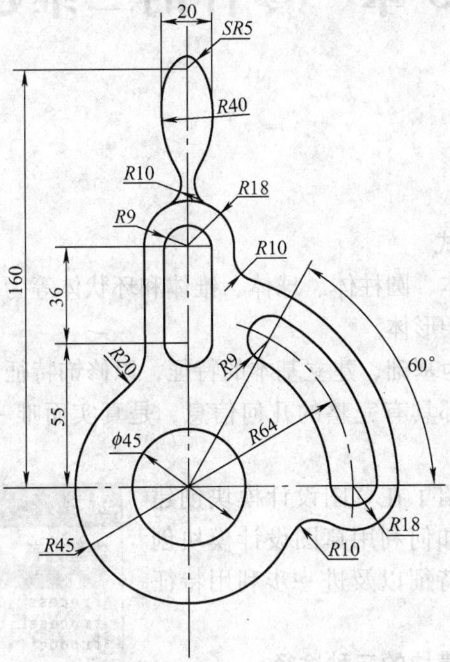

图 2-46　习题七

模型见光盘中课程模型资源/第 2 章草图绘制/xiti7. CATpart。

操作过程见光盘中课程视频/第 2 章草图绘制/草图习题七 . exe。

第 3 章　零件的三维建模

3.1　概述

1. 实体造型的两种模式

第一种模式是以立方体、圆柱体、球体、锥体和环状体等为基本要素，通过交、并、差等集合运算，生成更为复杂形体。

第二种模式是以草图为基础，建立基本的特征，以修饰特征方式创建形体。

两种模式生成的形体都具有完整的几何信息，是真实而唯一的三维实体。CATIA 侧重第二种模式。

在草图设计模块中介绍了在草图设计模块创建轮廓线的方法，本章介绍如何利用草图设计模块创建的轮廓线和创建三维的特征以及进一步利用特征构造零件三维模型。

2. 进入零件三维建模模块的三种途径

1）选择菜单【开始】/【机械设计】/【零件设计】，即可进入零件三维建模模块。

2）选择菜单【文件】/【新建】，弹出建立新文件对话框，选择 Part，即可进入零件三维建模模块，如图 3-1 所示。

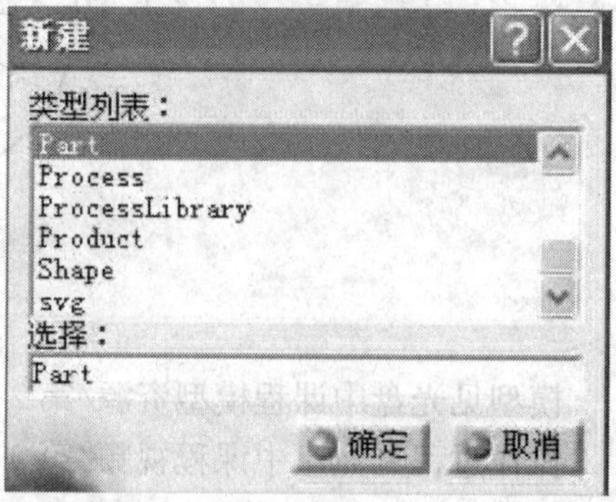

图 3-1　新建对话框

3）从工作台上选择  （零件设计）按钮，即可进入零件三维建模模块，如图 3-2 所示。

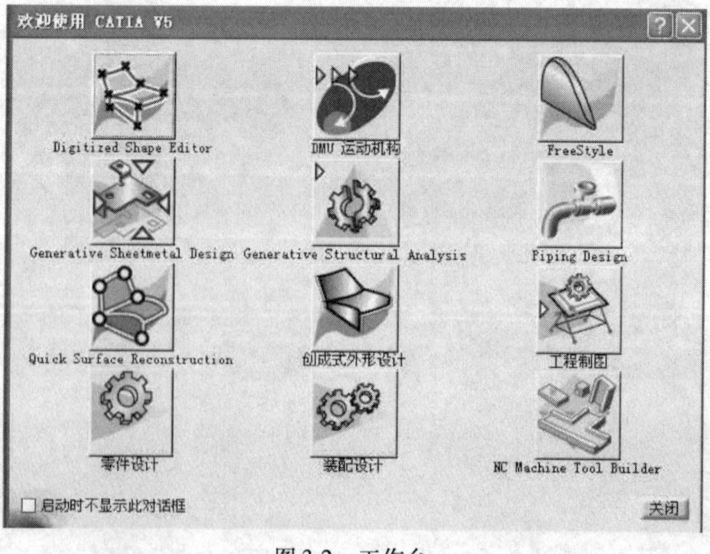

图 3-2　工作台

3.2　基于草图建立特征

基于草图建立特征是草图曲线或曲线曲面模块中生成的以平面曲线为基础的特征。它们有的是产生形体，例如拉伸操作，旋转操作等，有的是从已有的形体中去除一部分形体，如开槽，旋转槽等。

3.2.1　凸台

该功能是将一个闭合的平面曲线沿着一个方向或同时沿相反的两个方向拉伸而形成的形体，它是最常用的一个命令，也是最基本的生成形体的方法。

在草图设计模块绘制了闭合的平面曲线，如图3-3所示。单击（凸台）按钮，弹出凸台定义对话框，单击【更多】，显示第二限制的参数，如图3-4所示，【更多】和【更少】按钮的功能适用于所有的对话框。

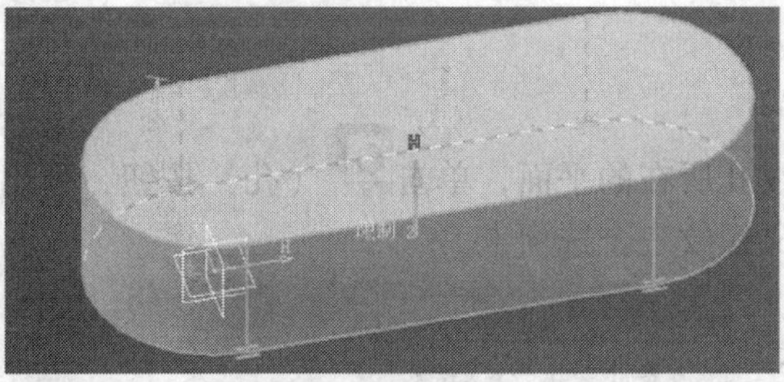

图3-3　凸台

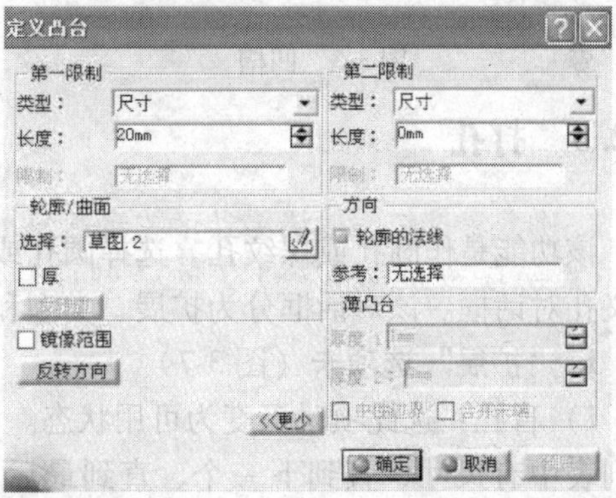

图3-4　定义凸台对话框

该对话框各项含义如下：

1）第一限制：第一凸台界限，其类型包括尺寸、直到下一个、直到最后、直到平面和直到曲面。光标放在绿色限制1或限制2字符上时，出现绿色箭头，按鼠标左键拖动鼠标，可以改变两界限大小。

2）第二限制：第二凸台界限，它的正方向和第一凸台界限相反，其余含义同第一限制。

3）轮廓/曲面：轮廓线、闭合曲线，可以是草图，也可以是平面曲线，是在草图绘制模块建立的，详见草图设计。若单击该栏的按钮，将进入创建该闭合曲线时的工作环境。

4）“镜像范围”切换开关：若该切换开关为开，第二限制等于第一限制，形体以草图平面为对称。

5）“反转方向”按钮：单击该按钮，改变凸台方向为当前相反的方向。单击代表凸台方向的箭头，也可以改变凸台方向。

3.2.2 凹槽

该功能是挖槽，挖槽产生的结果与凸台相反，是从已有形体上去掉一块形体，如图 3-5 所示。单击（凹槽）按钮，出现凹槽对话框，其对话框与凸台对话框相同，输入参数参见凸台对话框，如图 3-6 所示。

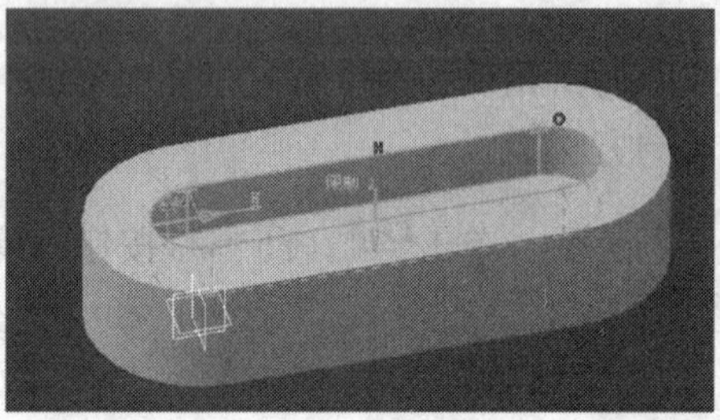

图 3-5 凹槽

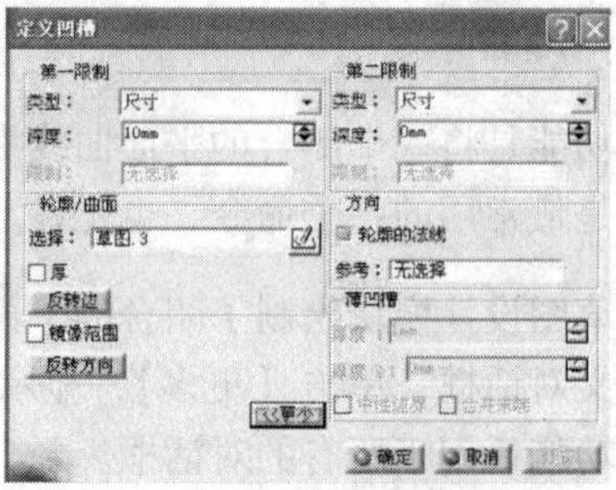

图 3-6 定义凹槽对话框

3.2.3 打孔

该功能是作圆孔或螺纹孔。选择圆孔或螺纹孔所在的平面，单击（孔）按钮，弹出定义孔对话框。该对话框分为扩展、类型和定义螺纹三个选项卡。

1. “扩展”选项卡（图 3-7）

1）盲孔：选此项时深度为可用状态。该下拉列表中有尺寸、直到下一个、直到最后、直到平面和直到曲面五个选项。

2）直径：孔直径。

3）深度：在界限为盲孔时需要输入此项，为孔的深度。

4）方向：孔的轴线方向，相反改变成相反方向。

5）定位草图：进入草图设计，确定孔心位置。

6）底部：孔底部形状，包括平底和 V 底两种。

7）角度：底锥角度。

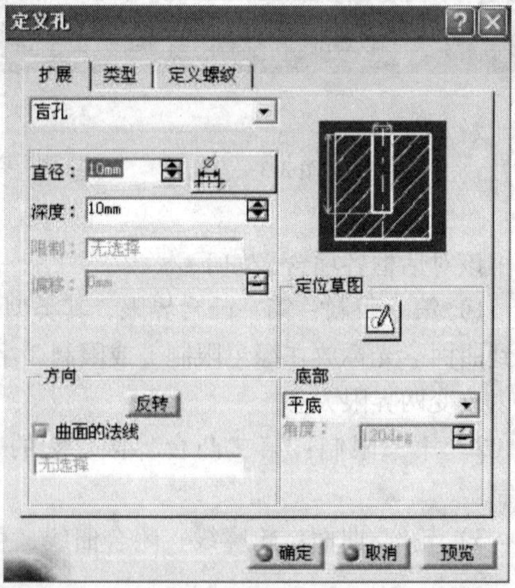

图 3-7 扩展选项卡

2. “类型”选项卡（图 3-8）

通过该选项卡可确定各种式样孔的参数，如图 3-8 所示的简单孔、锥形孔、沉头孔和埋头孔、倒钻孔等。

3. “定义螺纹”选项卡（图 3-9）

定义螺纹的类型、螺纹直径、孔直径、螺纹深度、孔深度和螺距等参数。

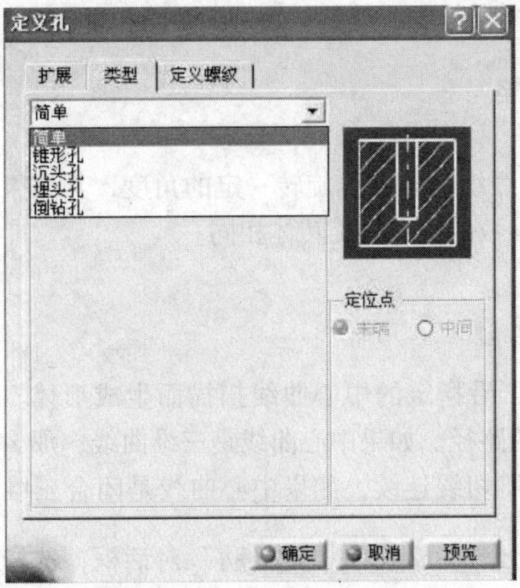

图 3-8 类型选项卡

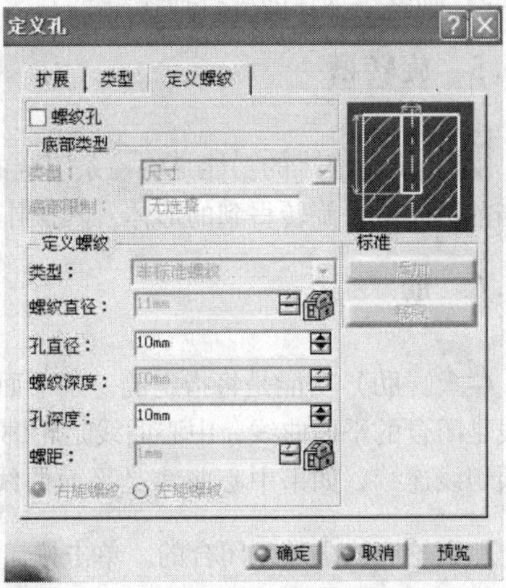

图 3-9 螺纹选项卡

3.2.4 旋转体

该功能是将一条闭合的平面曲线绕一条轴线旋转一定角度而形成形体。平面曲线和轴线是在草图设计模块绘制的。如果非闭合曲线的轴线首、尾两点在轴线或轴线的延长线上，也能生成旋转形体。

单击（旋转体）按钮，弹出图3-10所示的“定义旋转体”对话框，输入限制角度，选择轮廓和轴线，生成旋转体，如图3-11所示。

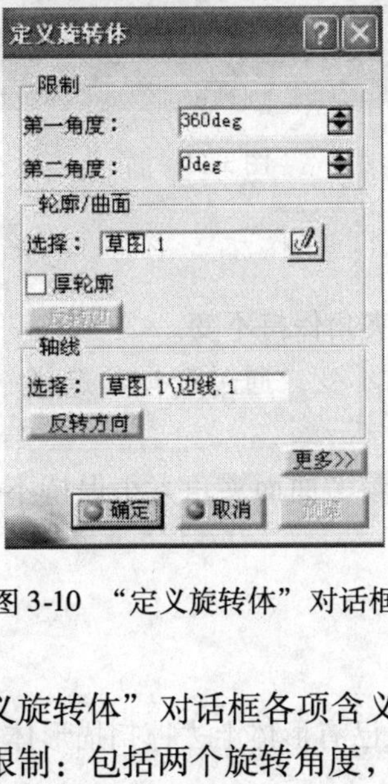

图 3-10 “定义旋转体”对话框

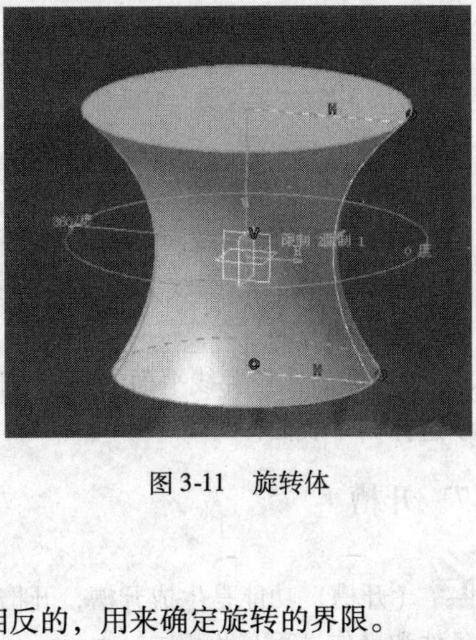

图 3-11 旋转体

“定义旋转体”对话框各项含义如下：

1）限制：包括两个旋转角度，其旋转方向是相反的，用来确定旋转的界限。

2）轮廓/曲面：被旋转的轮廓曲线，在草图设计模块创建，若单击按钮，可进入草图设计模块。

3）轴线：选择的旋转轴线。

3.2.5 旋转槽

（旋转槽）的功能是将一条闭合的平面曲线绕一条轴线旋转一定的角度，其结果是从当前形体减去旋转得到的形体，其操作过程、参数的含义与旋转体相同。

3.2.6 肋

（肋）功能是将指定的一条平面轮廓线，沿指定的中心曲线扫描而生成形体。轮廓线是闭合的平面曲线，中心曲线是轮廓线扫描的路径。如果中心曲线是三维曲线，那么它必须切线连续，如果中心曲线是平面曲线，则无需切线连续，如果中心曲线是闭合三维曲线，那么轮廓线必须是闭合的。单击按钮，弹出图3-12所示“定义肋”对话框，选择轮廓曲线和中心曲线生成肋，如图3-13所示。

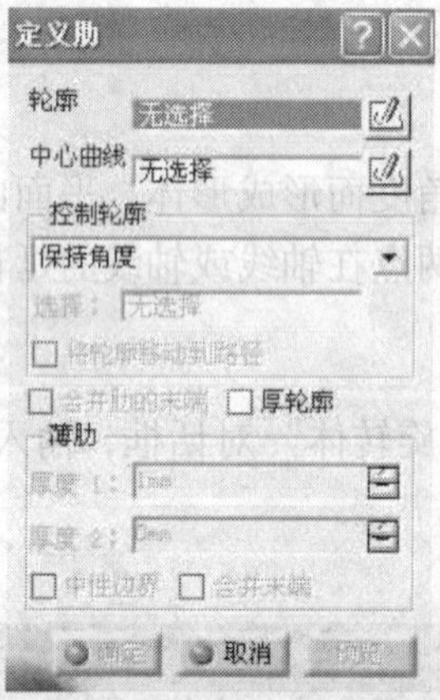

图3-12 “定义肋”对话框

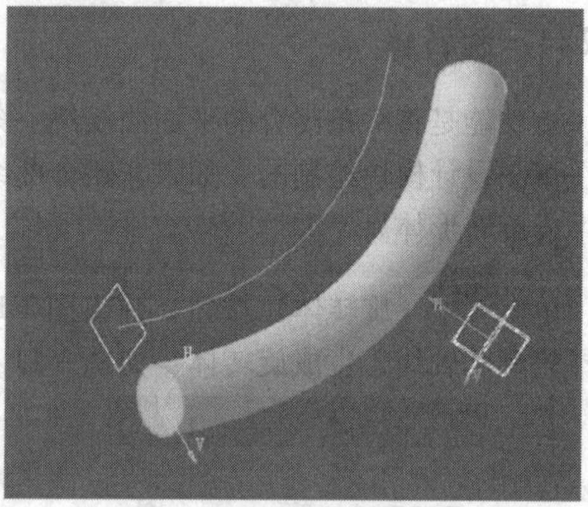

图3-13 肋

“定义肋”对话框控制轮廓项有以下三种选择：

1）保持角度：轮廓线所在平面和中心线切线方向的夹角保持不变。

2）拔模[㊀]方向：轮廓线方向始终保持与指定的方向不变，通过选择项选择一条直线，即可确定指定的方向。

3）参考曲面：轮廓线平面的法线方向始终和指定的参考曲面夹角大小保持不变，通过选择项选择一个表面即可。

3.2.7 开槽

（开槽）功能是生成开槽，开槽与肋相反，是从已有形体上去掉扫描形体。它的定义、条件和操作过程与肋相同。

㊀ 标准术语中，应为起模或脱模，因CATIA软件中均为拔模，为便于读者理解本书均用拔膜。

3.2.8　加强肋

（加强肋）功能是在已有的形体的基础上生成加强肋。加强肋的截面是通过已有的形体的表面和指定的轮廓线线确定的。可将加强肋的截面沿其法线正、反向或双向拉伸到指定厚度。单击（加强肋）按钮，弹出图 3-14 所示“定义加强肋”对话框。该对话框的说明如下：

1）厚度：编辑框内输入加强肋厚度；若切换开关中性边界为开，将双向拉伸；若单击【反转方向】按钮，将改变拉伸为当前的反方向。

2）深度：若单击【反转方向】按钮，将在指定的轮廓线的另一侧形成加强肋的截面。

3）轮廓：确定加强肋的轮廓线。

在对话框中进行参数设置后，绘制加强肋，如图 3-15 所示。

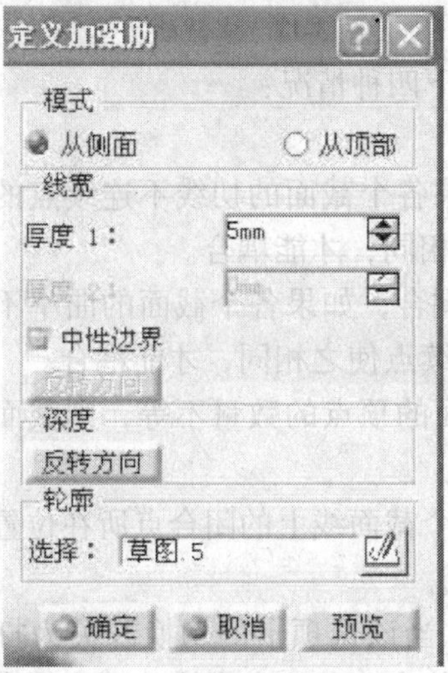

图 3-14　“定义加强肋”对话框

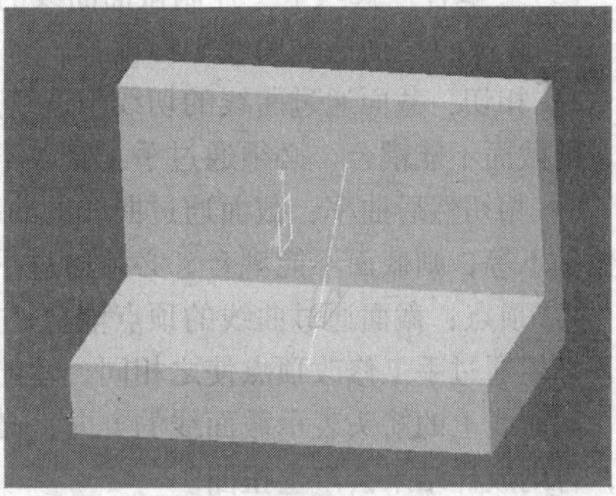

图 3-15　加强肋

3.2.9　多截面实体

（多截面实体）用一组互不交叉的截面曲线和一条指定的或自动确定的脊线扫描得到的形体，形体的表面通过这组截面曲线。如果指定一组导线，那么形体还将受到导线的控制。可以为截面曲线指定相切支持面，使多截面实体形体和支持面在此截面处相切，还可以在截面曲线上指定闭合点，用于控制形体的扭曲状态。

单击按钮（多截面实体）按钮，弹出图 3-16 所示“多截面实体定义”对话框，选取截面曲线，改变耦合方式和指定闭合点后，生成多截面实体，如图 3-17 所示。

“多截面实体定义”对话框上部的列表框按选择顺序记录了一组截面曲线。下部有“引导线、脊线、耦合和重新限定”四个选项卡。

（1）“引导线”选项卡　输入各截面曲线的导线。

（2）“脊线”选项卡　输入所选的脊线，默认的脊线是自动计算的。

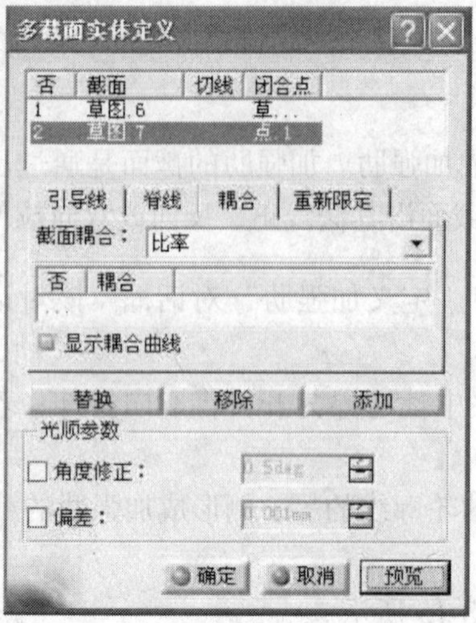

图 3-16 “多截面实体定义”对话框

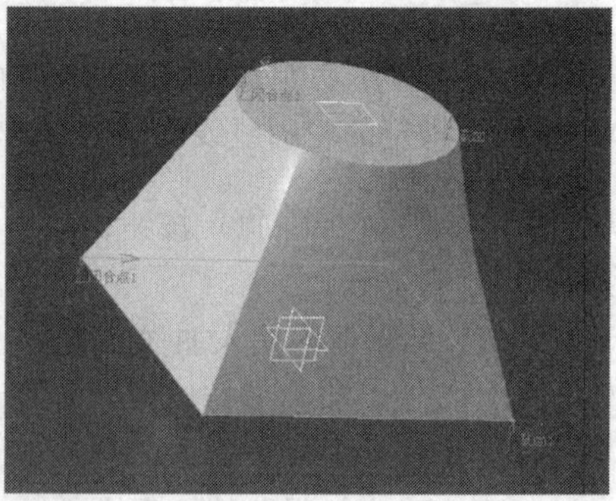

图 3-17 多截面实体

（3）“耦合”选项卡 控制截面曲线的耦合，有以下四种情况：

1）比率：截面通过曲线坐标耦合。

2）相切：截面通过曲线的切线不连续点耦合，如果各个截面的切线不连续点的数量不等，则截面不能耦合，必须通过手工修改不连续点使之相同，才能耦合。

3）相切然后曲率：截面通过曲线的曲率不连续点耦合，如果各个截面的曲率不连续点的数量不等，则截面不能耦合，必须通过手工修改不连续点使之相同，才能耦合。

4）顶点：截面通过曲线的顶点耦合，如果各个截面的顶点的数量不等，则截面不能耦合，必须通过手工修改顶点使之相同，才能耦合。

截面线上的箭头表示截面线的方向，必须一致；各个截面线上的闭合点所在位置必须一致，否则放样结果会产生扭曲。

（4）“重新限定”选项卡 控制放样的起始界限，当该选项卡的切换开关为打开状态时，放样的起始界限为起始截面；如果切换开关为关闭状态，若指定脊线，则按照脊线的端点确定起始界限，否则按照选择的第一条导线的端点确定起始界限；若脊线和导线均未指定时，则按照起始截面线确定放样的起始界限。

3.2.10 已移除的多截面实体

（已移除的多截面实体）功能是从已有形体上去掉多截面形体，与多截面结果相反，已移除的多截面实体的操作过程、对话框的内容及参数的含义与多截面实体完全相同。

3.3 特征编辑

特征编辑工具如图 3-18 所示。

3.3.1 倒圆角

（倒圆角）功能是对实体进行倒圆角。单击该按钮，弹出“倒圆角定义”对话框，如图 3-19 所示。该对话框各项的含义如下：

1）半径：输入圆角半径。

2）要圆角化的对象：输入倒圆角的对象，可选择多个棱边或面，若选择了面，面的边界处将产生圆角。

3）选择模式：棱边的连续性，有相切、最小、相交和与选定特征相交四种模式。

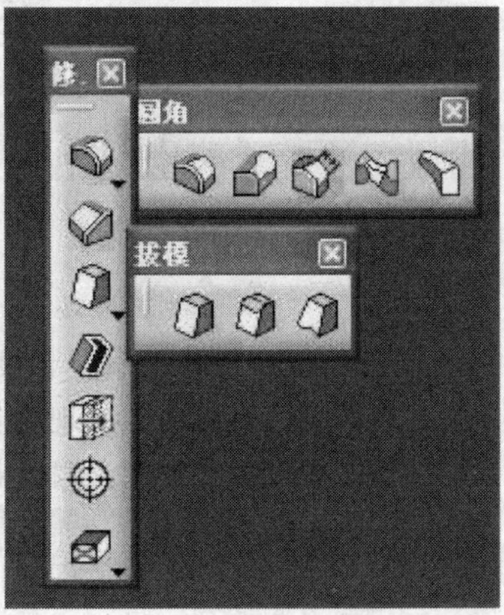

图 3-18 特征编辑

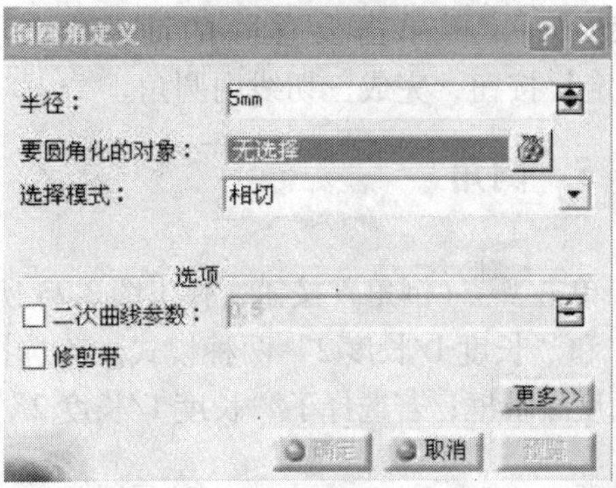

图 3-19 “倒圆角定义”对话框

3.3.2 可变半径圆角

（可变半径圆角）功能是在同一棱边上倒出半径为变化的圆角。单击该按钮，弹出图 3-20 所示对话框，对话框中各项的含义如下：

1）要圆角化的边线：输入倒圆角的棱边。选中一条棱边时，棱边的两端显示了两个点和默认的半径值。

2）点：用来选取设置圆角半径的位置。首先单击该输入框，然后在被选棱边上单击某处，在被单击某处显示了一个点和默认的半径值。双击半径值，弹出“参数定义”对话框，通过该对话框可以修改半径的数值。

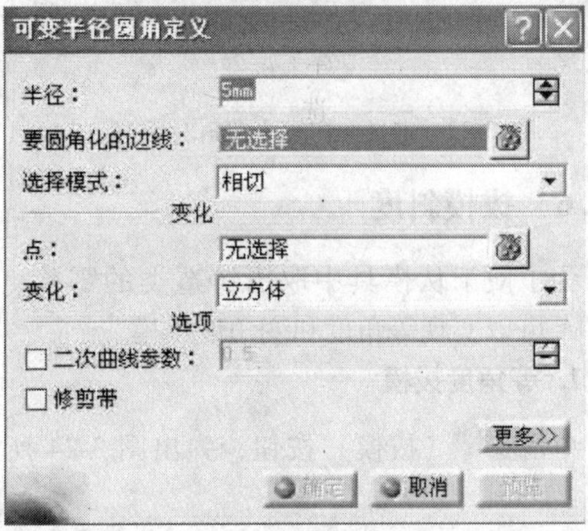

图 3-20 “可变半径圆角定义”对话框

3）变化：控制半径变化的规律，有线性和立方体两种选择，线性选项使圆角半径呈线性变化，立方体选项使圆角角半径呈立方曲线变化。

3.3.3 面与面的圆角

单击（面与面的圆角）按钮，弹出图 3-21 所示的“定义面与面的圆角”对话框。

输入圆角半径，选择邻接的两个面，单击【确定】按钮即可。

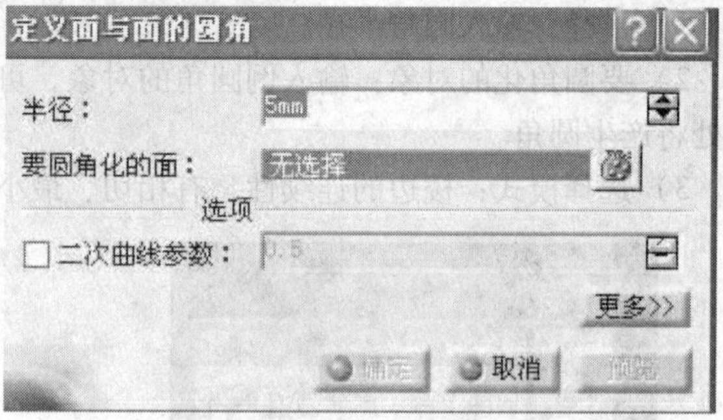

图 3-21 “定义面与面圆角”对话框

3.3.4 三切线内圆角

单击（三切线内圆角）按钮，弹出图 3-22 所示的“定义三切线内圆角”对话框，单击要圆角化的面域，选择两个面，再单击要移除的面，单击【确定】按钮，完成三切线内圆角。

3.3.5 倒角

单击（倒角）按钮，弹出图 3-23 所示“定义倒角”对话框，在模式中有“长度 1/角度”和“长度 1/长度 2”两种模式。若选择了“长度 1/角度”模式，该对话框出现了长度 1 和角度编辑框；若选择了“长度 1/长度 2”模式，该对话框出现了长度 1 和长度 2 编辑框。

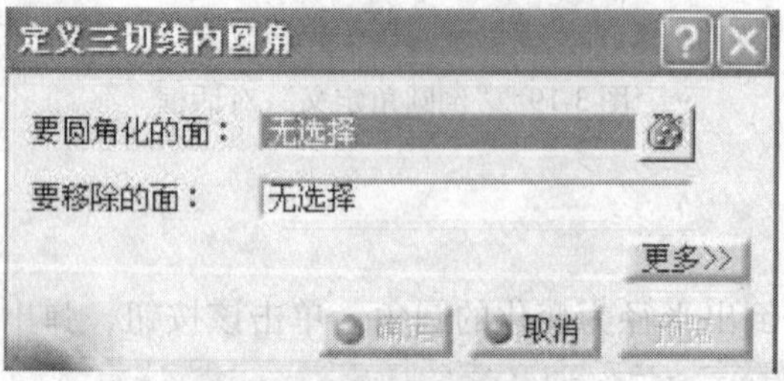

图 3-22 定义三切线内圆角对话框

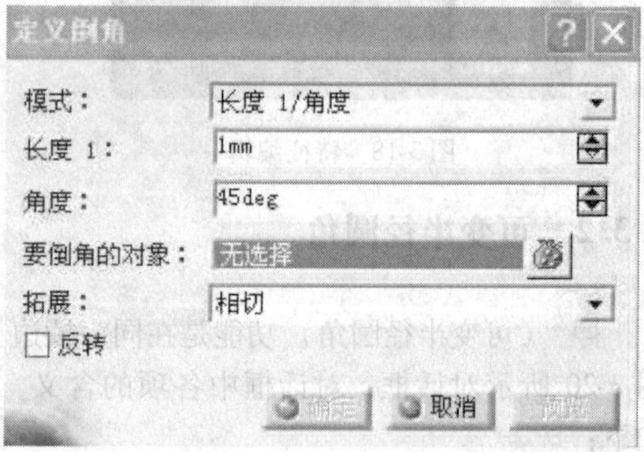

图 3-23 定义倒角对话框

3.3.6 拔模斜度

为了便于从模具中取出铸造类的零件，一切零件的侧壁有一定斜度，即拔模角度。CATIA 可以实现等角度和变角度拔模。

1. 等角度拔模

单击（拔模）按钮，弹出图 3-24 所示定义拔模的对话框。该对话框各项的含义如下：

1）拔模类型：左边按钮是常量拔模，右边按钮是变量拔模。

2）角度：即拔模后拔模面与拔模方向的夹角。

3）要拔模的面：选择后，拔模面呈深红色显示。

4）通过中性面选择：若打开此切换开关，通过中性面选择拔模的表面。

5）中性元素：中性面，即拔模过程中不变化的实体轮廓曲线，中性面呈蓝色显示，确定了中性面，也就确定了拔模方向。该栏的拓展选项控制拔模面的选择，若选择了无，将逐个面地选择；若选择了平滑，在中性曲线上与选择曲面相切连续的所有曲面全被选中。

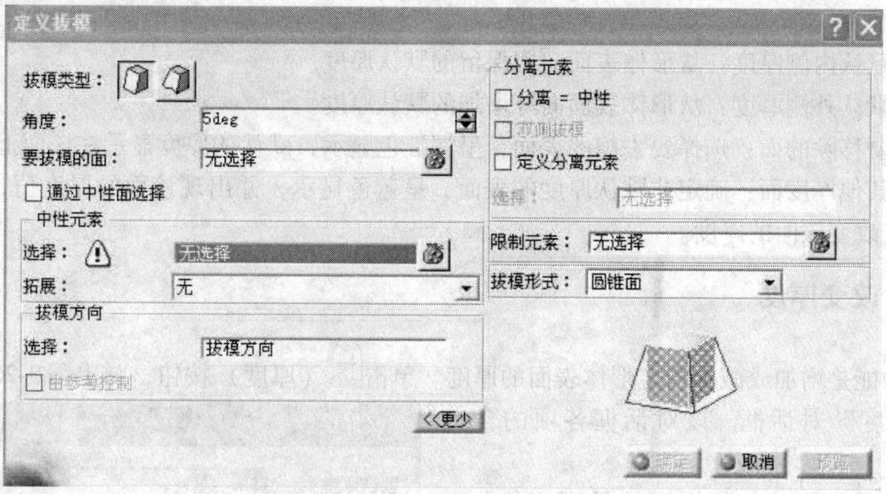

图 3-24　定义拔模对话框

6）拔模方向：通常 CATIA V5R20 软件给出一个默认的拔模方向，当选择中性面之后，拔模方向垂直于中性面。

7）分离元素：分离面可以是平面、曲面或者是实体表面，拔模面被分离面分成两部分，分别拔模。该栏有以下三个切换开关：

分离 = 中性：若该切换开关为打开状态，分离面和中性面是同一个面，此时切换开关两侧拔模为可用状态。

两侧拔模：若该切换开关为打开状态，拔模成中间大两端小的形状。

定义分离元素：当分离 = 中性切换开关为关闭状态时，打开该切换开关，可以选择一个分离面。

2. 变角度拔模

单击拔模类型右边的按钮，对话框改变为变角度拔模状态。

比较这两个对话框，区别在后者用“点”编辑框替换了“通过中性面选择”编辑框。说明变角度拔模不能通过中性面选择拔模的表面。

关键的操作是选择中性面和拔模面后，与这两种面临界的棱边的两个端点各出现一个角度值，双击此角度值，通过随后弹出的修改对话框即可修改角度值。

如果要增加角度控制点，首先单击点编辑框，再单击棱边，棱边的单击处出现角度值显示。双击角度值，通过随后弹出的修改对话框即修改为指定角度。单击此角度值为取消此控制点。单击【确定】按钮即可。

3.3.7　盒体

该功能是保留实体表面的厚度，挖空实体的内部，也可以在实体表面外增加厚度。单击（盒体）按钮，弹出图 3-25 所示的“定义盒体”对话框。该对话框各

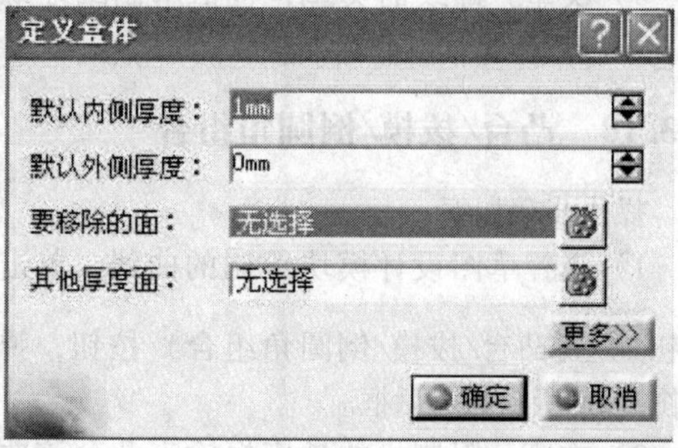

图 3-25　“定义盒体”对话框

项的含义如下：

1）默认内侧厚度：从形体表面向内保留的默认厚度。

2）默认外侧厚度：从形体表面向外增加的默认厚度。

3）要移除的面：选择要去掉的表面，呈深红色显示，默认的厚度显示在该面上。

4）其他厚度面：确定非默认厚度的表面，呈蓝色显示，并出现该面的厚度值，双击厚度值可以改变该面的厚度。

3.3.8 改变厚度

该功能是增加或减少指定形体表面的厚度。单击（厚度）按钮，弹出图3-26所示的“定义厚度”对话框。该对话框各项的含义如下：

（1）默认厚度：输入默认的厚度值，正数表示增加的厚度，负数表示减少的厚度。

（2）默认厚度面：选择改变默认厚度的形体表面，该表面呈红色显示。

（3）其他厚度面：选择改变非默认厚度的形体表面，该表面呈蓝色显示。

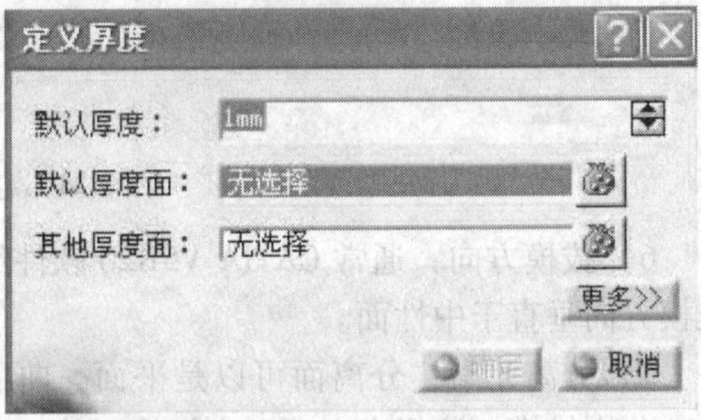

图3-26 “定义厚度”对话框

3.3.9 外螺纹/内螺纹

该功能是在圆柱表面生成外螺纹或在圆孔的表面生成内螺纹，但只是将螺纹信息记录到数据库，三维模型上并不产生螺旋线，而是在二维视图上采用了螺纹的规定画法。

单击（外螺纹/内螺纹）按钮，弹出图3-27所示的“定义外螺纹/内螺纹”对话框。该对话框各项的含义如下：

1）侧面：圆柱外表面或圆孔内表面。

2）限制面：螺纹的起始界限，必须是一个平面。

3）反转方向：改变螺纹轴线为当前相反的方向。

4）类型：螺纹的类型，包括米制细牙螺纹、米制粗牙螺纹、非标准螺纹。

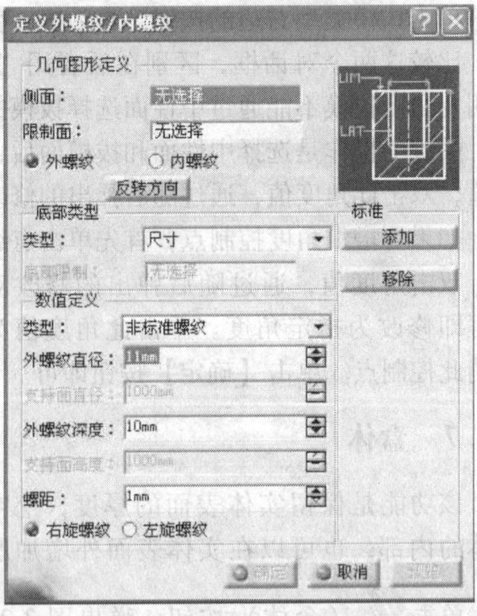

图3-27 “定义外螺纹/内螺纹”对话框

3.3.10 凸台/拔模/倒圆角组合

操作步骤如下：

1）选择草图设计模块绘制的曲线，单击按钮（凸台/拔模/倒圆角组合）按钮，弹出图3-28所示的对话框。

2）在第一限制栏的长度框输入凸台该曲

线的值，该项是必选的。

3）单击第二限制栏的限制框，该项是必选的。

4）拔模和倒圆角是可选项，如不做拔模或倒角，不要打开该栏的切换开关。

5）如果打开了拔模栏的切换开关，需要输入拔模角度和选择中性元素。中性元素为第一限制和第二限制两者之一。

6）如果打开了倒角的切换开关，需要按照棱边的位置输入圆角半径。棱边的位置分为侧边、第一限制和第二限制。

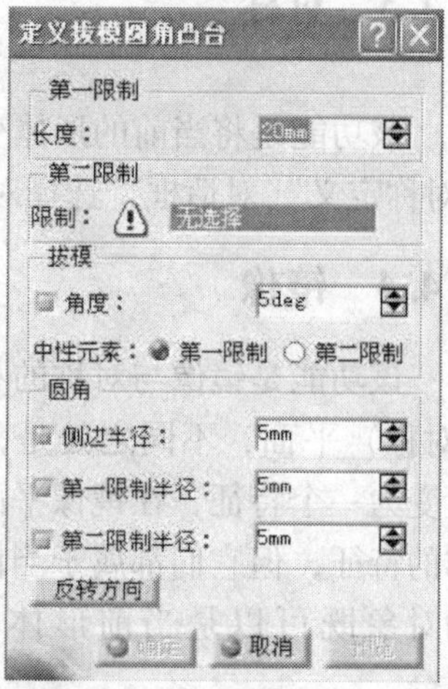

图3-28 定义拔模圆角凸台

3.3.11 凹槽/拔模/倒圆角组合

该功能集成了凹槽、拔模和倒圆角。单击（凹槽/拔模/倒圆角组合）按钮，弹出对话框的式样及各项的含义与凸台、拔模和倒圆角集成的对话框基本相同。

3.4 形体的变换

变换特征是对实体特征进行平移、旋转、对称、镜像、阵列、缩放等操作，对原有特征进行变换，或者生成新的特征。变换特征功能集合在变换特征工具栏中，如图3-29所示。

3.4.1 平移

该功能是平移当前的形体。单击（平移）按钮，弹出图3-30所示的对话框，选择向量定义方式，输入相应的参数就能进行平移定义。

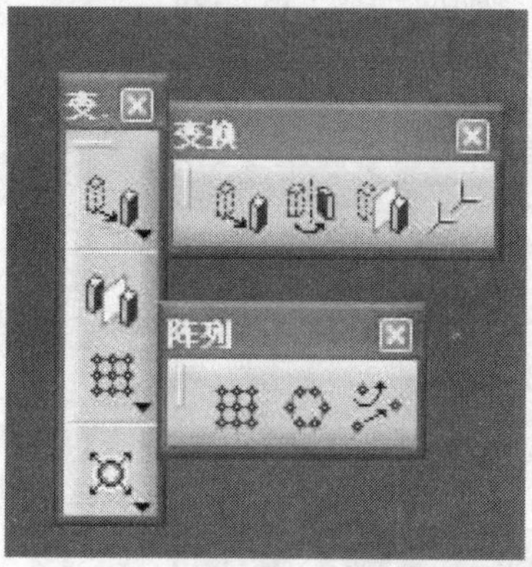

图3-29 形体的变换特征工具栏

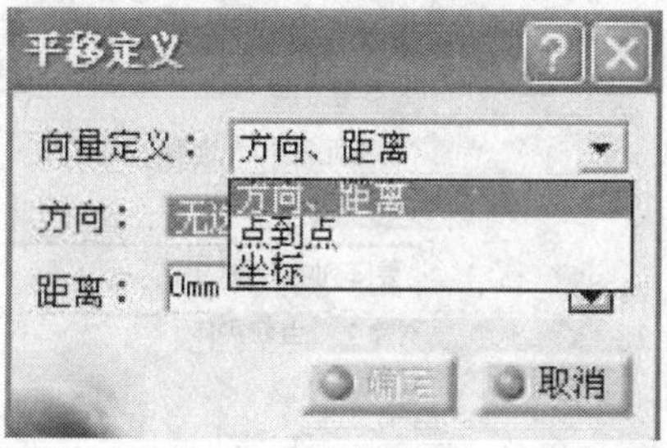

图3-30 “平移定义”对话框

3.4.2 旋转

该功能是旋转当前的形体。单击（旋转）按钮，弹出图3-31所示的对话框，输入相应参数，就可以进行旋转定义。

3.4.3 对称

该功能是将当前的形体变换到与指定平面对称的位置。单击（对称）按钮，弹出“对称定义”对话框，选择对象和对称中心，可完成对称操作。

3.4.4 镜像

该功能是镜像与对称的相同之处是都指定一个镜像（对称）平面，不同之处是，经过镜像，镜像前的形体改变为一个特征，在镜像平面另一侧新产生一个与之对称的特征，但它们都属于当前形体。另外，镜像时选择的对象既可以是当前形体，也可以只是一些特征的集合。

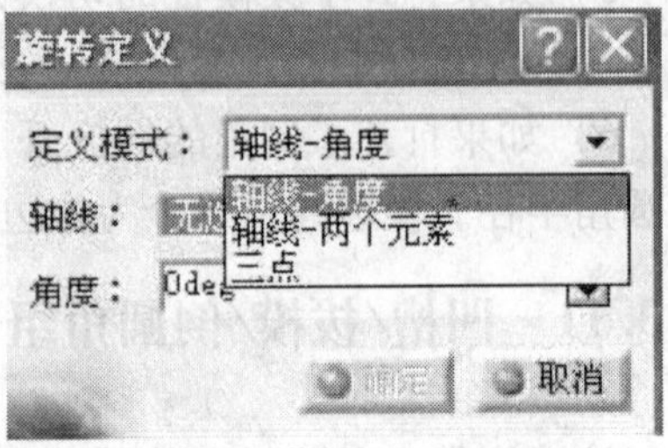

图 3-31 “旋转定义”对话框

选择要镜像的元素，单击（镜像）按钮，弹出“定义镜像”对话框，再选择镜像中心，单击确定，完成镜像操作。

3.4.5 矩形阵列

该功能是将整个形体或者几个特征复制为 m 行 n 列的矩形阵列。

首先预选需要阵列的特征，如果不预选特征，当前形体将作为阵列对象。单击（矩形阵列）按钮，弹出图 3-32 所示的对话框，对话框各项的含义如下：

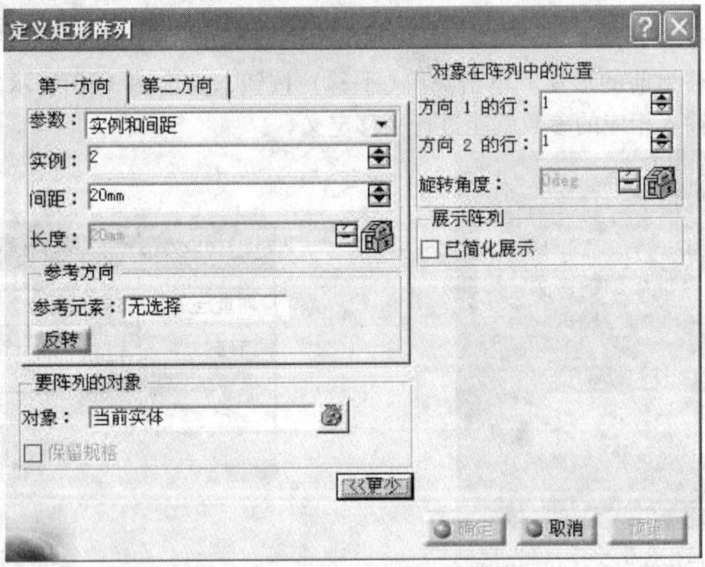

图 3-32 定义矩形阵列对话框

1. 第一方向（第二方向）

阵列的第一个方向，该栏有以下 6 项：

1）参数：确定该方向参数的方法，可以选择实例和长度、实例和间距、间距和总长度、实例和不等间距。

2）实例：确定该方向复制的数目。

3）间距：确定该方向阵列的间距。

4）长度：确定该方向的总长度。

2. 参考方向

该行（列）的方向。该栏有以下2项：

1）参考元素：确定该方向的基准。

2）【反转】按钮：单击该按钮，改变为当前的相反方向。

3. 要阵列的对象

阵列的对象。该栏有以下2项：

1）对象：输入阵列的对象。

2）保留规格：是否保持被阵列特征的界限参数。

4. 对象在阵列中的位置

调整阵列的位置和方向。该栏有以下3项：

1）方向1的行：被阵列的特征是第一个方向中的第几项。

2）方向2的行：被阵列的特征是第二个方向中的第几项。

3）旋转角度：阵列的旋转角。

3.4.6　圆形阵列

该功能是将当前形体或一些特征复制为m个环，每环n个特征的圆形阵列。

首先预选需要阵列的特征，如果不预选特征，当前形体将作为阵列对象。单击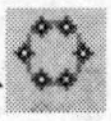（圆形阵列）按钮，弹出图3-33所示的对话框。对话框各项的含义如下：

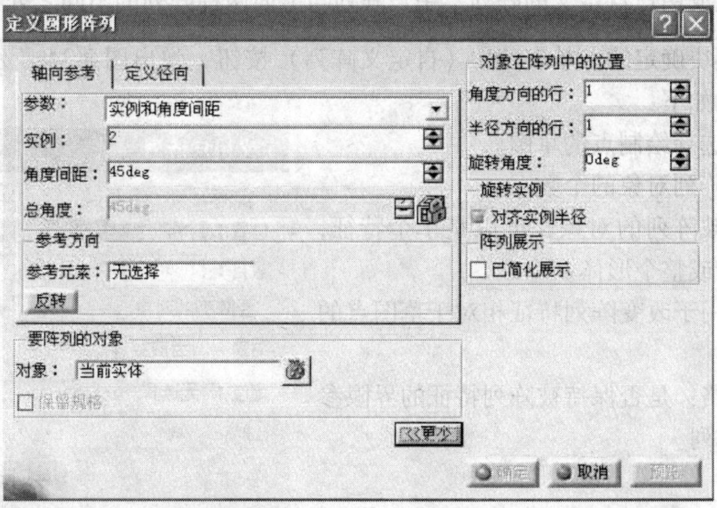

图3-33　“定义圆形阵列”对话框

1. 轴向参考

围绕轴线方向的参数，有以下6项：

1）参数：确定围绕轴线方向参数的方法，可以选择实例和总角、实例和角度间隔、角度间隔和总角度、完整径向实例和不等角度间距。

2）实例：确定环形方向复制的数目。

3）角度间距：确定环形方向相邻特征的角度间隔。

4）总角度：确定环形方向的总角度。

5）参考元素：确定环形方向的基准。

6）【反转】按钮：单击该按钮，改变为当前的相反方向。

2. 定义径向

确定径向的参数包括参数（确定径向参数的方法，可以选择圆和径向厚度、圆和圆间距、圆间距和径向厚度）、圆、圆间距、径向厚度。

3. 要阵列的对象

阵列的对象。该栏有以下 2 项：

1）对象：输入阵列的对象。

2）保留规格：是否保持被阵列特征的界限参数，参照矩形阵列。

4. 对象在阵列中的位置

调整阵列的位置和方向。该栏有以下 3 项：

1）角度方向的行：被阵列的特征是环形方向的第几项。

2）半径方向的行：被阵列的特征是径向的第几项。

3）旋转角度：阵列的旋转角。

5. 旋转实例

确定在复制特征时的对齐方式。

3.4.7 自定义阵列

该功能是生成用户自定义的阵列，用户阵列与上面两种阵列的不同之处在于阵列的位置是在草图设计模块确定的。单击 （自定义阵列）按钮，弹出图 3-34 所示的对话框，对话框各项的含义如下：

1）位置：选择绘制点的草图。

2）数目：阵列对象的个数。

3）对象：被阵列的对象，可以是单个特征，一些特征的组合或整个形体。

4）定位：用于改变阵列特征相对于草图点的位置。

5）保留规格：是否保持被阵列特征的界限参数，参照矩形阵列。

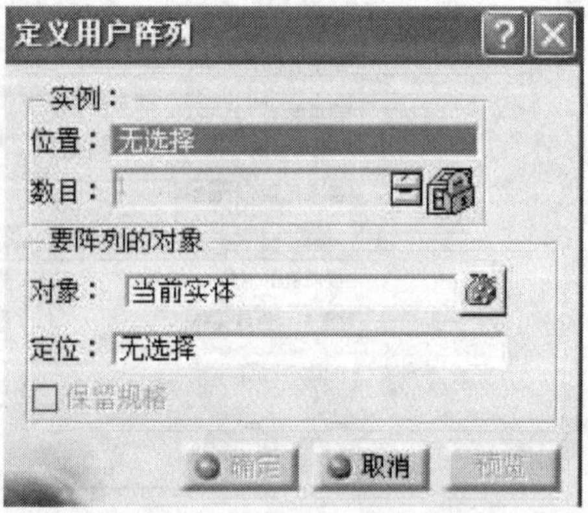

图 3-34 “定义用户阵列”对话框

3.4.8 缩放

该功能可通过基准面和比例因子缩放形体，在缩放过程中形体只在基准面的法线方向上缩放。单击 （缩放）按钮，弹出“缩放”对话框，选择参考，输入比率，单击【确定】按钮完成缩放。

3.5　形体与曲面有关的操作

形体与曲面有关的操作工具栏如图3-35所示。

图3-35　形体与曲面有关的操作工具栏

3.5.1　分割

该功能是用平面、形体表面或曲面剪切当前形体，单击（分割）按钮，弹出“定义分割”对话框，选择分割元素，对形体进行分割操作。

3.5.2　厚曲面

该功能是为曲面添加厚度，使其成为形体，单击（厚曲面）按钮，弹出“定义厚曲面”对话框，如图3-36所示，输入相应的参数，完成厚曲面操作。

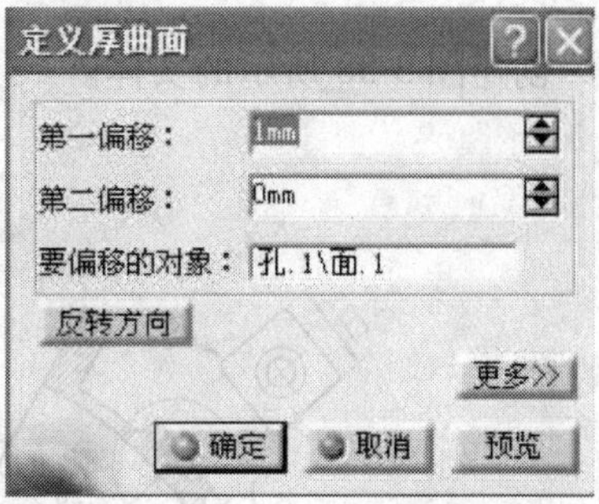

图3-36　“定义厚曲面”对话框

3.5.3　封闭曲面

该功能是将封闭曲面和一些开口曲面围成形体，单击（封闭曲面）按钮，弹出“定义封闭曲面”对话框，选择要封闭的对象，单击确定，完成封闭曲面操作。

3.5.4　缝合曲面

该功能是把曲面和形体结合在一起，首先计算曲面和形体的相交部位，再去掉一部分形体材料，如果曲面和形体之间有空隙，则弥合这个缝隙。这是缝合和剪切的区别。操作对象是整个形体，只需选择曲面，出现的箭头表示保留的形体部分，单击箭头可以改变方向。

单击（缝合曲面）按钮，出现“缝合曲面”对话框，选择要缝合的面和要移除的面，单击【确定】按钮，完成缝合曲面操作。

3.6　添加材质

该功能是为三维形体添加材质。单击（添加材质）按钮，出现图3-37所示的“库”对话框。从对话框中选取一种材质，选取添加该材质的形体，单击应用【材料】按钮，被选形体将被添加该材质。单击【确定】按钮则退出。

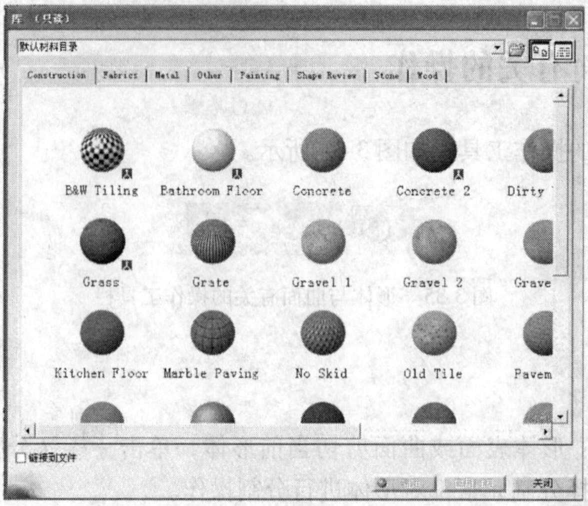

图 3-37 “库”对话框

3.7 实例

3.7.1 实例一

创建图 3-38 所示的实体。

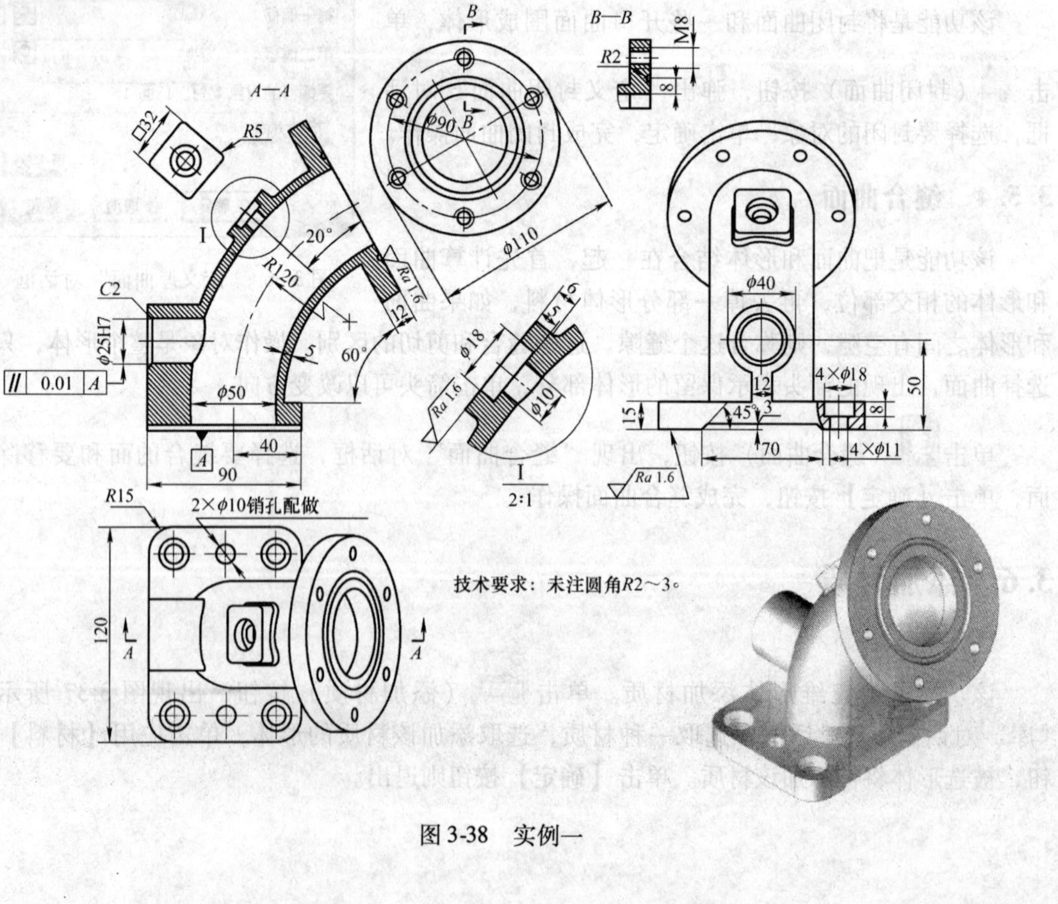

图 3-38 实例一

模型见光盘中课程模型资源/第 3 章实体模型/shili1. CATpart。

操作过程见光盘中课程视频/第 3 章实体绘制/实体实例一 . exe。

1. 实例一模型制作

1）选择【开始】/【机械设计】/【零件设计】命令，进入零件设计模块，如图 3-39 所示。

图 3-39　进入零件设计模块

2）将鼠标光标移至模型目录中选择 xy 平面，xy 面会显示被选取状态，以不同颜色区分，如图 3-40 所示。

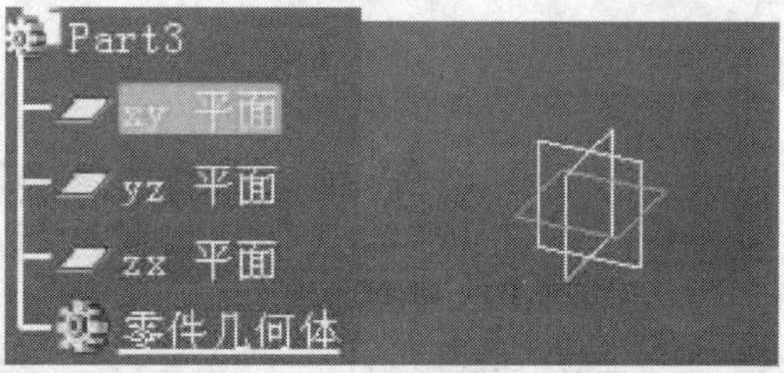

图 3-40　选择 xy 平面

3）在工具箱中单击（草图）按钮进入草图模式。所谓草图模式是在特定的平面上绘制线构造像素，即暂时中止实体模型，而切换至线性构造的绘图模式。草图模式中所产生的线构造像素，将以拉伸、旋转或扫掠的方式，建立出实体模型的特征。在草图模式中，屏幕右侧的工具按钮，即变为线构造像素的工具按钮，如图 3-41 所示。

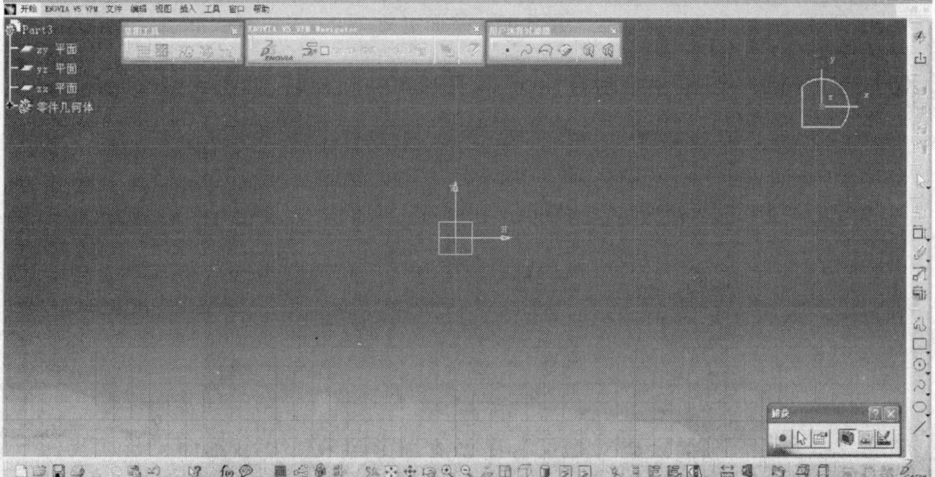

图 3-41　进入草图模式

4）单击（基本圆弧）按钮，选取原点作为圆心，在【草图工具】栏中输入半径 *R*120，单击【回车】，输入角度 60°，单击【回车】，作为圆弧的起点，再选取水平点作为圆弧的终点，绘制 *R*120 圆弧，如图 3-42 所示。

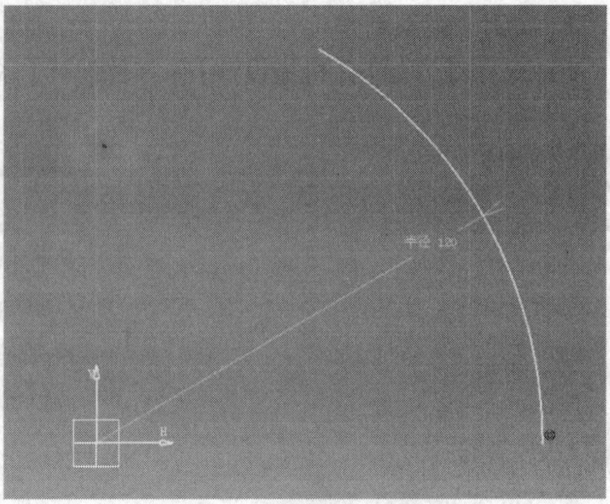

图 3-42 绘制 R120 圆弧

5）单击（退出草图）按钮，退出草图模式。

6）单击（平面）按钮，选取 *R*120 圆弧，出现“平面定义”对话框，设置如图 3-43 所示，单击【确定】按钮，完成平面设置。

7）选取创建的平面作为参考平面，单击（草图）按钮，进入草图绘制模式。

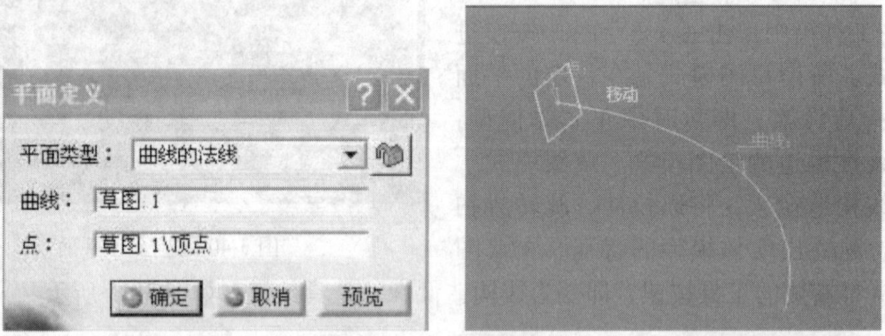

图 3-43 平面定义

8）双击（圆）按钮，绘制直径 50 和直径 60 同心圆，如图 3-44 所示。

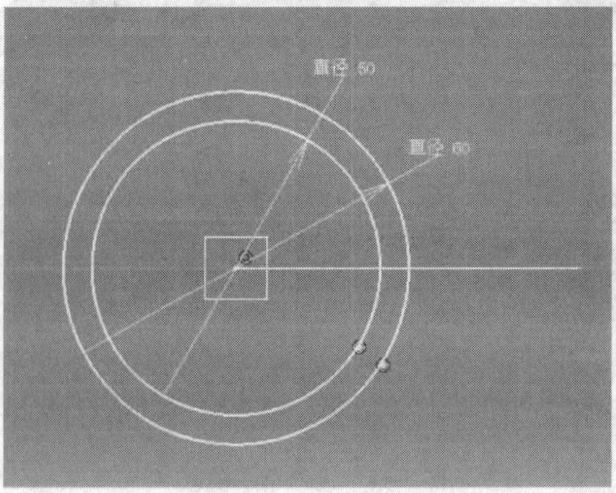

图 3-44 绘制同心圆

9）单击（退出草图）按钮，退出草图模式。

10）单击（肋）按钮，出现【定义肋】对话框，选取两个同心圆作为轮廓，选取 R120 圆弧作为中心曲线，单击【确定】，完成弯管模型的制作，如图 3-45 所示。

2. 圆形管板的制作

1）选取弯管一个端面，单击（草图）按钮，进入草图绘制模式。

2）单击（圆）按钮，绘制 ϕ110 圆；单击（将 3D 元素投影到草图平面）按钮，选取弯管内边缘，投影成曲线；按住 Ctrl 键选取 ϕ110 和弯管内边缘投影曲线，单击（使用对话框进行约束）按钮，选取同心度约束，单击【确定】按钮，完成草图，如图 3-46 所示。

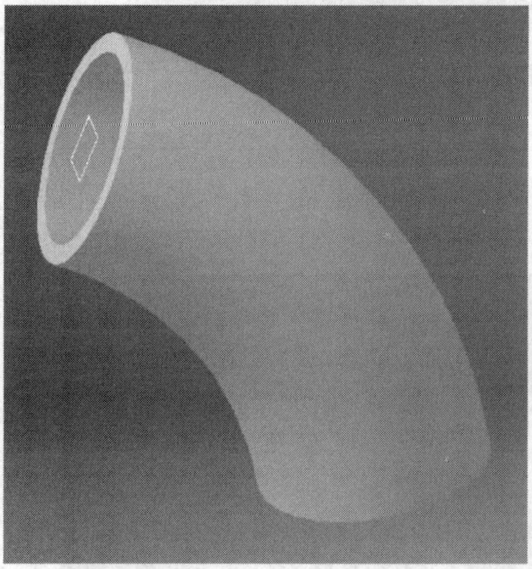

图 3-45　绘制弯管

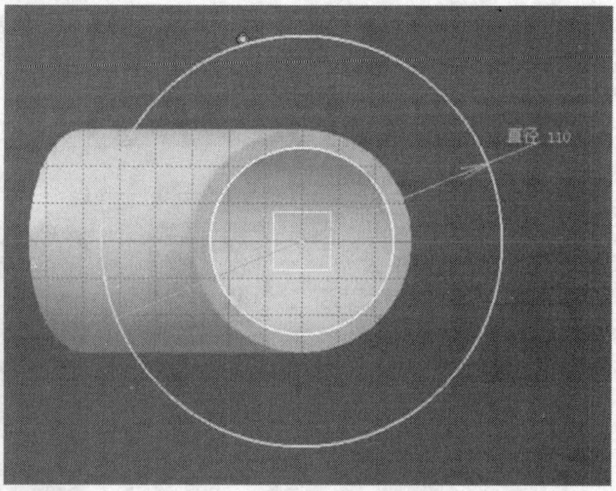

图 3-46　绘制管板草图

3）单击（退出草图）按钮，退出草图模式。

4）单击（凸台）按钮，选取 ϕ110 所在草图作为轮廓，长度设置为 12mm，单击【确定】按钮，如图 3-47 所示。

5）选择圆形管板端面，单击（孔）按钮，出现“定义孔”对话框，在“定位草图”中单击（草图）按钮，进入草图绘制模式，选中（参考元素或标准元素）按钮，单击（圆），绘制 ϕ90 的参考圆，并与圆形管板约束同心；单击（直线）按钮，绘制两条参考线，并标注角度为 30°；按住 Ctrl 键选择孔心点分别与 30°斜线和 ϕ90 参考圆进行相合约束，完成孔的定位，如图 3-48 所示。

图 3-47 绘制管板

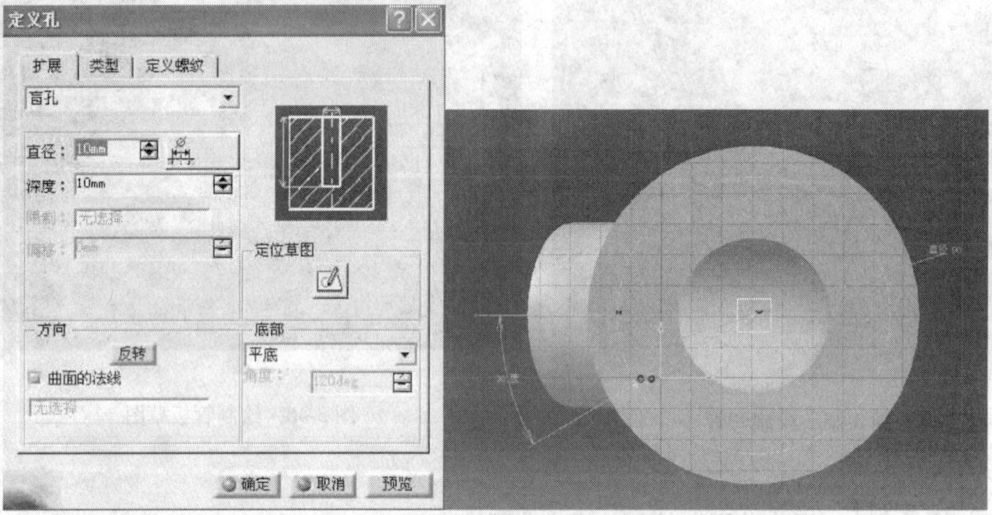

图 3-48 绘制连接孔

6）单击（退出草图）按钮，退出草图模式。

7）在“定位孔”对话框中的“类型”项下选取“简单”；在“定义螺纹”项下的参数设置如图 3-49 所示，单击【确定】完成。

8）选中螺纹孔，单击（圆形阵列）按钮，出现“定义圆形阵列”对话框，单击“参考元素”项，选取弯管端面为参考元素，其他参数设置如图 3-50 所示，单击【确定】按钮，完成螺纹孔的绘制。

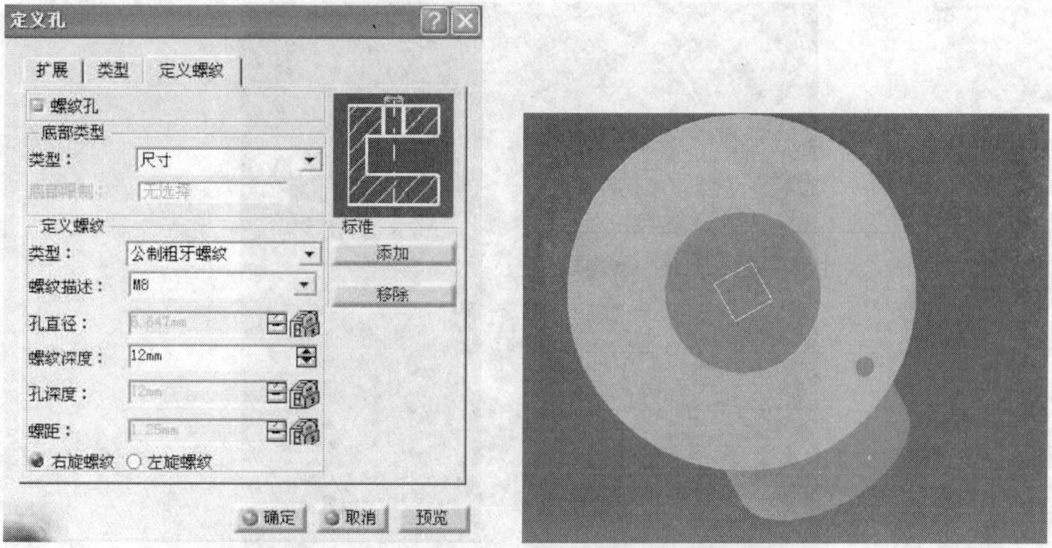

图 3-49 绘制螺纹孔

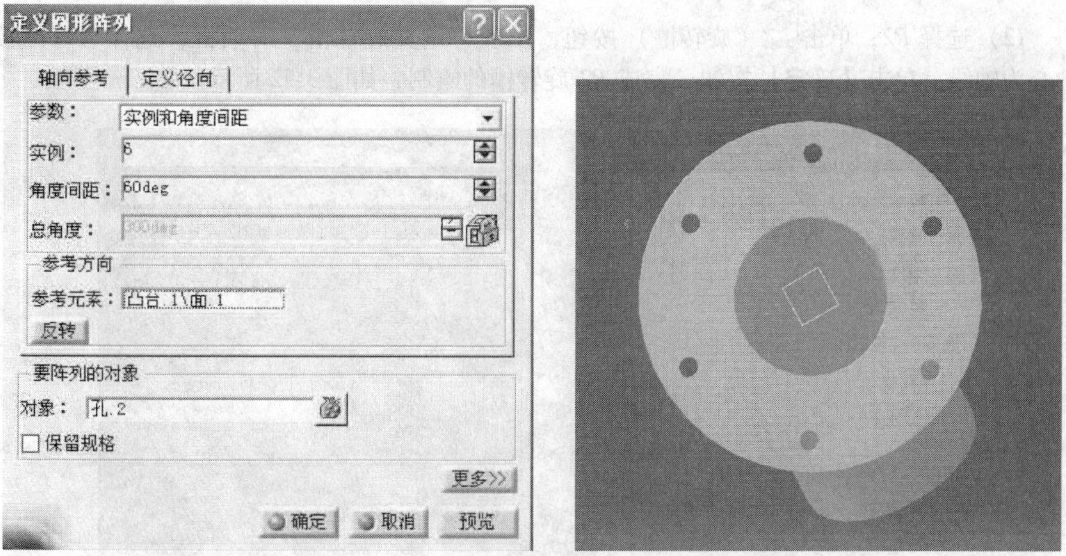

图 3-50 阵列螺纹孔

9）选取 xy 平面，单击（草图）按钮，进入草图绘制模式。

10）更改视图显示方式为线框显示，单击（圆），绘制 *R*2 的圆；按住 Ctrl 选择 *R*2 圆心和弯管孔板顶端，单击（使用对话框进行约束）按钮，选择相合约束；选择弯管圆板中心线与 *R*2 孔圆心，标注尺寸 33，如图 3-51 所示。

11）单击（退出草图）按钮，退出草图模式。

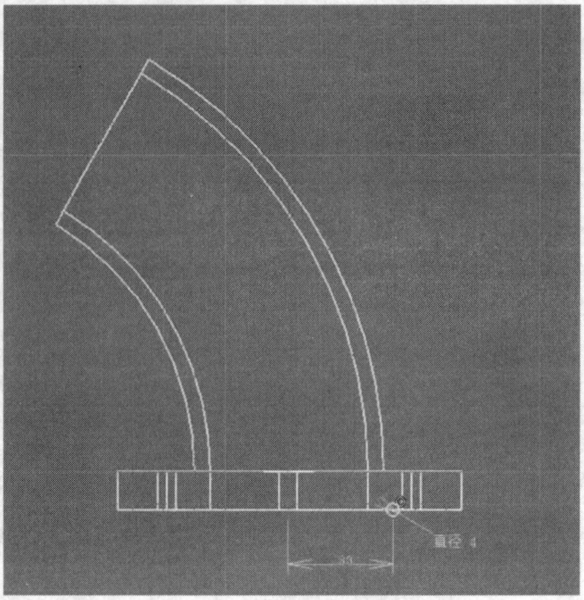

图 3-51　绘制槽草图

12）选择 *R*2，单击（旋转槽）按钮，出现“定义旋转槽”对话框，选择弯管圆板中心为轴线，单击【确定】按钮，完成 *R*2 旋转槽的绘制，如图 3-52 所示。

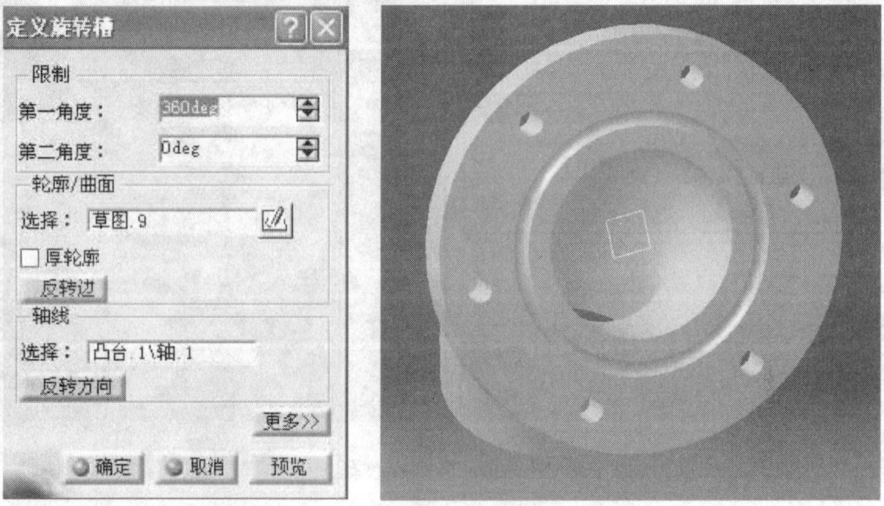

图 3-52　绘制槽

3. 方形管板的制作

1）选择弯管端面，单击（草图）按钮，进入草图绘制模式。

2）单击（参考元素或标准元素）按钮，单击（直线）按钮，绘制两条构造线，并标注尺寸，使两条构造线为弯管端面圆周的中心线；单击（矩形）按钮，单击两个对角点，绘制矩形，标注和修改相应的尺寸，如图 3-53 所示。

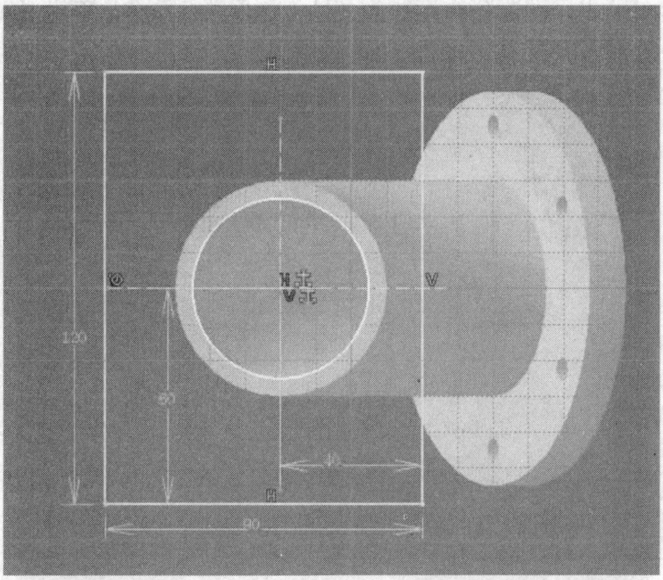

图 3-53　方形管板草图

3）单击（退出草图）按钮，退出草图模式。

4）选择矩形，单击（凸台）按钮，长度设置为15mm，单击【确定】按钮。

5）单击（倒圆角）按钮，出现“倒圆角定义”对话框，设置圆角半径为 *R*15，选择四条边线，单击【确定】按钮，完成倒圆角，如图 3-54 所示。

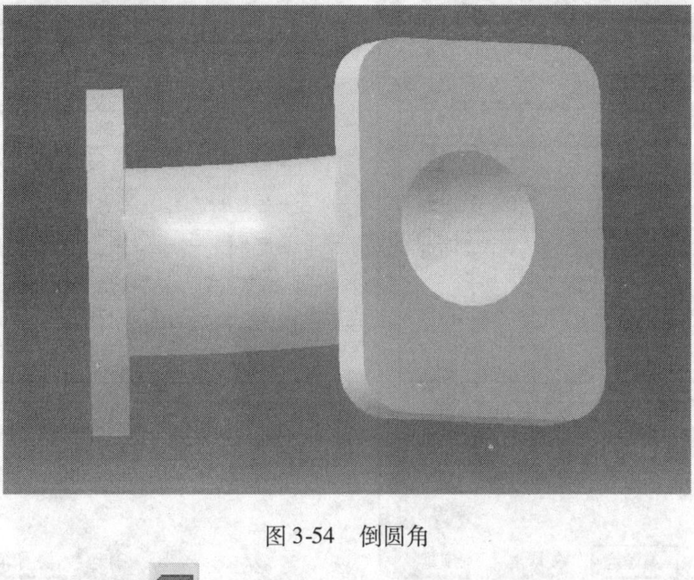

图 3-54　倒圆角

6）选择方板端面，单击（孔）按钮，出现“定义孔”对话框，在“扩展”选项卡【定位草图】中单击（草图）按钮，进入草图绘制模式，选择孔中心与 *R*15，进行同心度约束，退出草图模式，设置孔的直径为 $\phi 11$，深度为 15mm，单击【确定】按钮；采用同样的操作，绘制上部 $\phi 18$ 的孔，如图 3-55 所示。

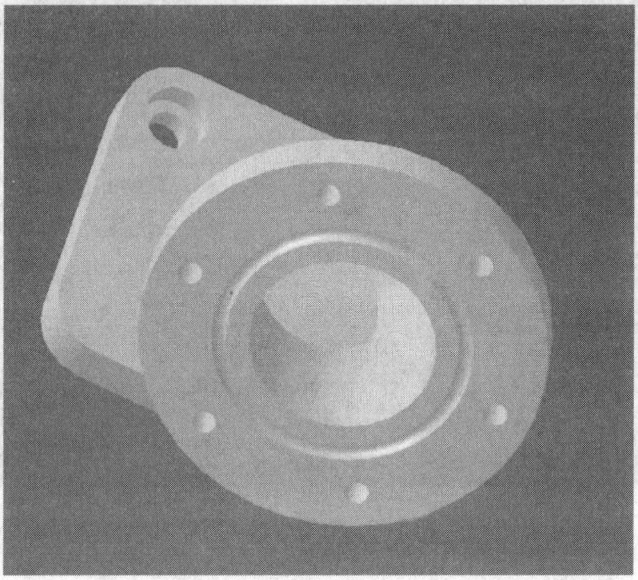

图 3-55　绘制孔

7）选择 $\phi 18$ 和 $\phi 11$ 的孔，单击（矩形阵列）按钮，出现“定义矩形阵列”对话框，如图 3-56 所示。选择参考方向，参数设置如图 3-56 所示，单击【确定】按钮，完成孔的矩形阵列，此时实体如图 3-57 所示。

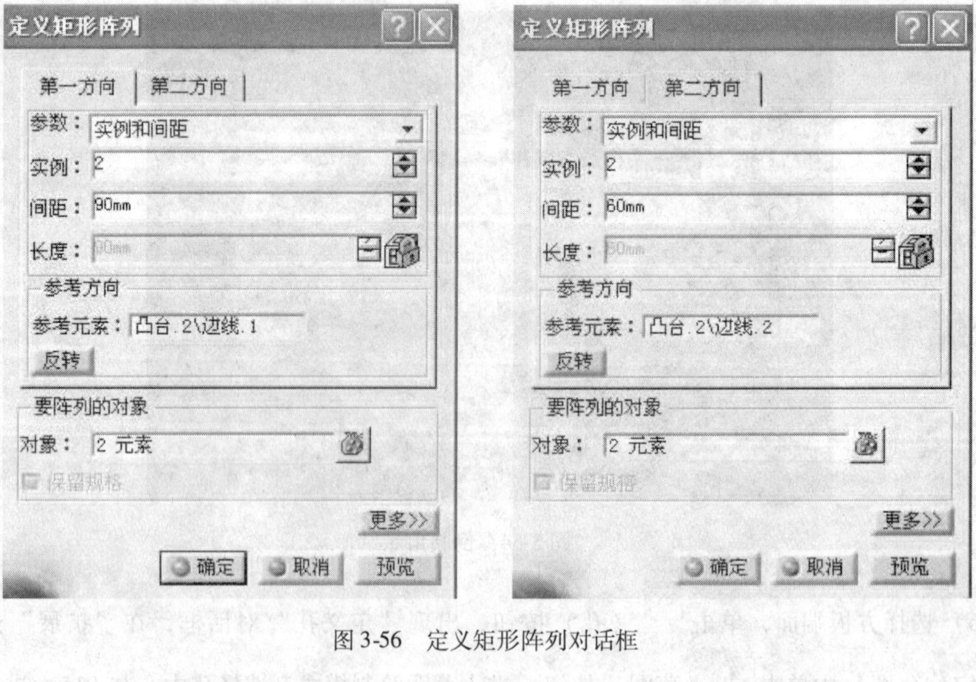

图 3-56　定义矩形阵列对话框

图 3-57 矩形阵列孔

8）单击（孔）按钮，采用步骤6同样的方法，绘制 $2\times\phi10$ 的孔。

9）选择矩形板侧面，单击（草图）按钮，进入草图绘制模式，改变显示方式为线框，绘制如图3-58所示草图。

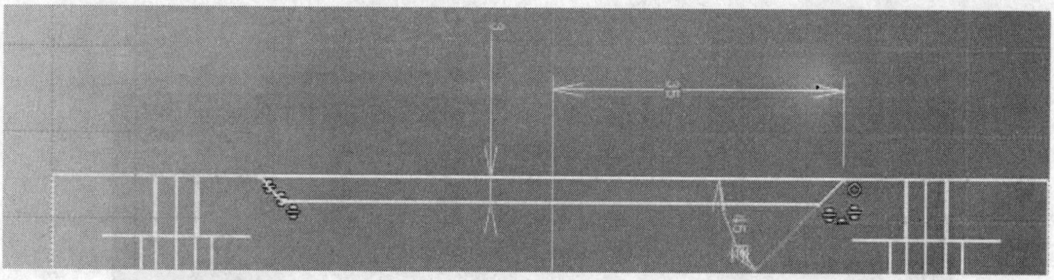

图 3-58 凹槽草图

10）单击（退出草图）按钮，退出草图模式。

11）选择草图，单击（凹槽）按钮，出现“定义凹槽”对话框，在“类型”项中选择“直到下一个”，单击【确定】按钮，绘制凹槽，完成后实体如图3-59所示。

12）选择矩形板，单击（草图）按钮，进入草图绘制模式，绘制如图3-60所示草图。

13）单击（退出草图）按钮，退出草图模式。

14）选择草图，单击（凸台）按钮，出现“定义凸台”对话框，设置限制“类型”为“直到下一个”，单击【确定】按钮，完成凸台绘制，如图3-61所示。

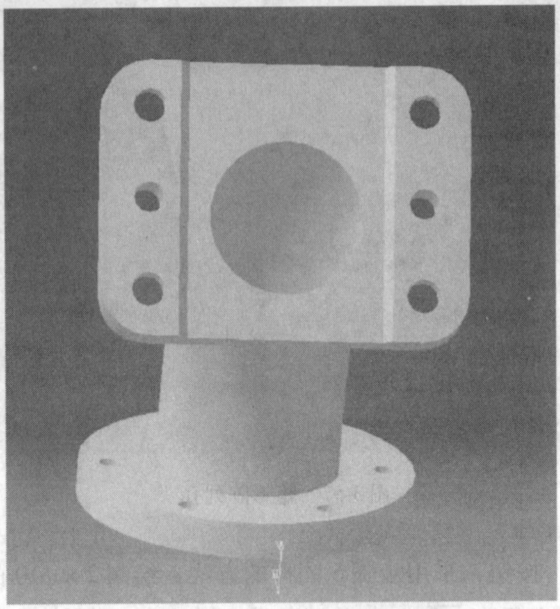

图 3-59 绘制凹槽

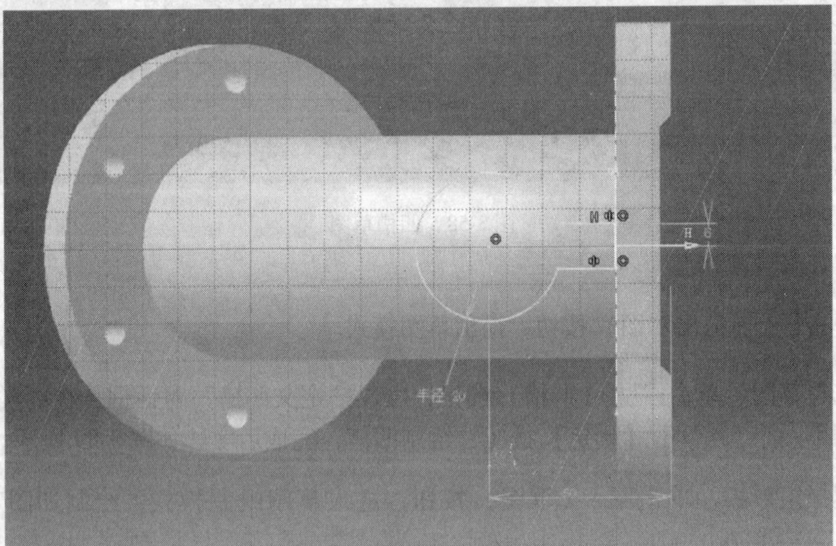

图 3-60 矩形板草图

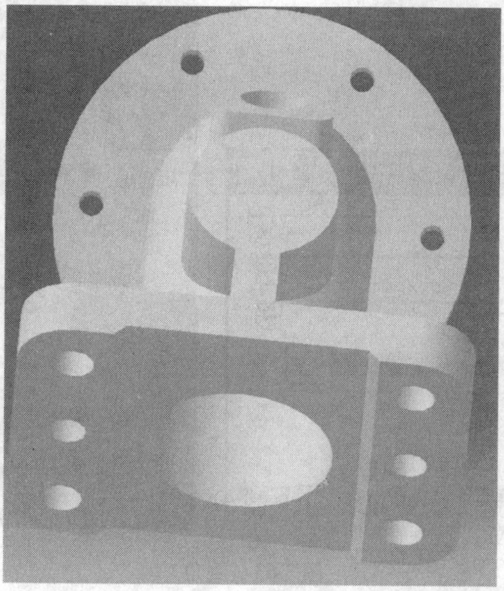

图 3-61 绘制矩形板

15）选择矩形板侧面，单击 （孔）按钮，设置相应的参数，绘制孔，如图 3-62 所示。

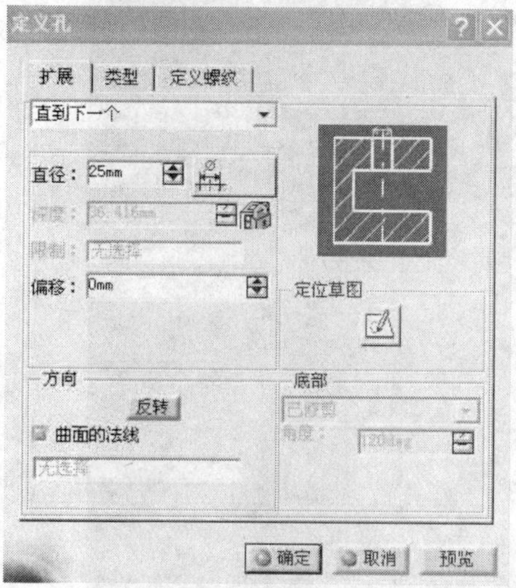

图 3-62 矩形板开孔

16）单击 （倒角）按钮，选择 $\phi25$ 孔边，设置定义倒角参数，如图 3-63 所示。

4. 绘制安装板

1）选择 xy 平面，单击 （草图）按钮，进入草图绘制模式，绘制直线（注意起点在原点），如图 3-64 所示。

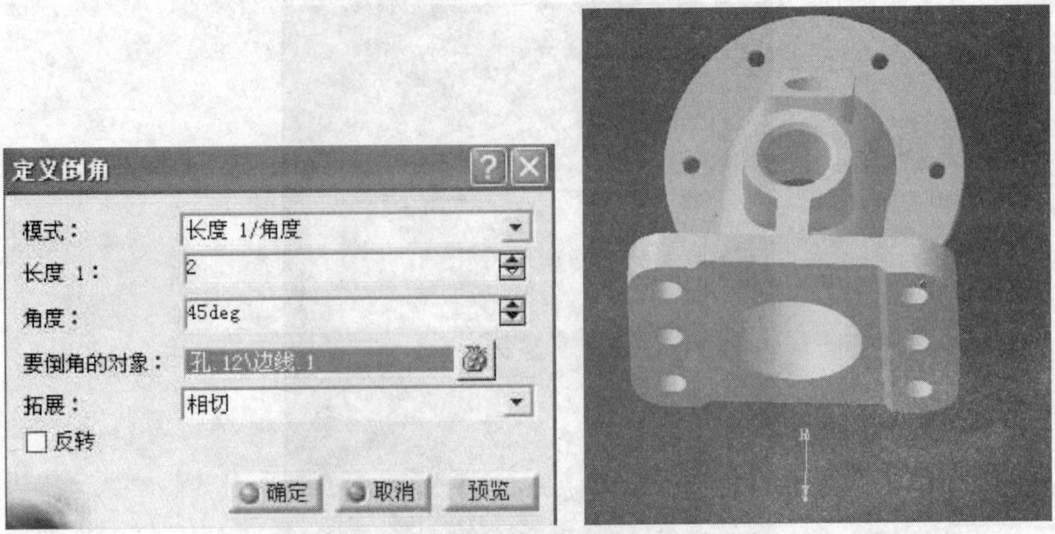

图 3-63　倒角

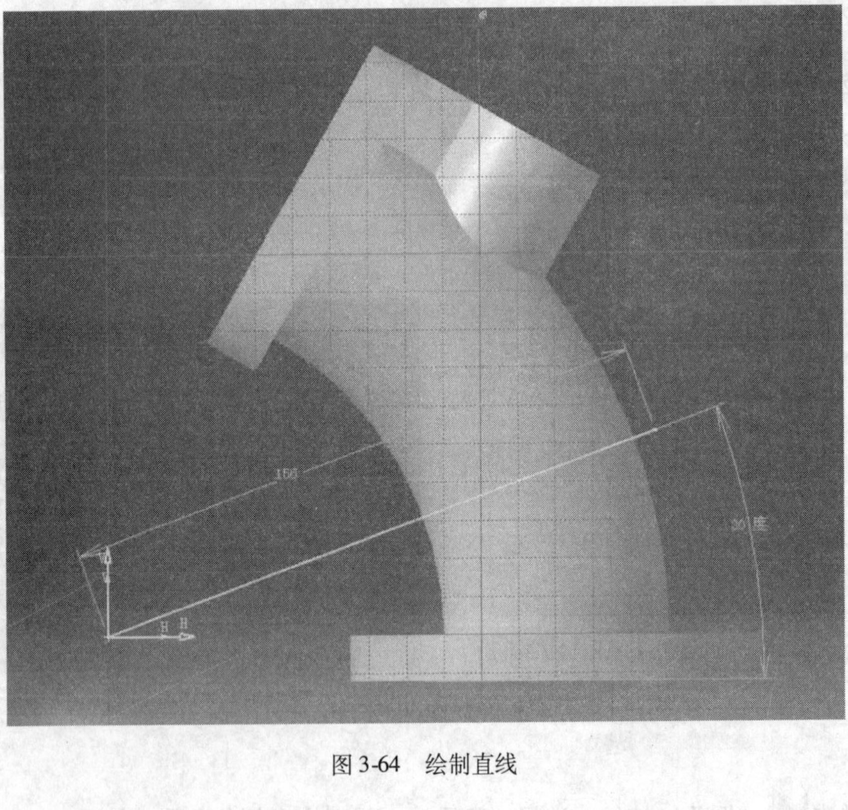

图 3-64　绘制直线

2）单击（退出草图）按钮，退出草图模式。

3）选择直线，单击（平面）按钮，出现“平面定义”对话框，设置如图 3-65 所示。

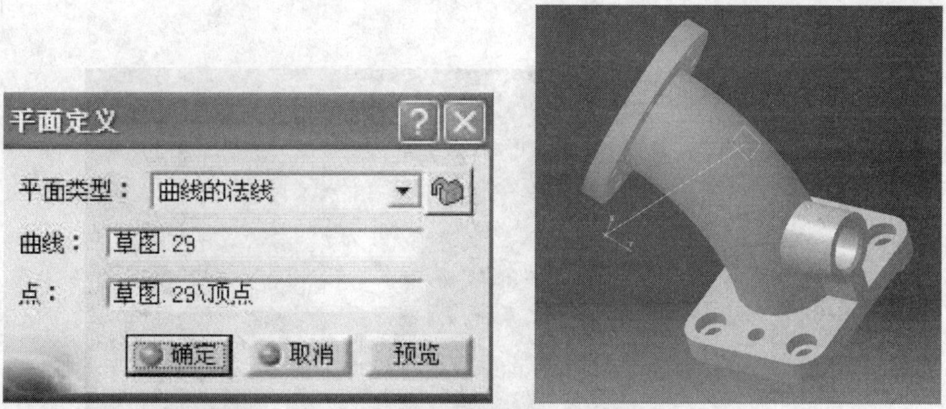

图 3-65　绘制平面

4）选择所作参考平面，单击（草图）按钮，进入草图绘制模式，绘制如图 3-66 所示草图。

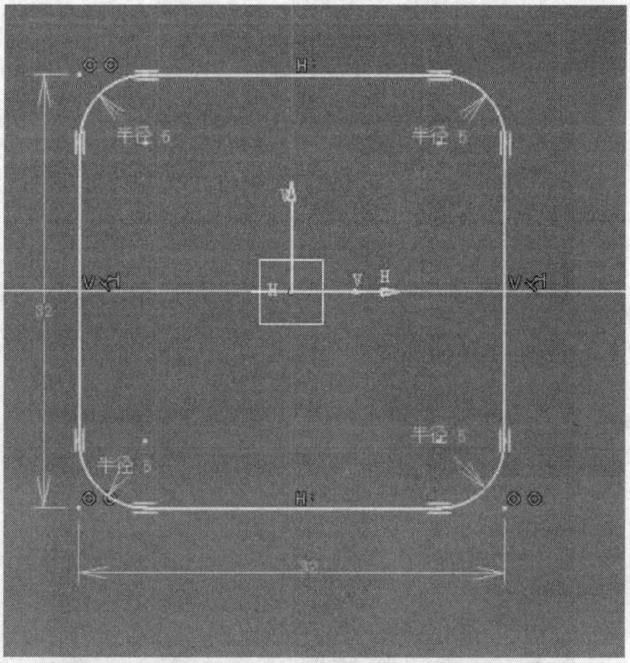

图 3-66　绘制草图

5）单击（退出草图）按钮，退出草图模式。

6）选择草图，单击（凸台）按钮，出现定义凸台对话框，设置如图 3-67 所示参数，单击【确定】按钮。

7）单击（倒圆角）按钮，选择边线，倒 *R*5 圆角。

8）选择安装板端面，单击（孔）按钮，设置相应的参数，绘制 $\phi 18$ 和 $\phi 10$ 孔，如图 3-68 所示。

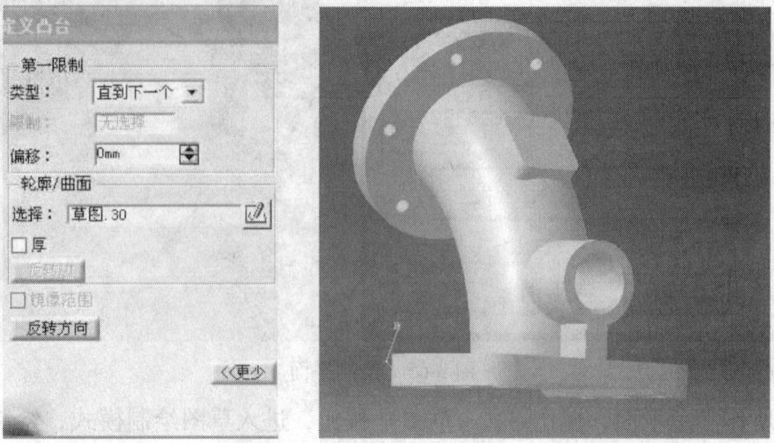

图 3-67　绘制凸台

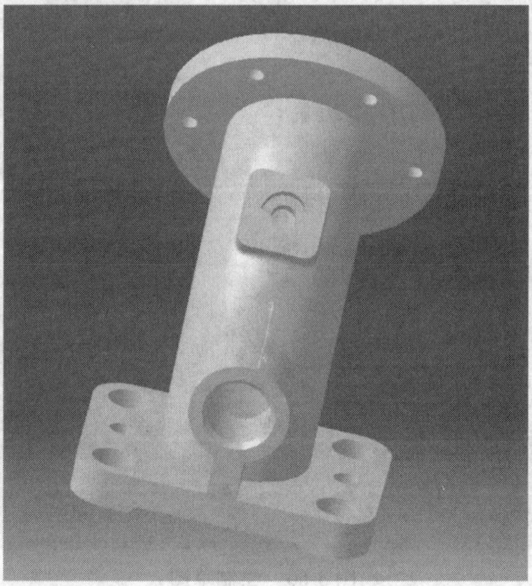

图 3-68　绘制孔

3.7.2　实例二

创建图 3-69 所示的实体。

模型见光盘中课程模型资源/第 3 章实体模型/shili2. CATpart。

操作过程见光盘中课程视频/第 3 章实体绘制/实体实例二 . exe。

1. 底板的模型制作

1）选择【开始】/【机械设计】/【零件设计】命令，进入零件设计模块，如图 3-70 所示。

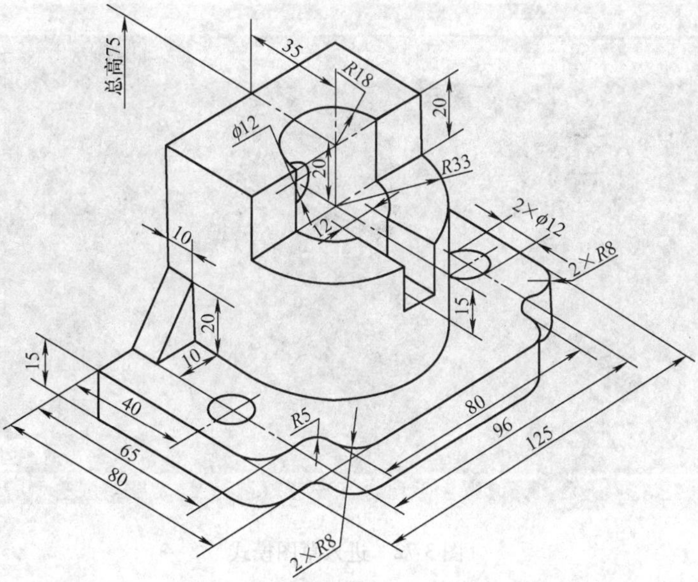

图 3-69　实例二

图 3-70　进入零件设计模块

2）将鼠标光标移至模型目录中选择 xy 平面，xy 面会显示被选取状态，以不同颜色区分，如图 3-71 所示。

3）在工具箱中单击（草图）按钮进入草图模式。所谓草图模式是在特定的平面上绘制线构造像素，即暂时中止实体模型，而切换至线性构造的绘图模式。草图模式中所产生的线构造像素，将以凸台、旋转或扫掠的方式，建立出实体模型的特征。在草图模式中，屏幕右侧的工具按钮即变为线构造像素的工具按钮，如图 3-72 所示。

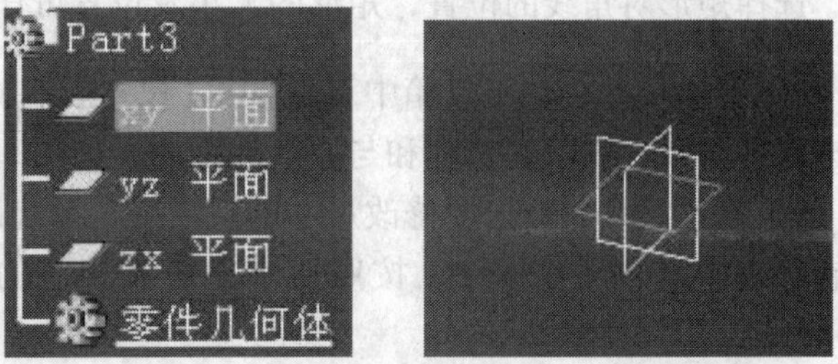

图 3-71　选择 xy 平面

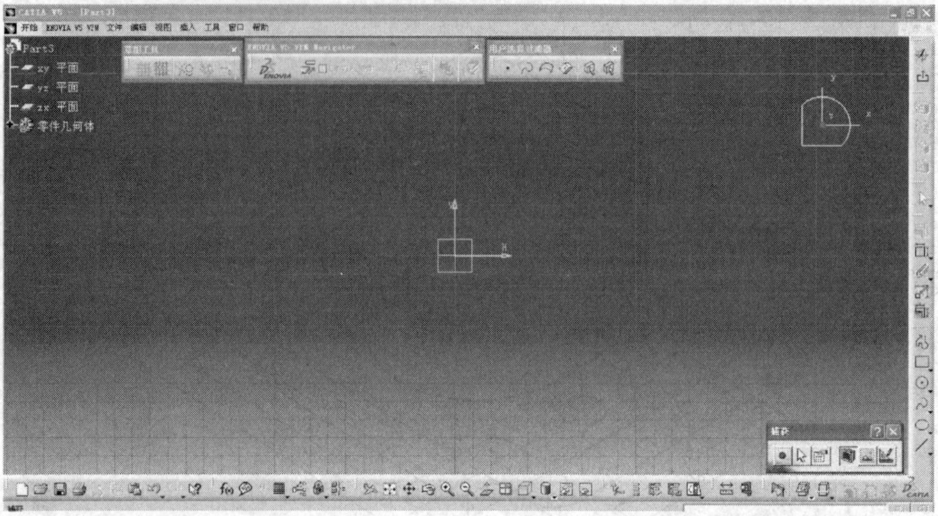

图 3-72　进入草图模式

4）在工具箱中单击（矩形）按钮，在工具箱中有显示位置的工具，如果没有，可能是隐藏在工具箱的角落中，将它拉出来就可以了，先决定第一点的位置，单击鼠标，如图 3-73 所示。

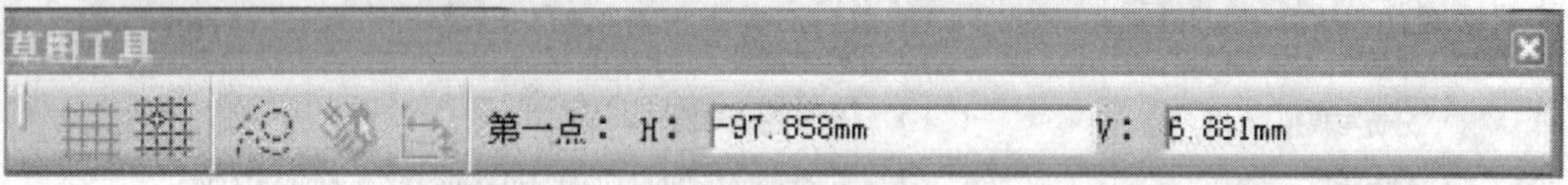

图 3-73　矩形草图工具第一点

向右下角移动鼠标决定第二点位置，单击鼠标，如图 3-74 所示。

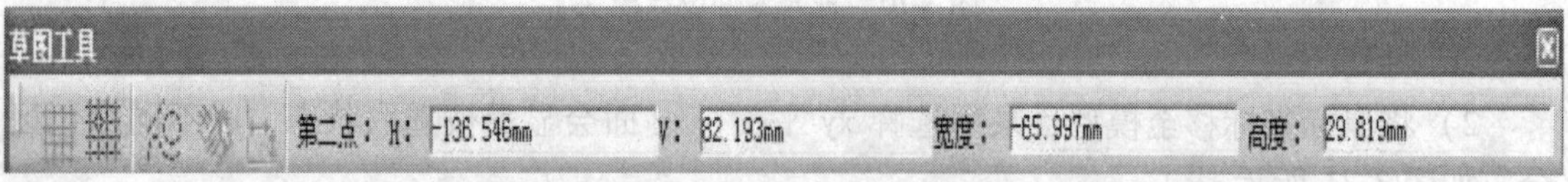

图 3-74　矩形草图工具第二点

选择矩形对角线的位置，矩形的大小及位置可任意决定，如图 3-75 所示。

5）标注尺寸。在工具箱中双击（尺寸限制）按钮，接着再单击鼠标分别在图中标注出水平与垂直线段的长度和与原点的距离，如图 3-76 所示。

6）修改尺寸。双击要修改尺寸的尺寸线，系统即显示对话框，如图 3-77 所示。提供使用者修改指定的尺寸标注，按照要求，修改相应的尺寸，单击【确定】即可，如图 3-78 所示。

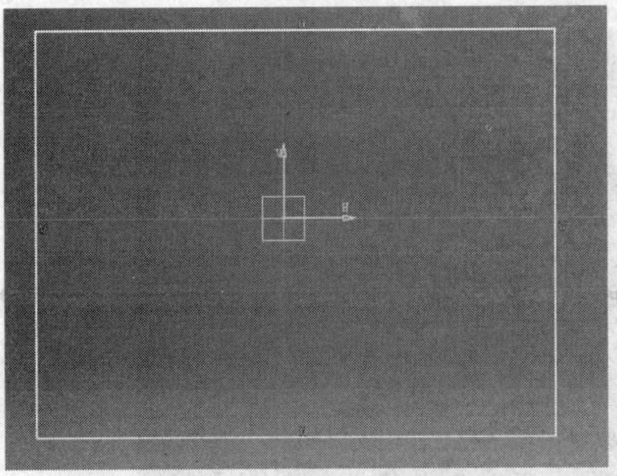

图 3-75　绘制矩形

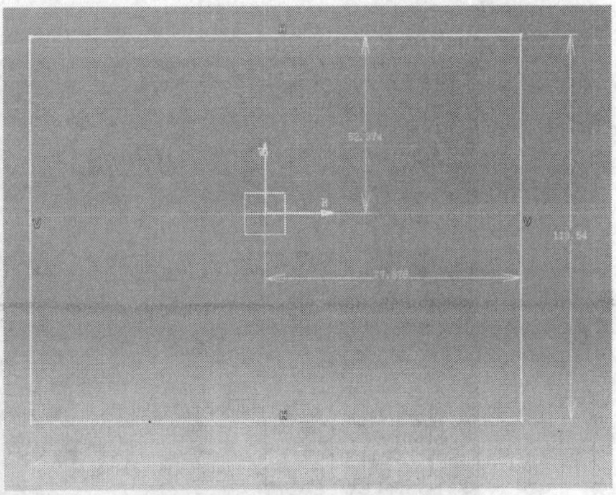

图 3-76　标注矩形尺寸

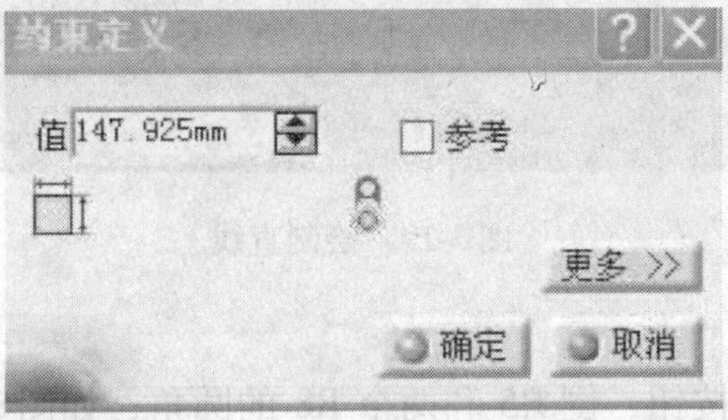

图 3-77　“约束定义”对话框

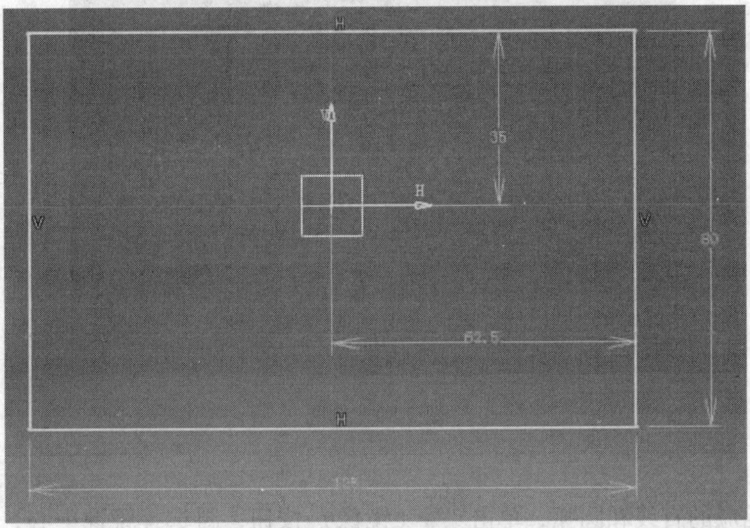

图 3-78　修改矩形尺寸

7）双击 （直线）按钮，绘制两条直线，接着双击 （尺寸限制）按钮，标注相应的尺寸，如图 3-79 所示。

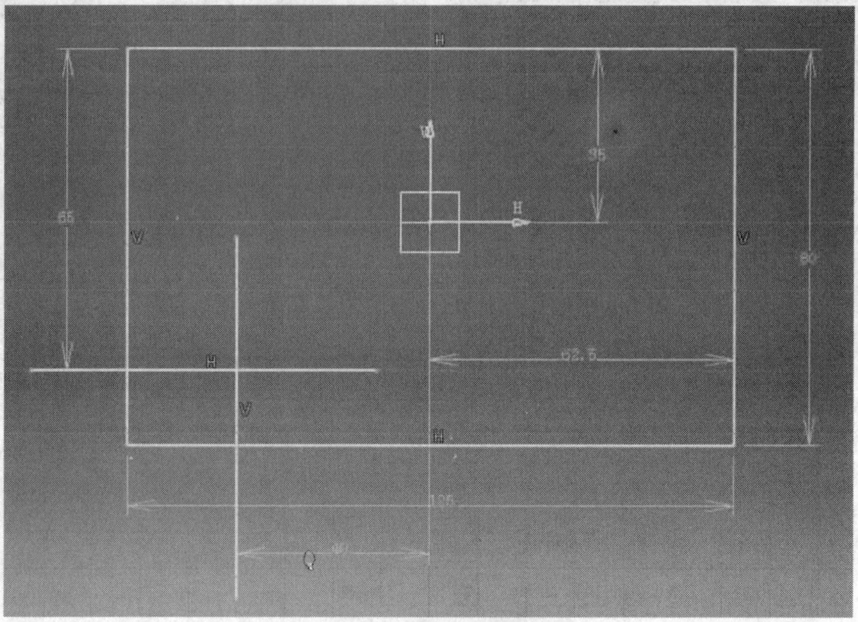

图 3-79　绘制直线

8）双击（倒圆）按钮，倒 R5 和两个 R8 的圆角，如图 3-80 所示。

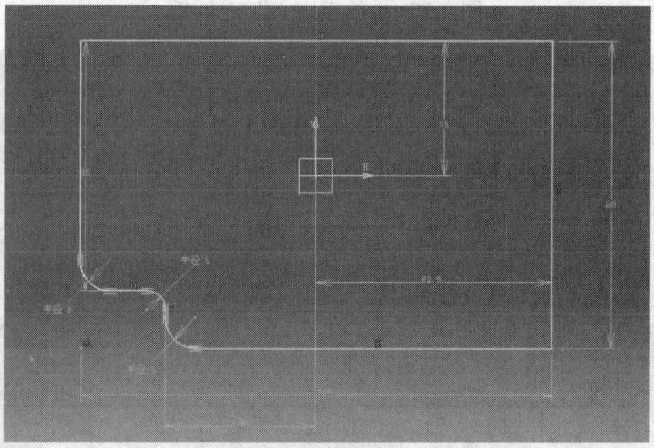

图 3-80　倒圆

9）选择相应的直线和圆弧，单击（镜像）按钮，再选择镜像中心，对相应的直线和圆弧进行镜像操作，如图 3-81 所示。

10）单击（快速裁减）按钮，修剪多余的线段，如图 3-82 所示。

11）单击【工具】/【草图分析】命令，对草图进行分析，“草图分析”对话框如图 3-83 所示。

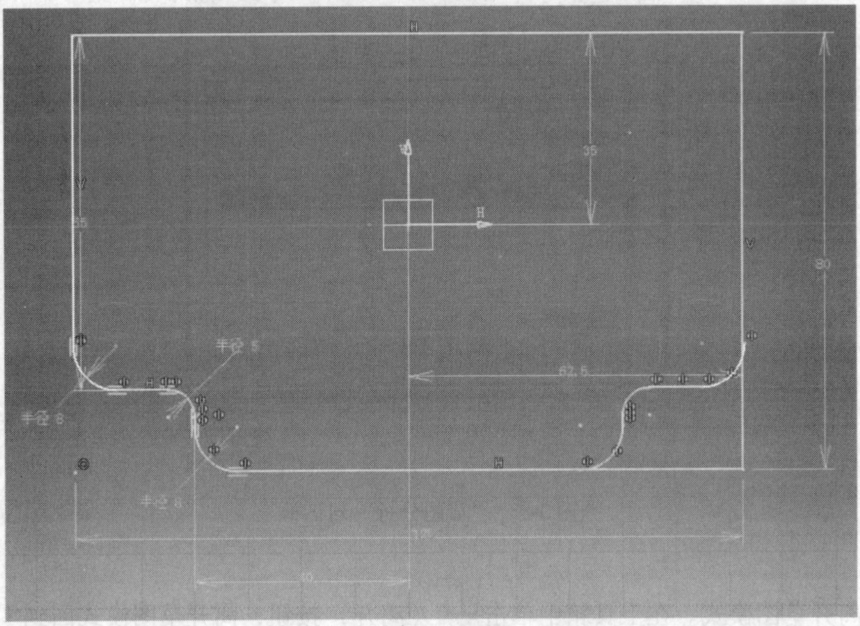

图 3-81　镜像倒圆

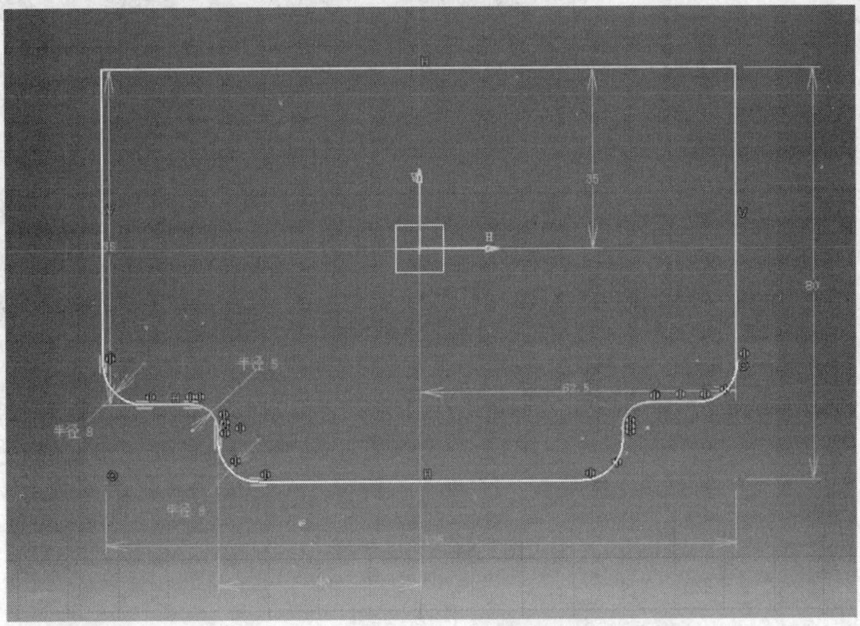

图 3-82　快速修剪多余线段

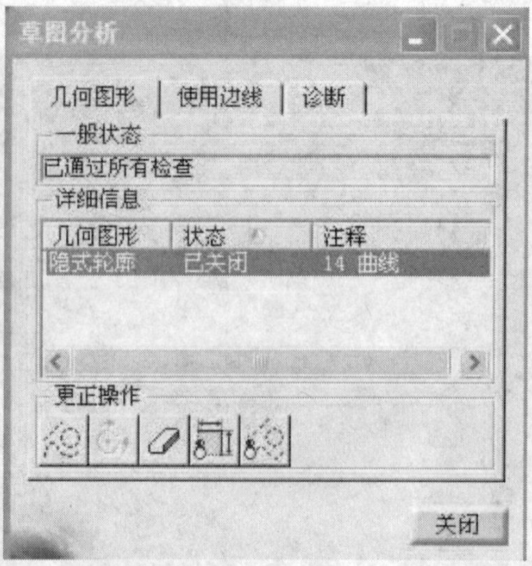

图 3-83 “草图分析”对话框

12）离开草图模式。在工具箱中单击（离开）按钮，离开草图模式回到零件设计的实体模块。在零件设计模块中，屏幕右侧的工具按钮，即变为实体构造像素的工具按钮，如图 3-84 所示。

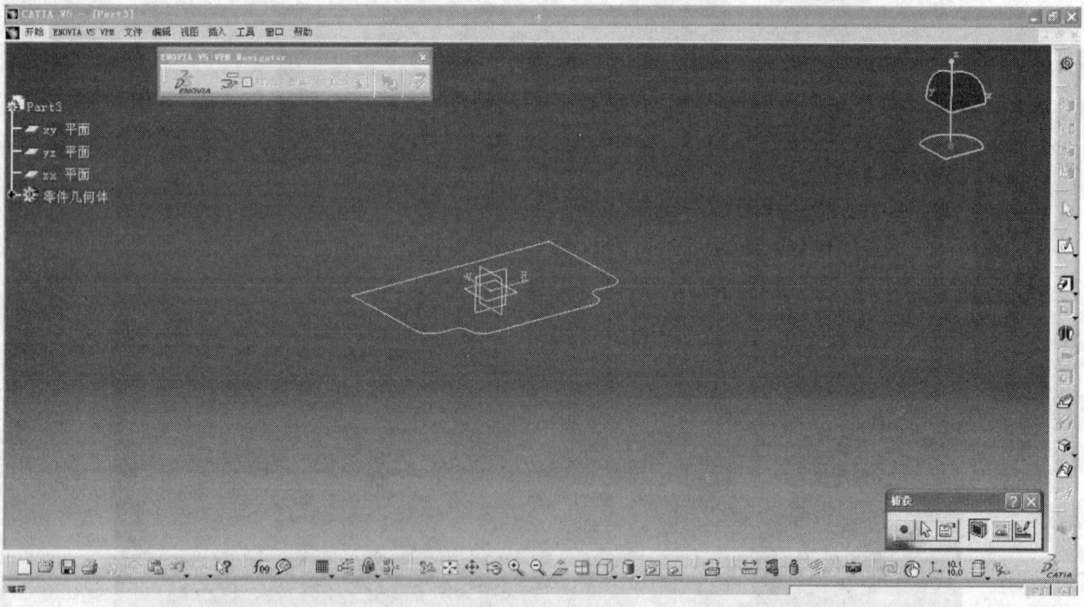

图 3-84 完成草图

13）成形凸台。在工具箱中选择（凸台）按钮，系统即显示“定义凸台”对话框，提供凸台成形的参数设定。参数如图 3-85 所示。

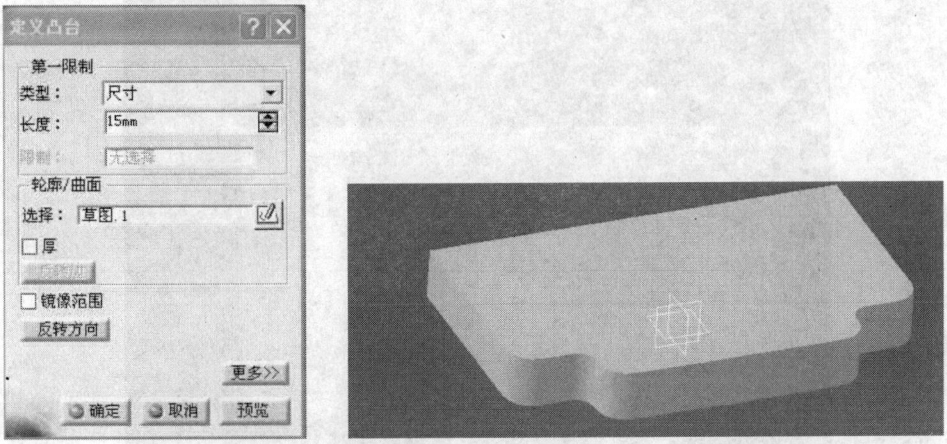

图 3-85　凸台成形底板

14）选择零件上表面，然后单击（孔）按钮，出现如图 3-86 所示的对话框，修改相应的参数，单击定义草图按钮，进入草图模式，单击（尺寸约束）按钮，标注孔的定位尺寸，对孔中心进行定位，如图 3-87 所示。再单击（离开）按钮，离开草图绘制模式，单击“定义孔”对话框中【确定】按钮，完成孔的绘制。如图 3-88 所示。

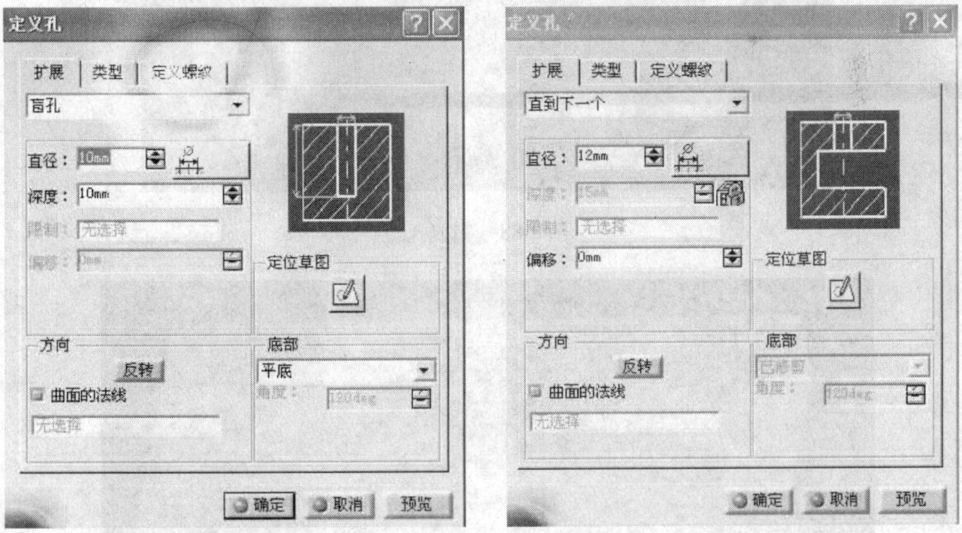

图 3-86　“定义孔”对话框

15）选择孔，单击（镜像）按钮，再选择 yz 平面作为镜像元素，对孔进行镜像操作，如图 3-89 所示。

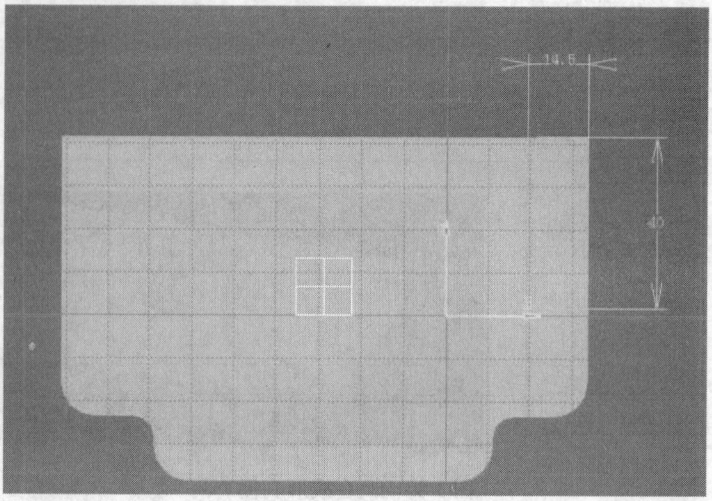

图 3-87 定位孔的位置

图 3-88 完成孔

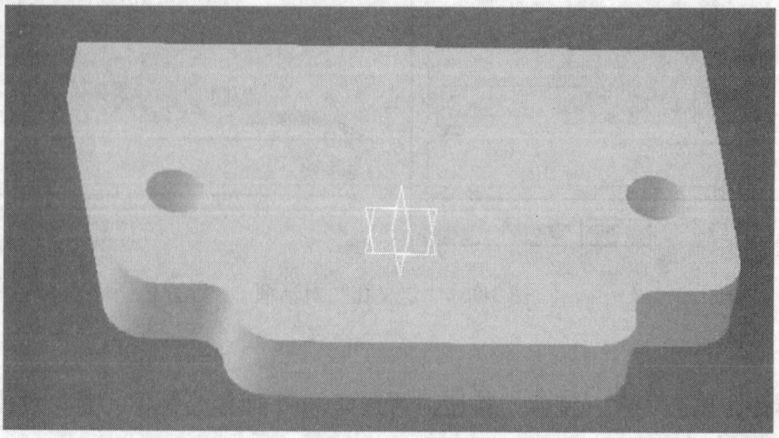

图 3-89 镜像孔

2. 绘制上部特征

1）选择底板上表面，单击（草图）按钮，进入草图绘制模式。

2）单击（将 3D 元素投影到草图平面）按钮，再单击要投影的边，完成后边线的投影如图 3-90 所示。

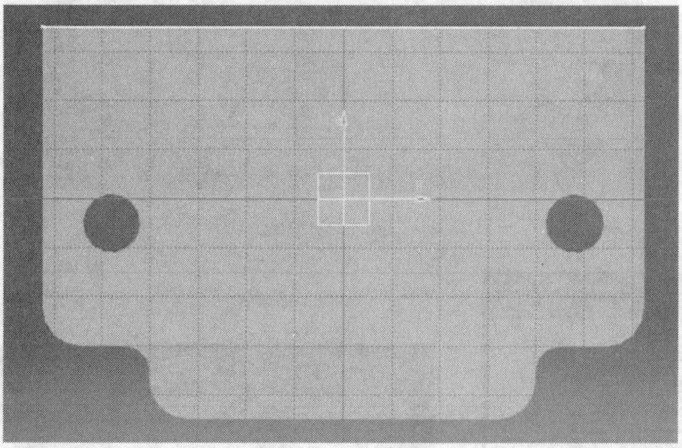

图 3-90　投影边界

3）双击（圆）按钮，绘制两个圆，单击（尺寸约束）按钮，标注尺寸，再双击要修改的尺寸，对相应的尺寸进行修改，如图 3-91 所示。

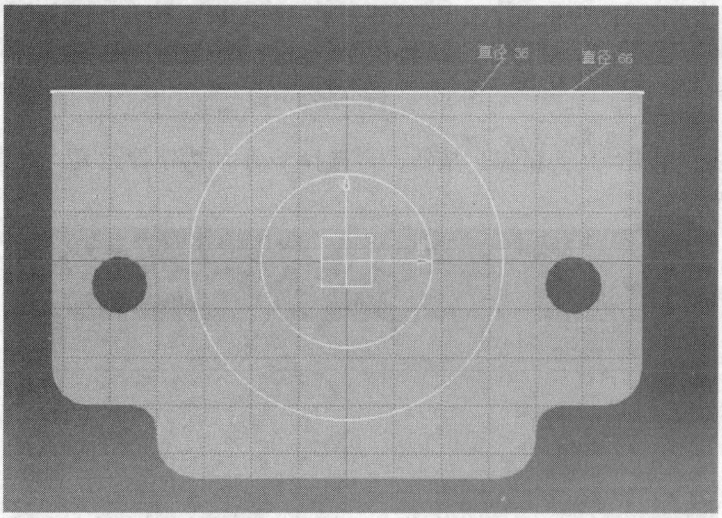

图 3-91　绘制同心圆

4）单击（直线）按钮，绘制直线，如图 3-92 所示，然后选择直线和直径 66 的圆，单击（使用对话框进行约束）按钮，选择相切约束，单击【确定】按钮，如图 3-93 所示。

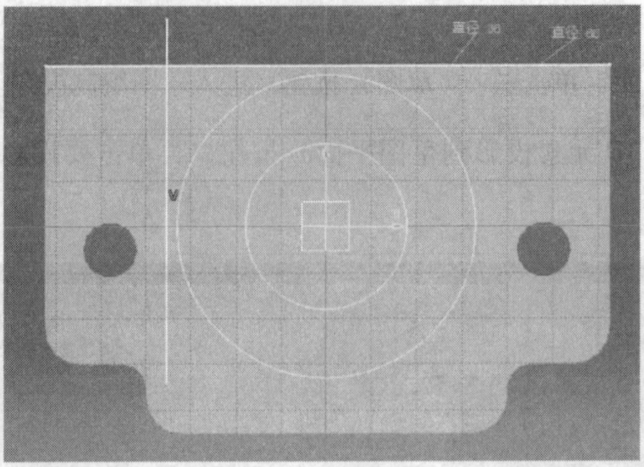

图 3-92　绘制直线

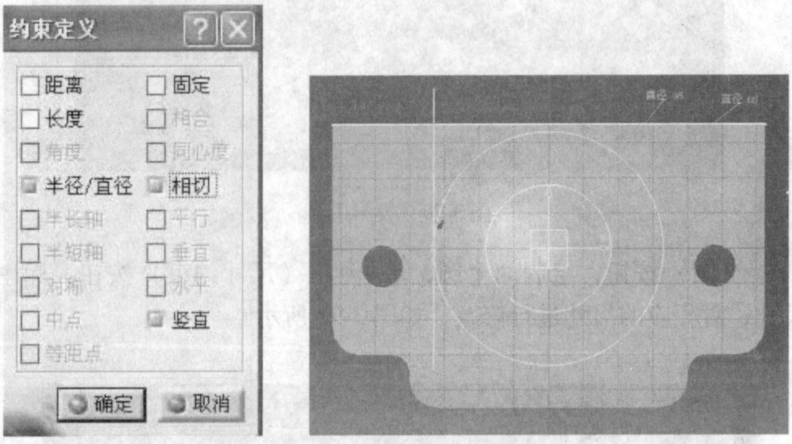

图 3-93　约束直线与圆

5）选择直线，单击（镜像）按钮，再选择 yz 平面为镜像元素，对直线进行镜像操作，如图 3-94 所示。

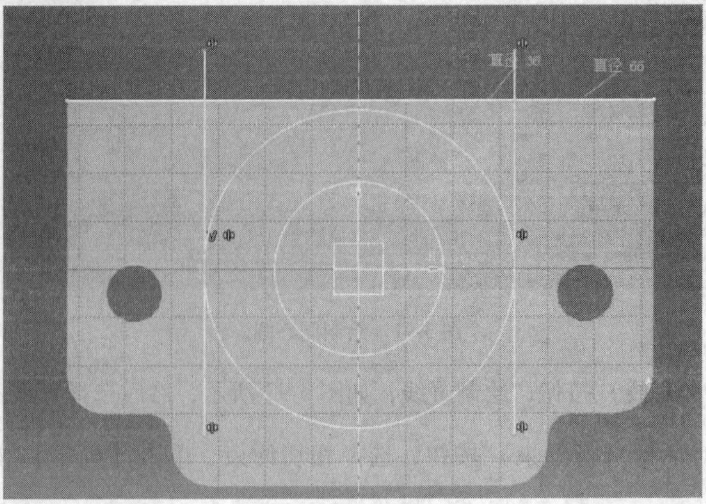

图 3-94　镜像直线

6）双击（快速裁减）按钮，裁减多余的线段，如图 3-95 所示。

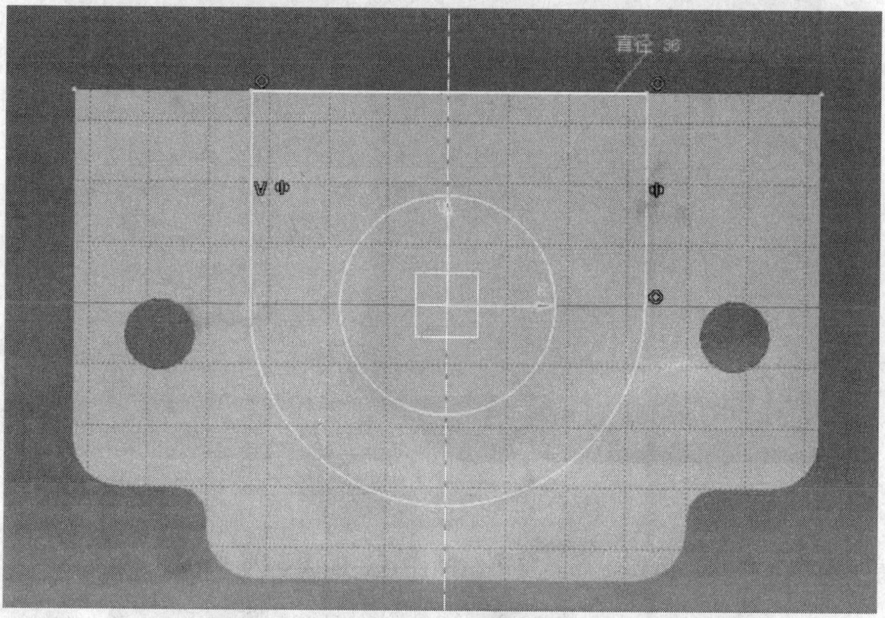

图 3-95 修剪多余线段

7）单击（离开）按钮，离开草图绘制模式。

8）单击（凸台）按钮，出现“拉伸”对话框，参数设置和拉伸后的实体如图 3-96 所示。

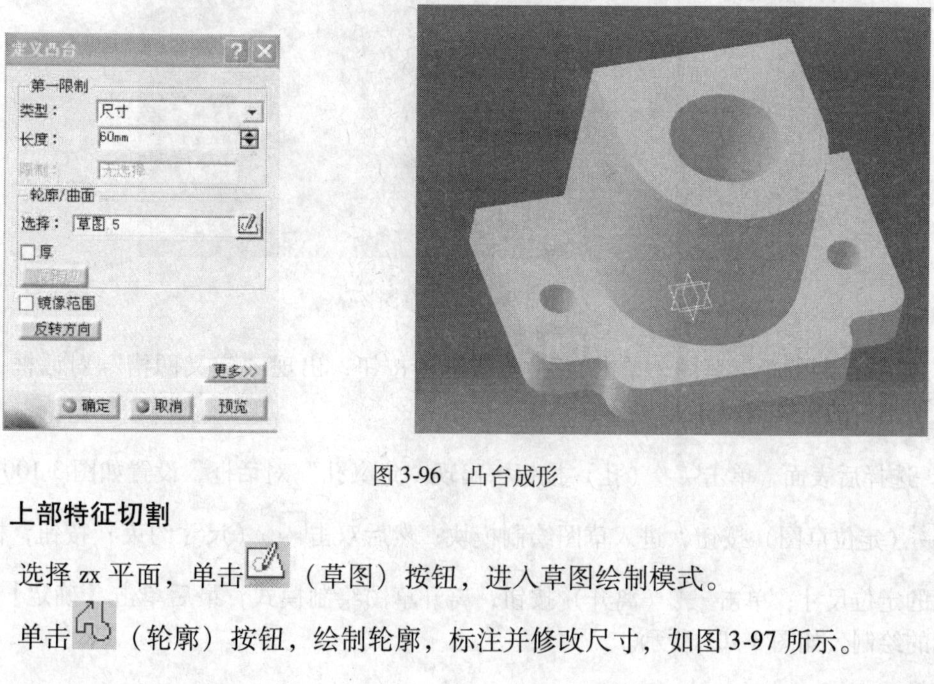

图 3-96 凸台成形

3. 上部特征切割

1）选择 zx 平面，单击（草图）按钮，进入草图绘制模式。

2）单击（轮廓）按钮，绘制轮廓，标注并修改尺寸，如图 3-97 所示。

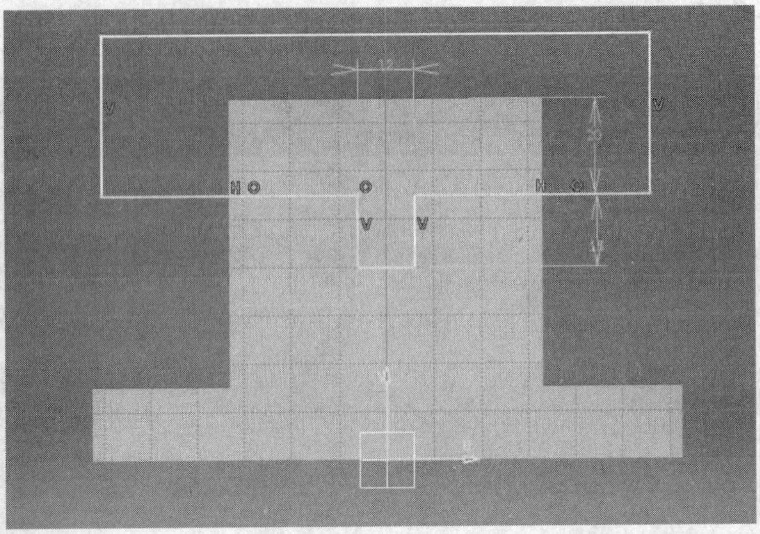

图 3-97　绘制草图

3）单击（离开）按钮，离开草图绘制模式，如图 3-98 所示。

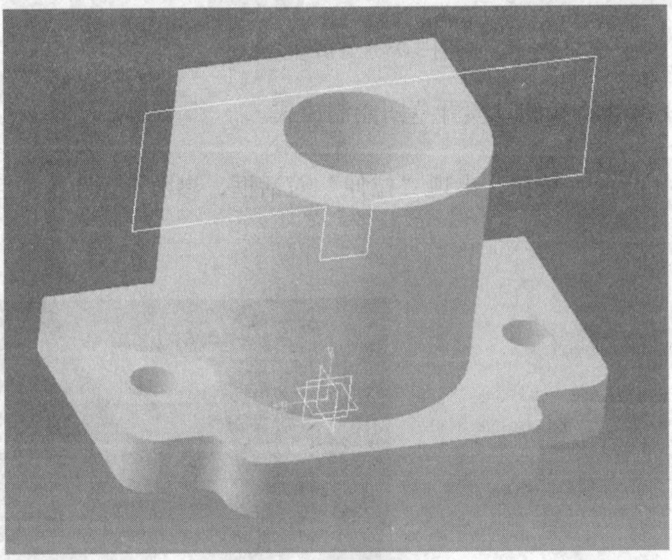

图 3-98　完成草图

4）选择绘制的矩形草图，单击（凹槽）按钮，出现“定义凹槽”对话框，参数设置及切割后的实体如图 3-99 所示。

5）选择后表面，单击（孔）按钮，出现“定义孔”对话框，设置如图 3-100 所示。单击（定位草图）按钮，进入草图绘制模块；然后双击（尺寸约束）按钮，标注并修改孔的定位尺寸；单击（离开）按钮，离开草图绘制模式，最后单击【确定】按钮，完成孔的绘制，如图 3-101 所示。

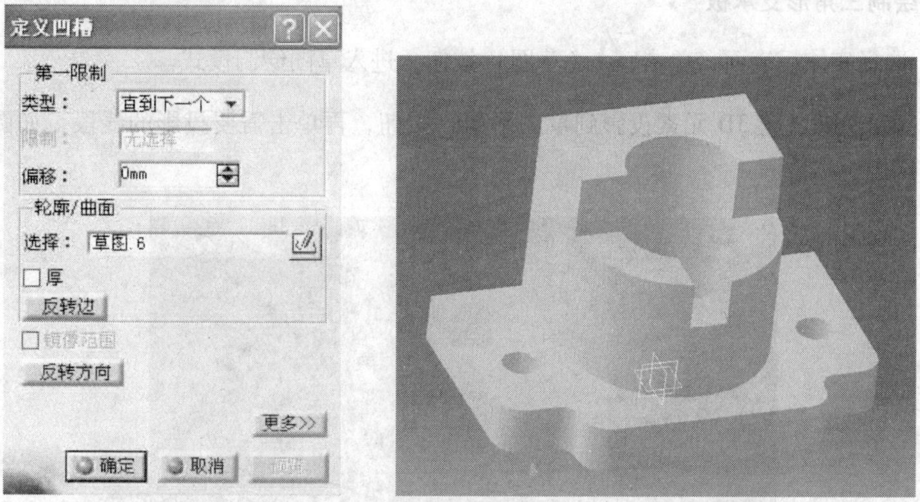

图 3-99　绘制凹槽

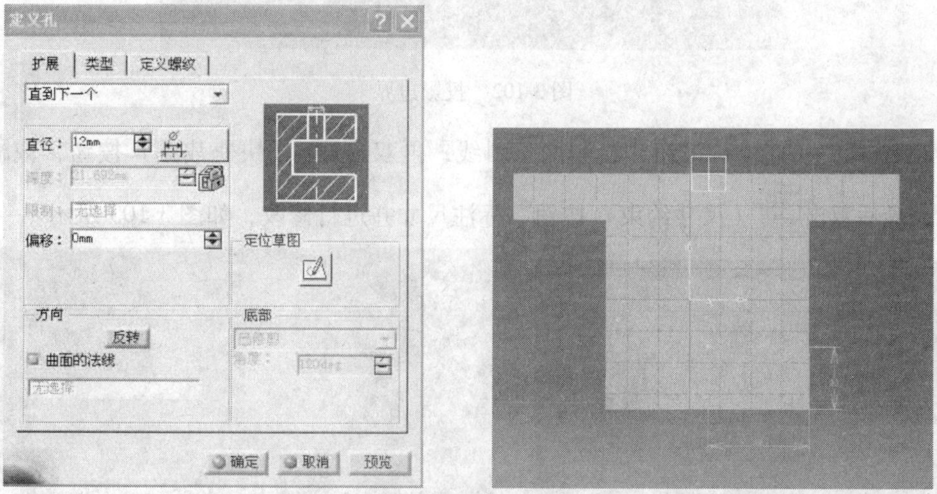

图 3-100　定义孔的位置

图 3-101　完成孔

4. 绘制三角形支承板

1）选择实体后表面，单击（草图）按钮，进入草图绘制模式。

2）双击（将3D元素投影到草图平面）按钮，再单击需要投影的线段，如图3-102所示。

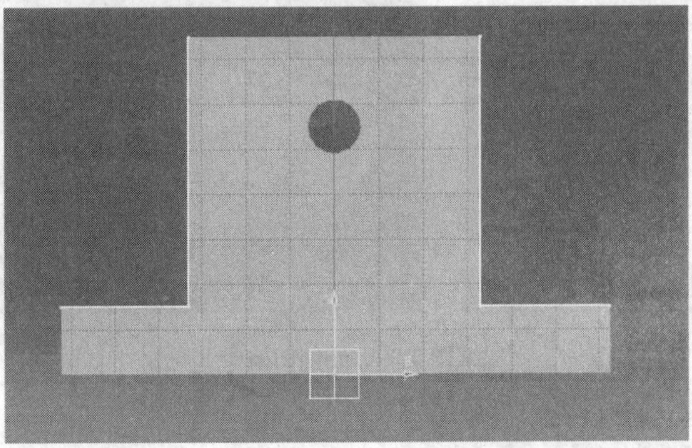

图3-102 投影边界

3）双击（直线）按钮，绘制两条斜线；再双击（快速裁减）按钮，裁减多余的线段；最后双击（尺寸约束）按钮，标注尺寸并进行修改，如图3-103所示。

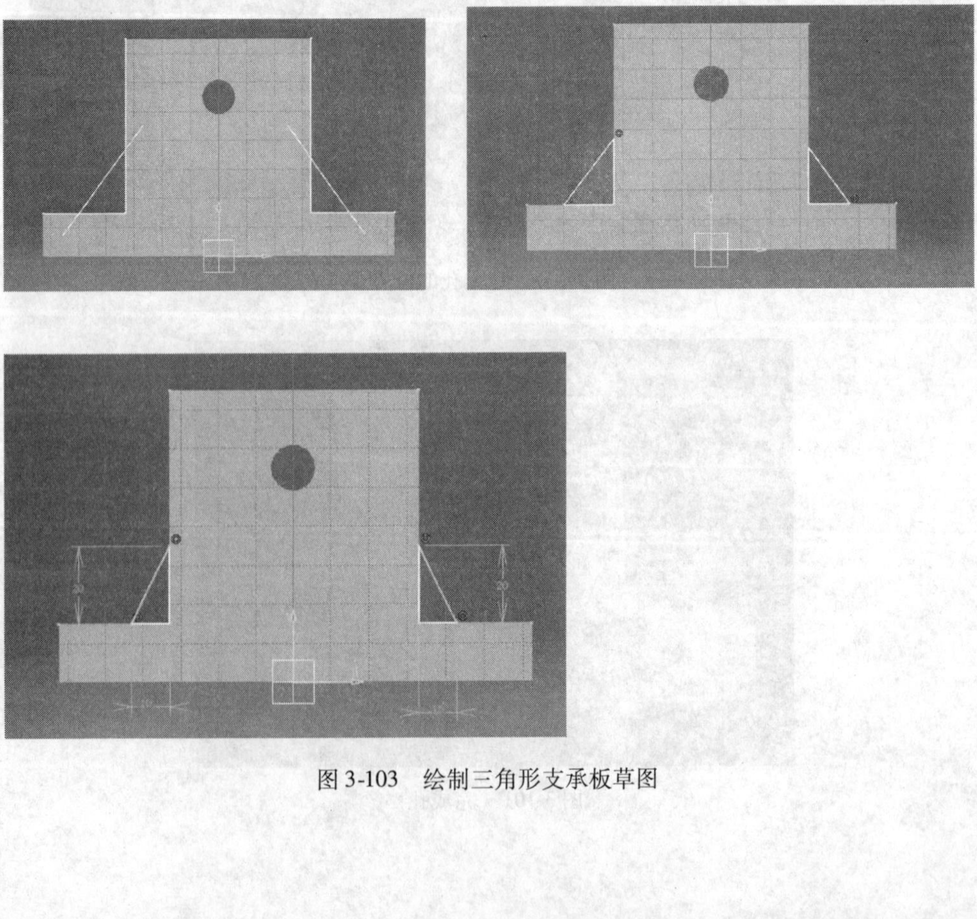

图3-103 绘制三角形支承板草图

4）单击（离开）按钮，离开草图绘制模式。

5）选择三角支承板草图，单击（凸台）按钮，出现“定义凸台”对话框，设置相应参数（如方向相反，单击【反转方向】按钮），单击【确定】按钮，完成三角支承板的绘制，完成的图形如图 3-104 所示。

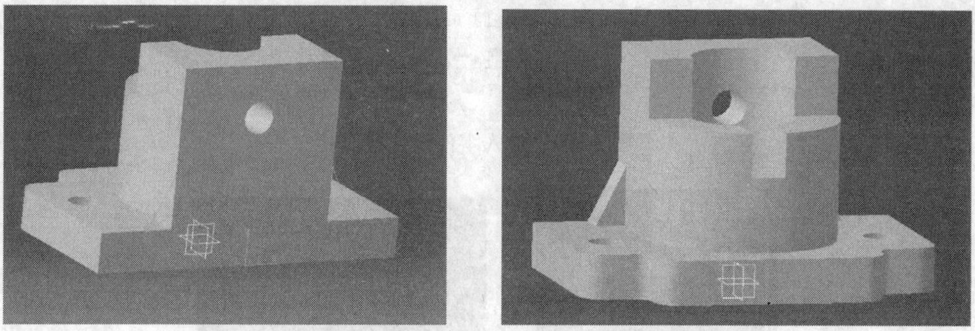

图 3-104　完成三角形支承板

3.7.3　实例三

创建图 3-105 所示的实体。

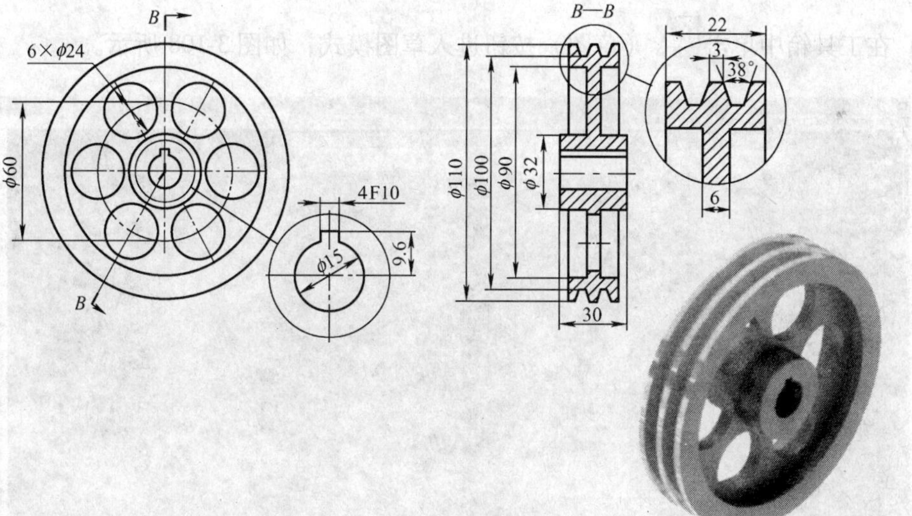

图 3-105　实例三

模型见光盘中课程模型资源/第 3 章实体模型/shili3. CATpart。

操作过程见光盘中课程视频/第 3 章实体绘制/实体实例三 . exe。

1）选择【开始】/【机械设计】/【零件设计】命令，进入零件设计模块，如图 3-106 所示。

2）将鼠标光标移至模型目录中选择 xy 平面，xy 面会显示被选取状态，以不同颜色区分，如图 3-107 所示。

图 3-106 进入零件设计模块

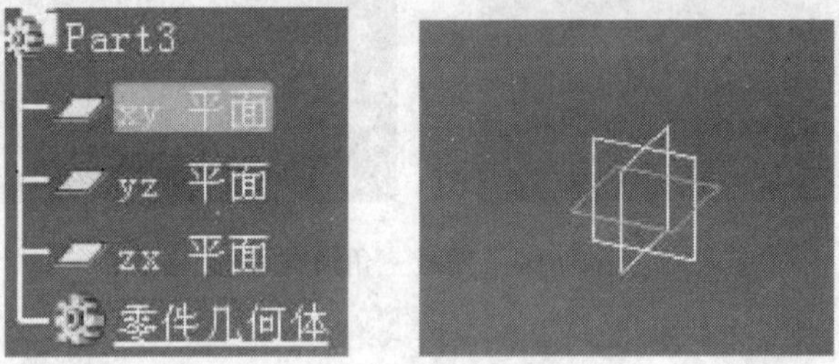

图 3-107 选择 xy 平面

3）在工具箱中单击（草图）按钮进入草图模式，如图 3-108 所示。

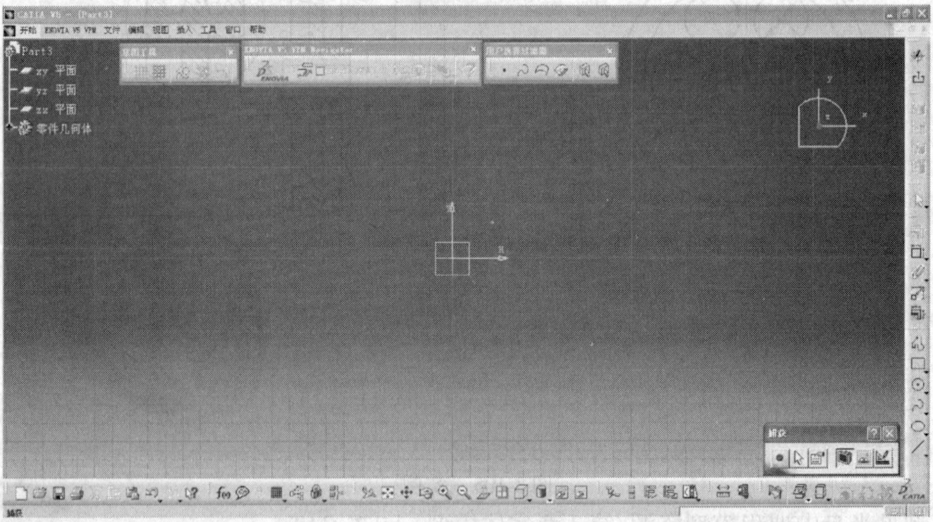

图 3-108 草图模式

4）单击（轮廓）按钮，绘制 1/4 带轮轮廓图形，双击（尺寸约束）按钮，标注尺寸，如图 3-109 所示。

5）选取图形，单击（镜像）按钮，选取对称轴，完成镜像操作，如图 3-110 所示。

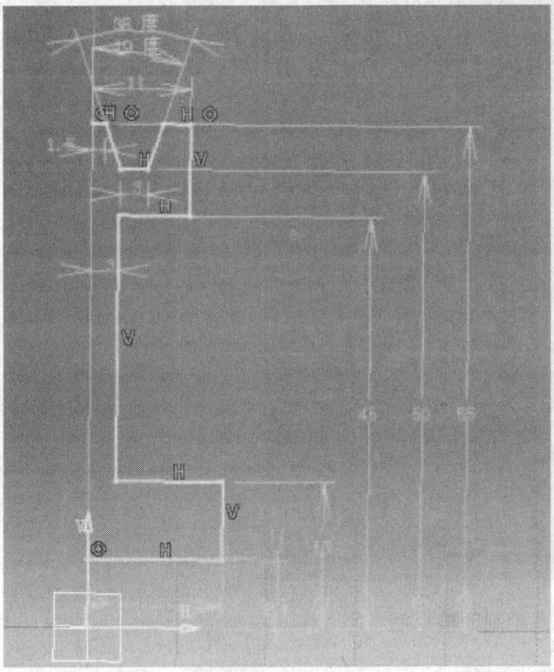

图 3-109 绘制草图

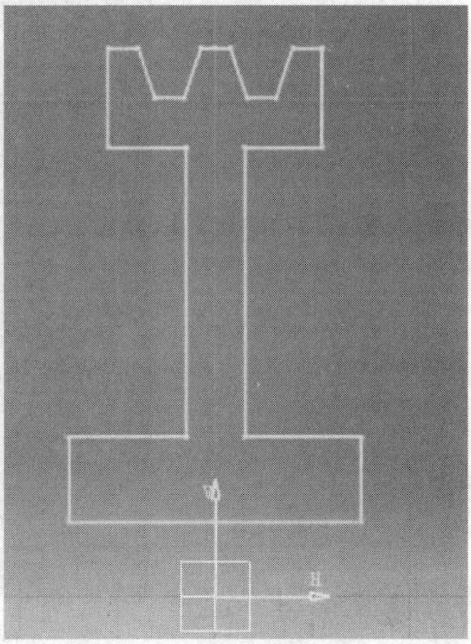

图 3-110 镜像草图

6）单击（退出工作台）按钮，完成草图绘制。

7）单击（旋转体）按钮，出现“定义旋转体”对话框，选取所绘草图和轴线，结果如图 3-111 所示。

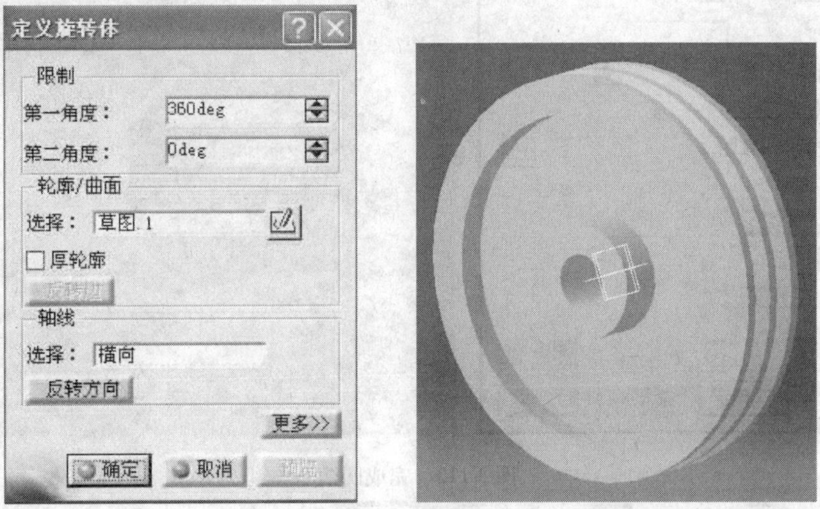

图 3-111 旋转体

8）单击（草图）按钮，选择轮毂的圆柱体端面为草图平面，进入草图，单击（矩形）按钮，标注尺寸并修改后如图 3-112 所示。

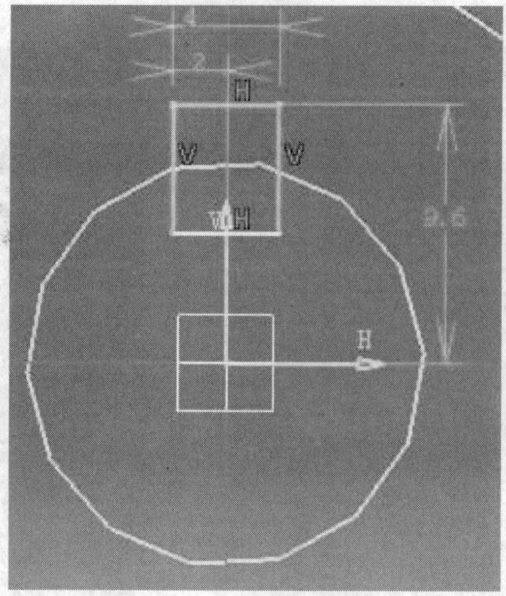

图 3-112 绘制凹槽草图

9）单击（退出工作台）按钮，完成草图绘制。

10）单击（凹槽）按钮，出现“定义凹槽”对话框，选取草图，设置相应参数，结果如图 3-113 所示。

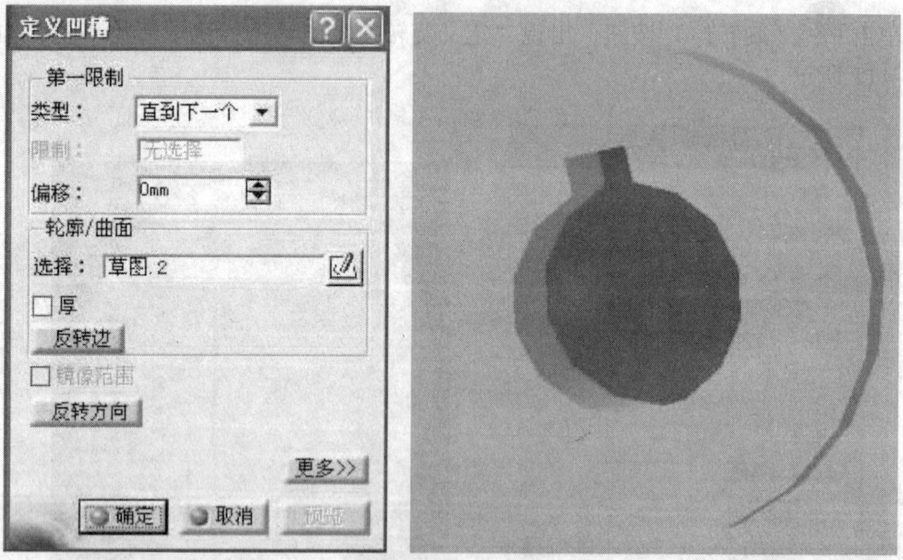

图 3-113 完成凹槽

11）绘制腹板孔，单击（孔）按钮，选取腹板表面为打孔面，出现定义孔对话框，设置孔的直径和扩展形式，在定位草图中单击（草图）按钮，对孔的位置进行定位，如图 3-114 所示。退出草图，单击【确定】按钮，完成一个腹板孔的绘制，如图 3-115 所示。

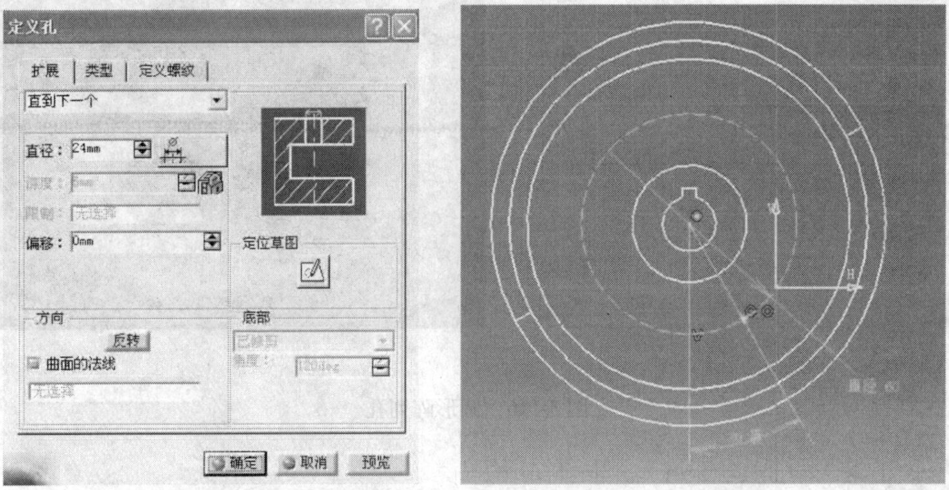

图 3-114 定位孔的位置

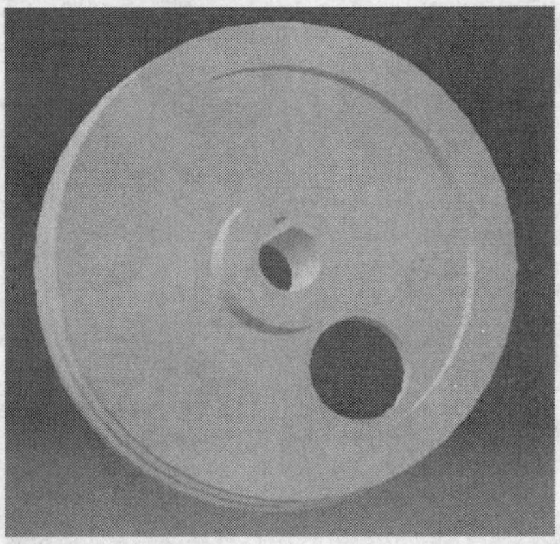

图 3-115 完成孔

12）单击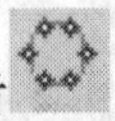（圆形阵列）按钮，出现“定义圆形阵列”对话框，选取步骤 11 所绘制的孔，设置孔的个数、角度和参考方向，单击确定完成 6 个腹板孔的绘制，如图 3-116 所示。

13）绘制的完成带轮如图 3-117 所示。

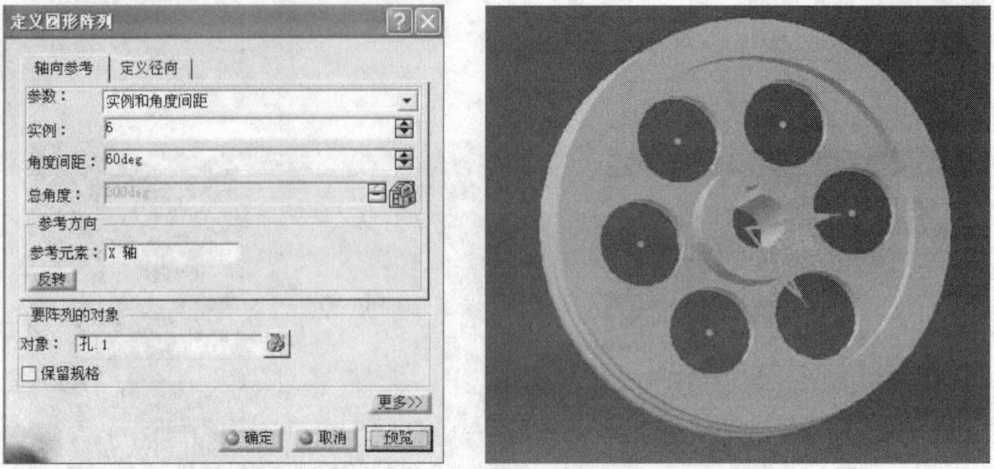

图 3-116　圆形阵列孔

图 3-117　完成形体绘制

3.7.4　实例四

创建图 3-118 所示的实体。

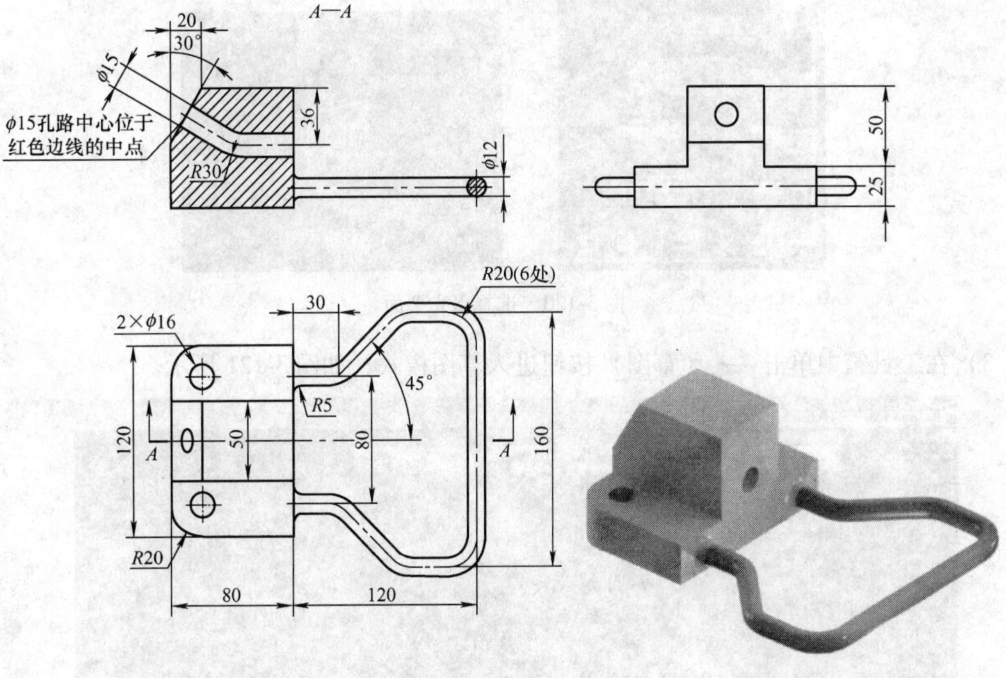

图 3-118　实例四

模型见光盘中课程模型资源/第 3 章实体模型/shili4. CATpart。

操作过程见光盘中课程视频/第 3 章实体绘制/实体实例四 . exe。

1）选择【开始】/【机械设计】/【零件设计】命令，进入零件设计模块，如图 3-119 所示。

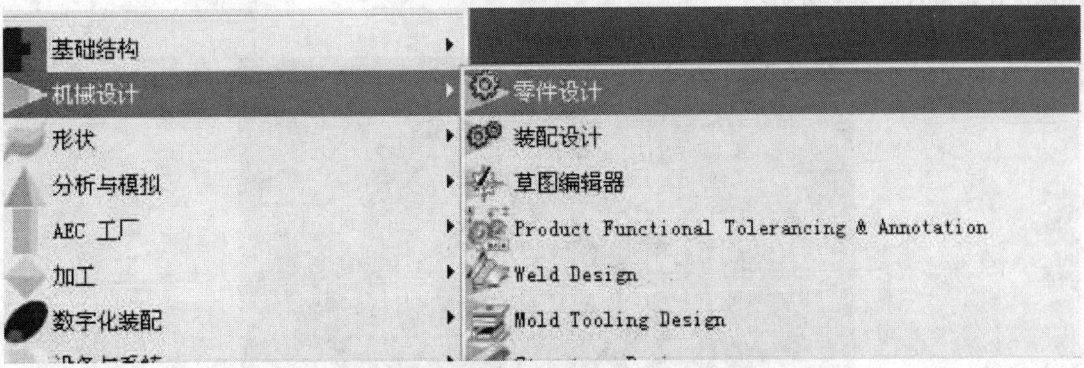

图 3-119　进行零件设计模块

2）将鼠标光标移至模型目录中选择 xy 平面，xy 面会显示被选取状态，以不同颜色区分，如图 3-120 所示。

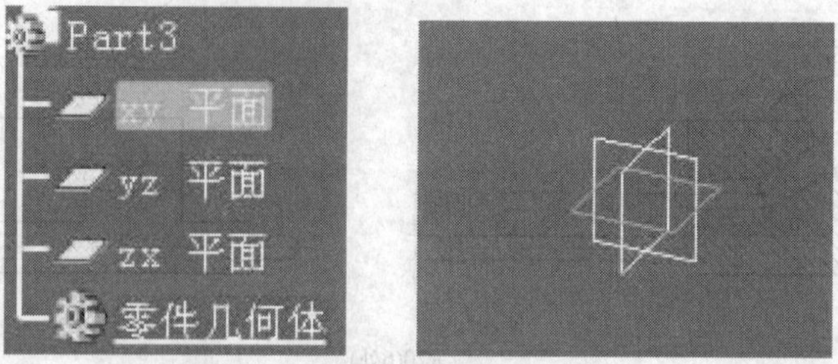

图 3-120　选择 XY 平面

3）在工具箱中单击（草图）按钮进入草图模式，如图 3-121 所示。

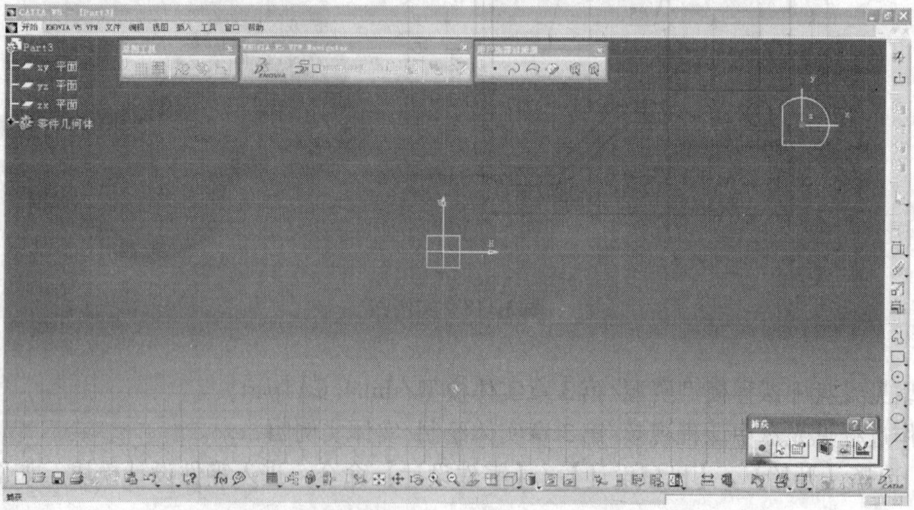

图 3-121　草图模式

4）单击（轮廓）按钮，绘制轮廓图形，双击（尺寸约束）按钮，标注尺寸，镜像操作，如图 3-122 所示。

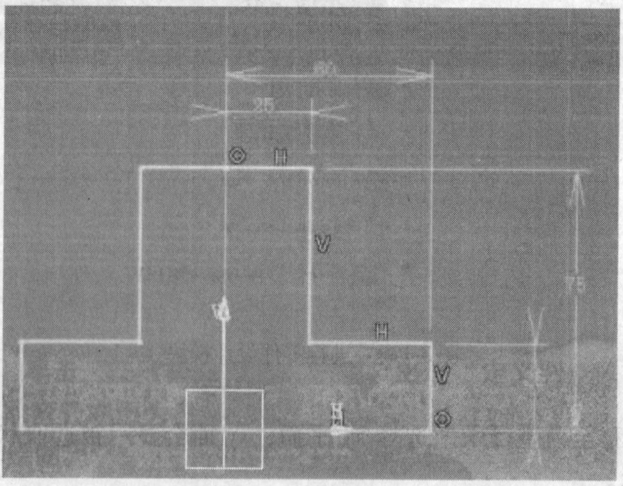

图 3-122　绘制草图

5）退出草图平台，单击 （凸台）按钮，选取轮廓草图，设置长度为 80mm，单击【确定】按钮，结果如图 3-123 所示。

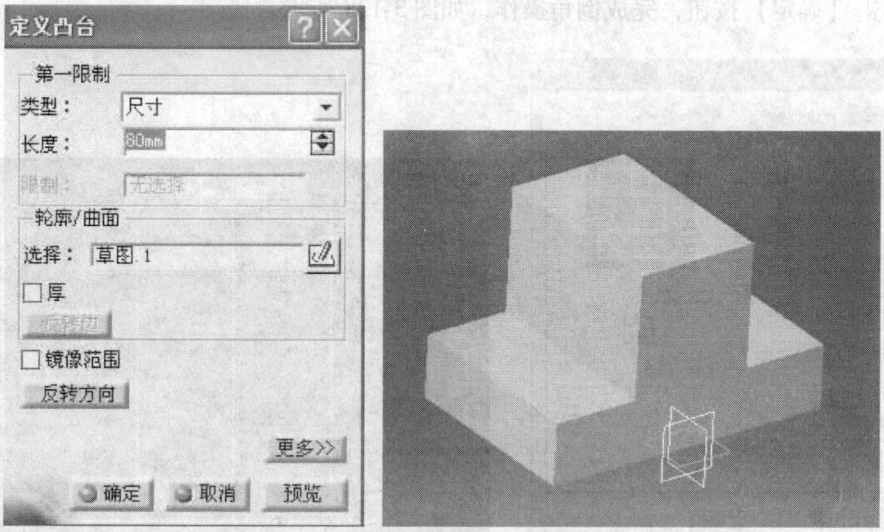

图 3-123　凸台成形

6）单击 （倒圆角）按钮，出现倒圆角定义对话框，选择倒圆角的边，设置圆角半径。单击【确定】按钮，完成倒圆角，如图 3-124 所示。

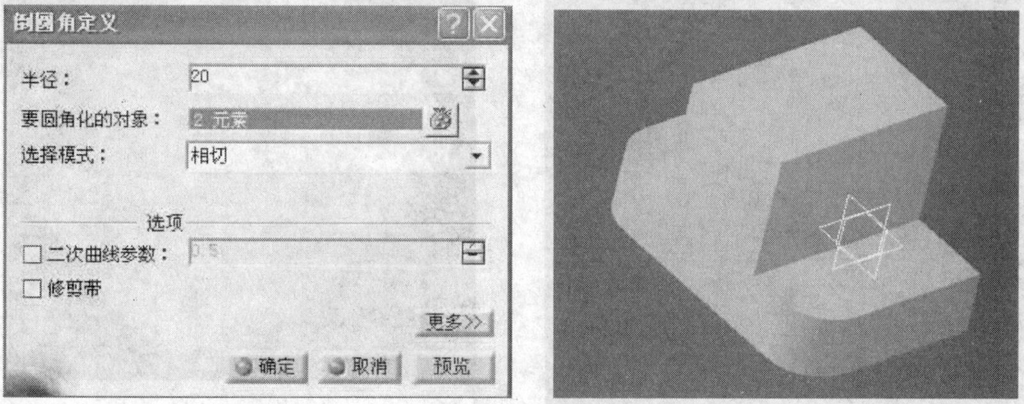

图 3-124　倒圆角

7）单击 （孔）按钮，选取底板上表面为打孔面，出现“定义孔”对话框，设置孔的直径和扩展形式，在定位草图中单击 （草图）按钮，对孔的位置进行定位，如图 3-125 所示。退出草图，单击【确定】按钮，完成一个孔的绘制，如图 3-126 所示。

8）选择步骤 7 所绘制的孔，单击 （镜像）按钮，出现“定义镜像”对话框，选择

yz 面为镜像元素，单击【确定】按钮，完成孔的镜像操作，如图 3-127 所示。

9）单击（倒角）按钮，出现“定义倒角”对话框，选择倒角边，修改长度和角度参数，单击【确定】按钮，完成倒角操作，如图 3-128 所示。

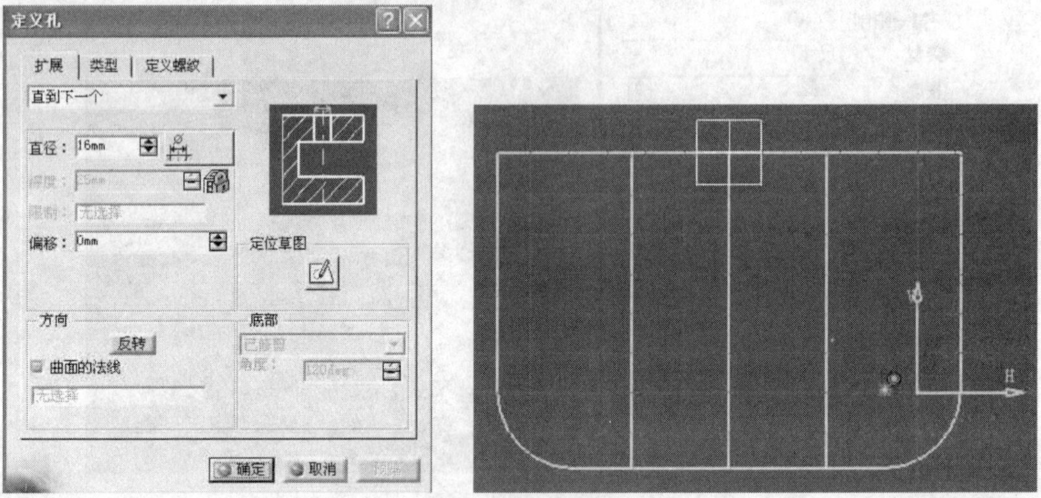

图 3-125　定义孔尺寸及位置

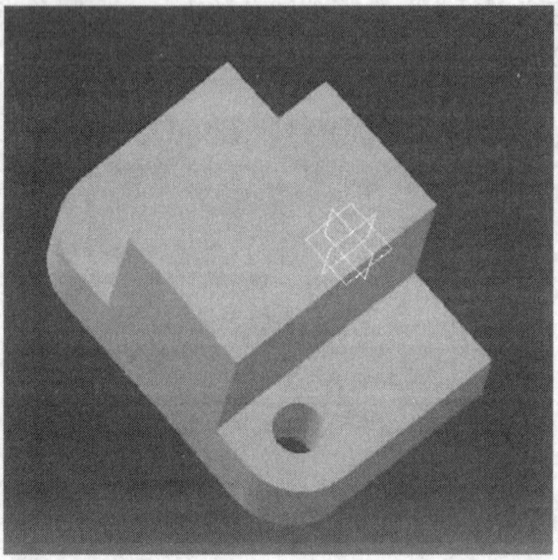

图 3-126　完成孔

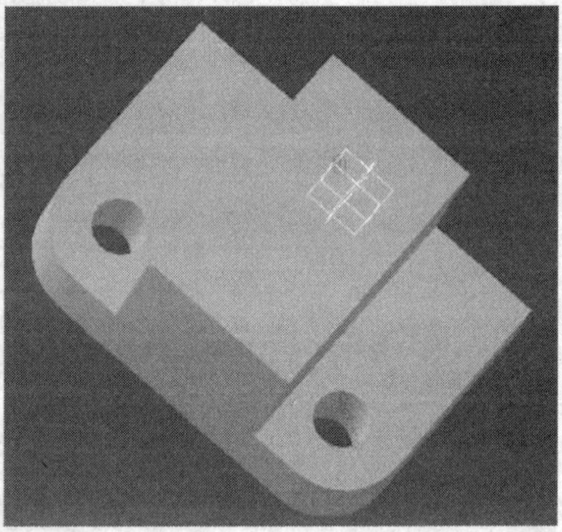

图 3-127　镜像孔

10）单击（草图）按钮，选择 yz 面为草图面，绘制图 3-129 所示图形，进行尺寸和几何约束，结果如图 3-129 所示。

11）退出草图工作台后，单击（平面）按钮，出现“平面定义”对话框，选择步骤 10 绘制的曲线，修改平面参数，单击【确定】按钮，完成定义平面，如图 3-130 所示。

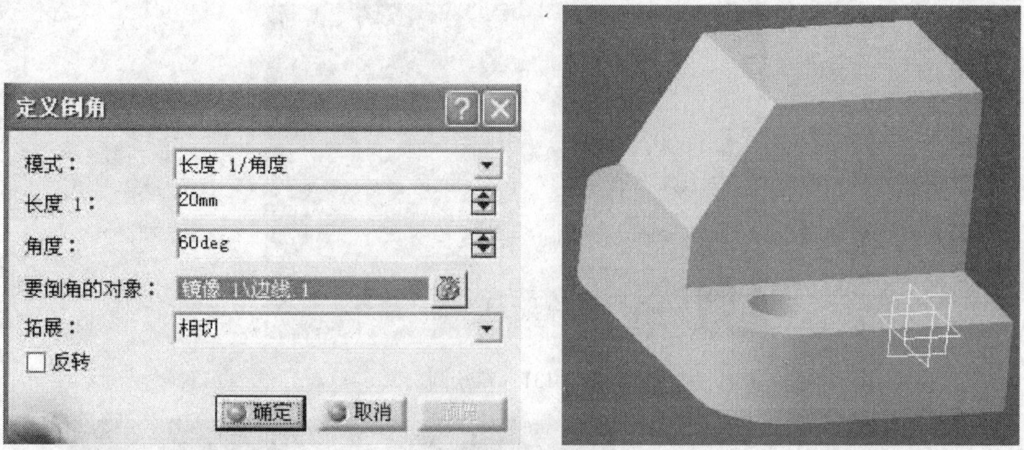

图 3-128 倒角

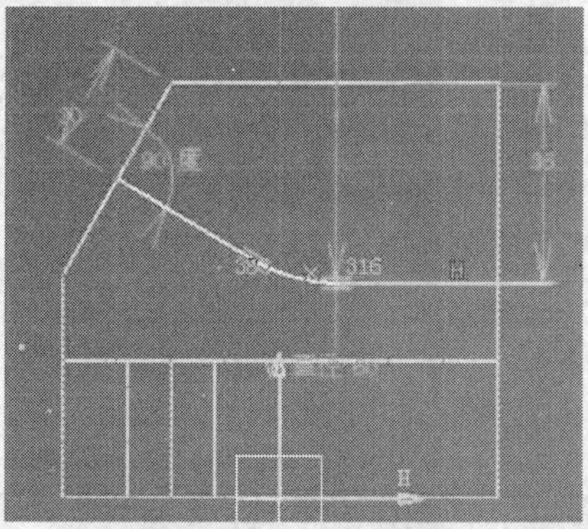

图 3-129 草绘引导线

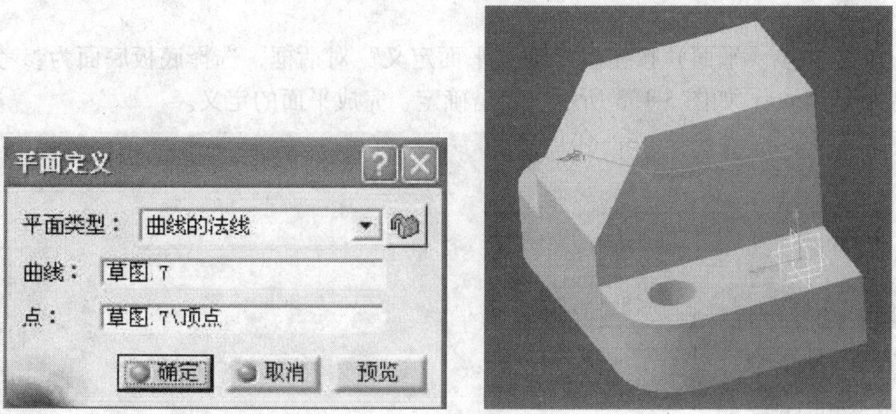

图 3-130 平面定义

12）单击 （草图）按钮，选择步骤 11 绘制的平面为草图面，绘制圆，选择曲线端点和绘制的圆心进行相合约束，如图 3-131 所示。

13）退出草图工作台，单击 （开槽）按钮，出现“定义开槽”对话框，选择圆为轮廓，曲线为中心曲线，单击【确定】，完成开槽，如图 3-132 所示。

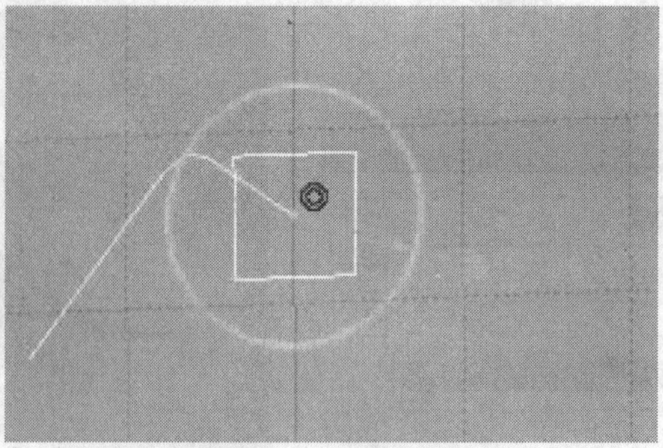

图 3-131　草绘圆

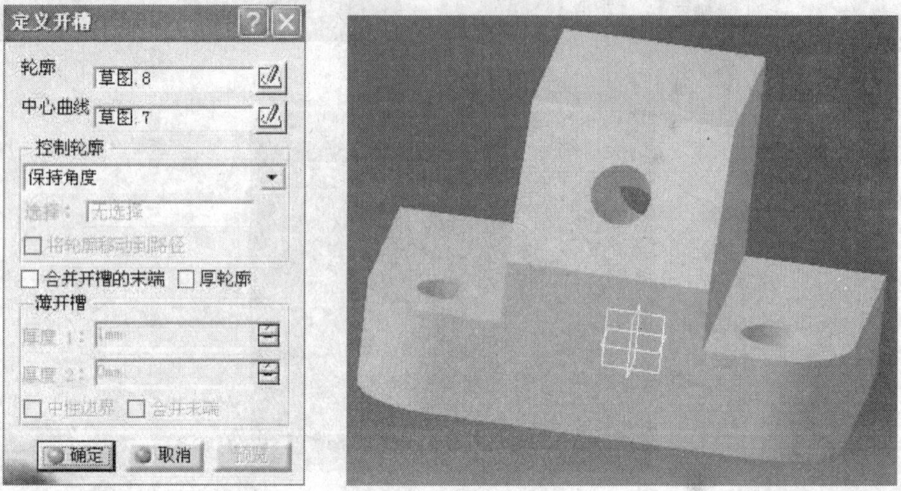

图 3-132　完成开槽

14）单击（平面）按钮，出现“平面定义”对话框，选择底板底面为参考，设置偏移距离为 12.5mm，如图 3-133 所示，单击确定，完成平面的定义。

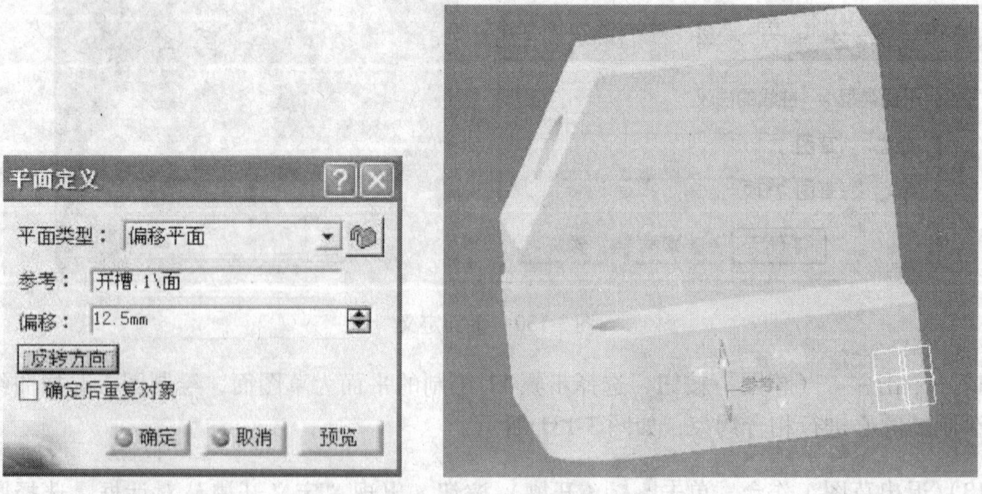

图 3-133　平面定义

15）单击（草图）按钮，选择步骤 14 绘制的平面为草图面，绘制如图 3-134 所示引导线。

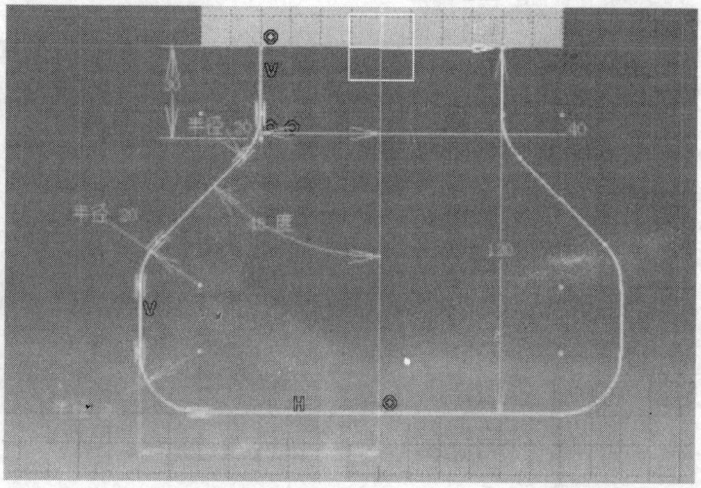

图 3-134 草绘引导线

16）退出草图工作台后，单击（草图）按钮，选择如图 3-135 所示的面为草图面，绘制 ϕ12 的圆，圆心与步骤 15 绘制的曲线端点相合。

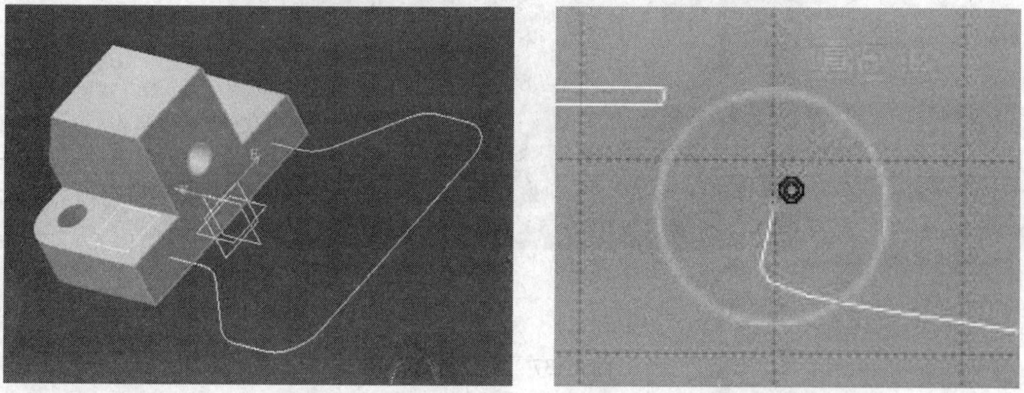

图 3-135 草绘轮廓线

17）单击（定义肋，）出现“定义肋”对话框，选择 ϕ12 的圆为轮廓，步骤 15 绘制的曲线为中心曲线，单击确定，完成肋的绘制，如图 3-136 所示。

18）完成的实体如图 3-137 所示。

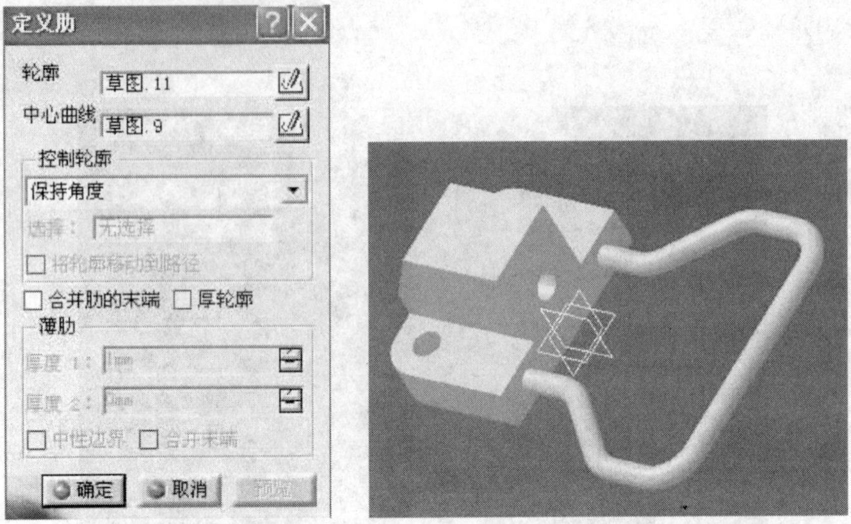

图 3-136 定义肋

图 3-137 完成实体

3.8 练习题

创建图 3-138 ~ 图 3-157 所示的实体。

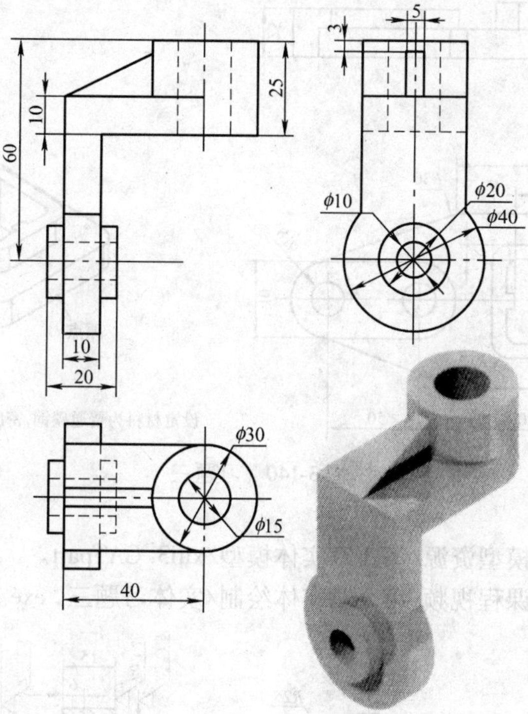

图 3-138 习题一

模型见光盘中课程模型资源/第 3 章实体模型/xiti1. CATpart。

操作过程见光盘中课程视频/第 3 章实体绘制/实体习题一. exe。

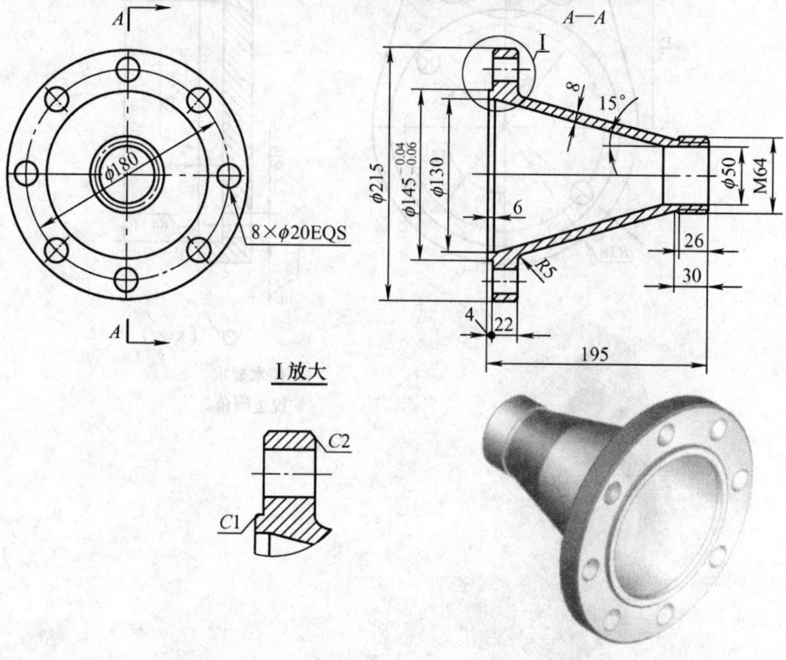

图 3-139 习题二

模型见光盘中课程模型资源/第 3 章实体模型/xiti2. CATpart。

操作过程见光盘中课程视频/第 3 章实体绘制/实体习题二. exe。

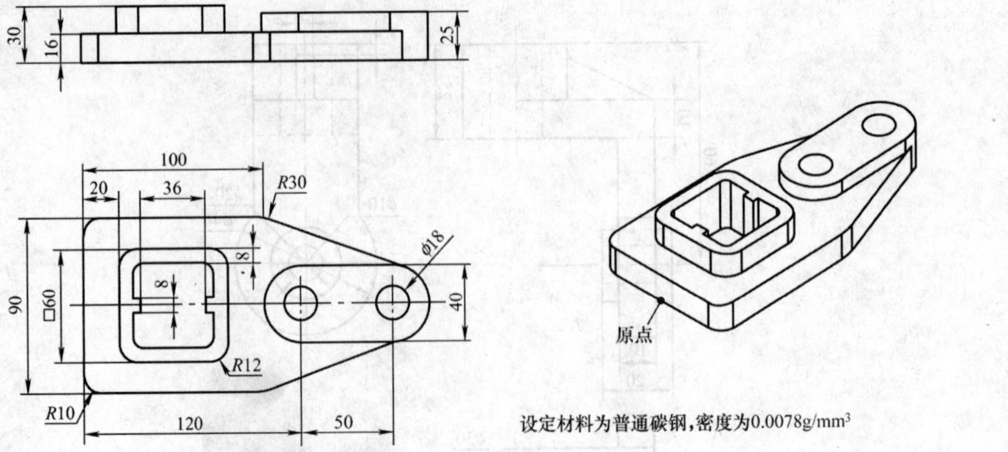

图 3-140　习题三

模型见光盘中课程模型资源/第 3 章实体模型/xiti3. CATpart。

操作过程见光盘中课程视频/第 3 章实体绘制/实体习题三 . exe。

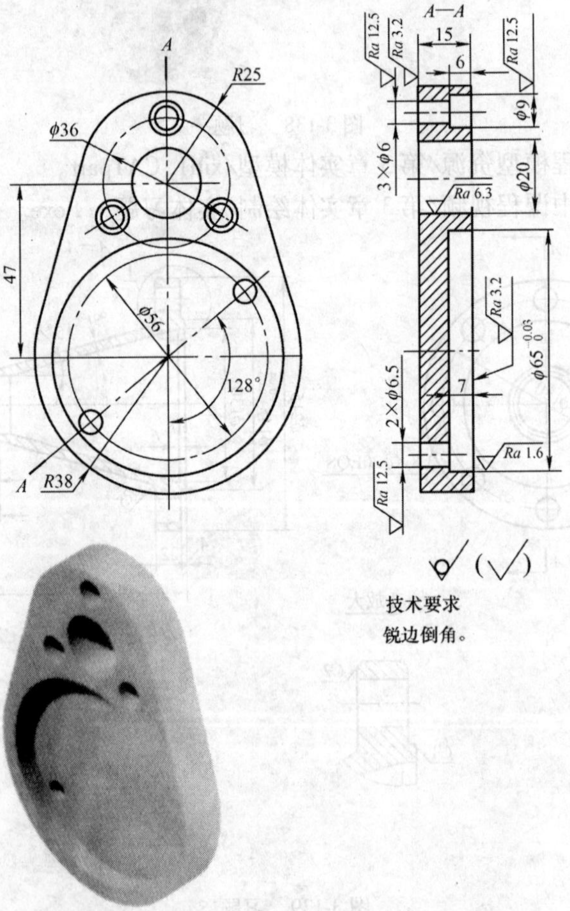

图 3-141　习题四

模型见光盘中课程模型资源/第 3 章实体模型/xiti4. CATpart。

操作过程见光盘中课程视频/第 3 章实体绘制/实体习题四 . exe。

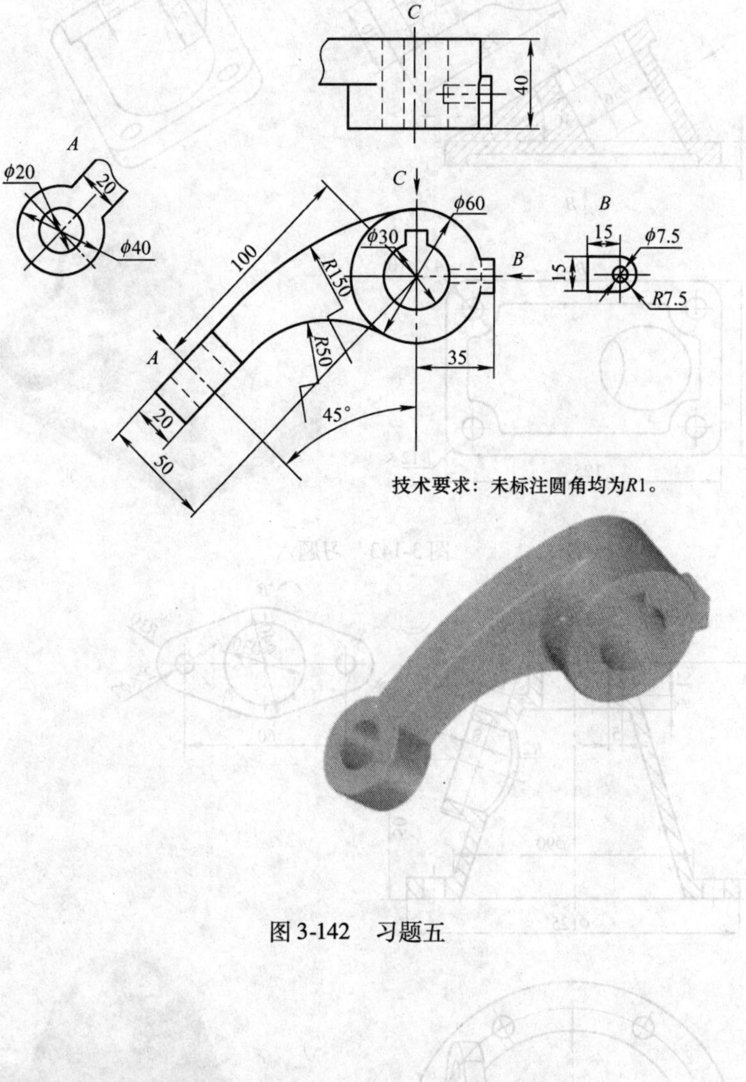

图 3-142 习题五

模型见光盘中课程模型资源/第 3 章实体模型/xiti5. CATpart。

操作过程见光盘中课程视频/第 3 章实体绘制/实体习题五 . exe。

模型见光盘中课程模型资源/第 3 章实体模型/xiti6. CATpart。

操作过程见光盘中课程视频/第 3 章实体绘制/实体习题六 . exe。

模型见光盘中课程模型资源/第 3 章实体模型/xiti7. CATpart。

操作过程见光盘中课程视频/第 3 章实体绘制/实体习题七 . exe。

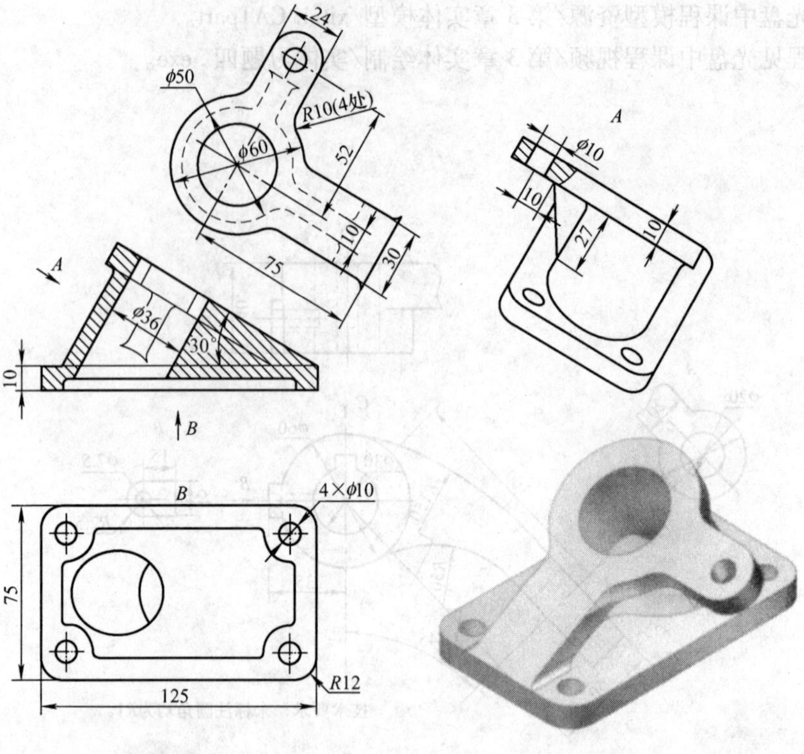

图 3-143　习题六

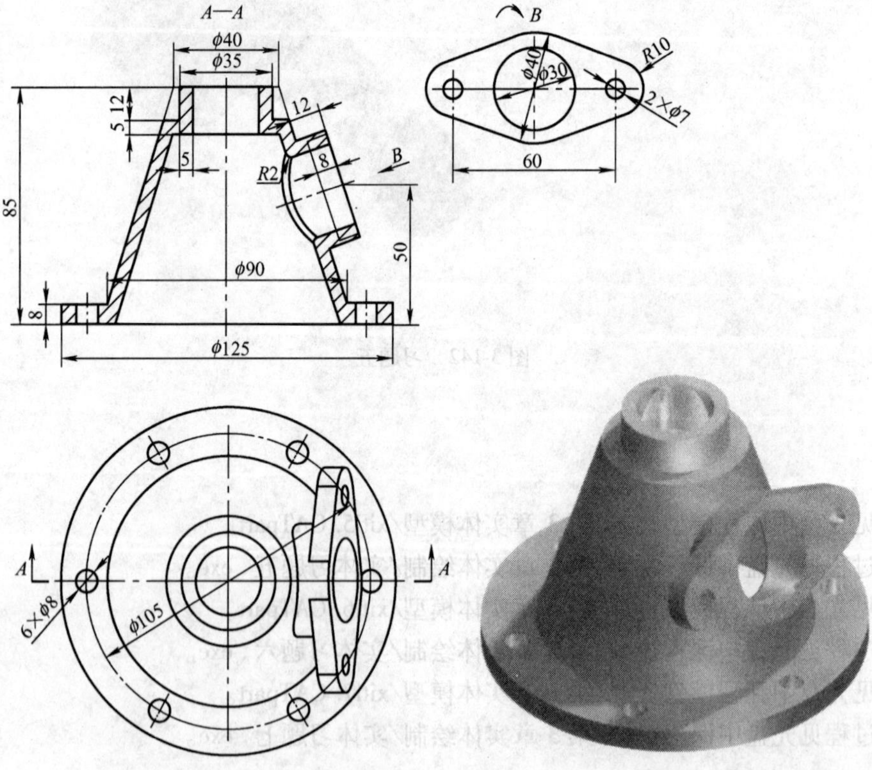

图 3-144　习题七

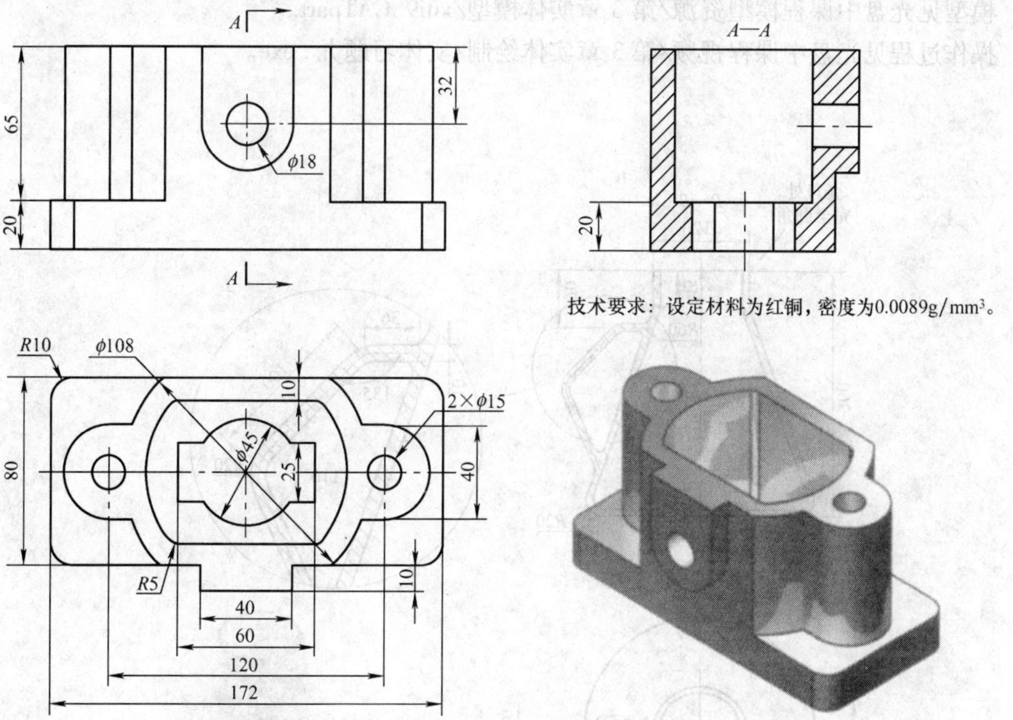

图 3-145　习题八

模型见光盘中课程模型资源/第 3 章实体模型/xiti8. CATpart。

操作过程见光盘中课程视频/第 3 章实体绘制/实体习题八 . exe。

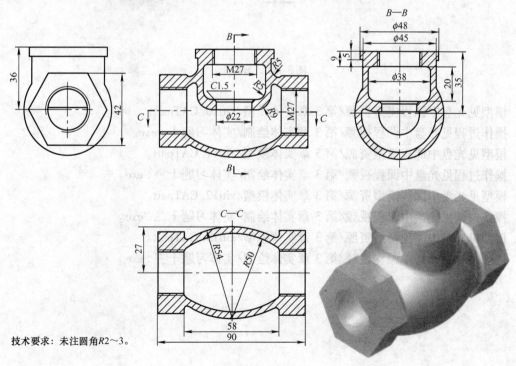

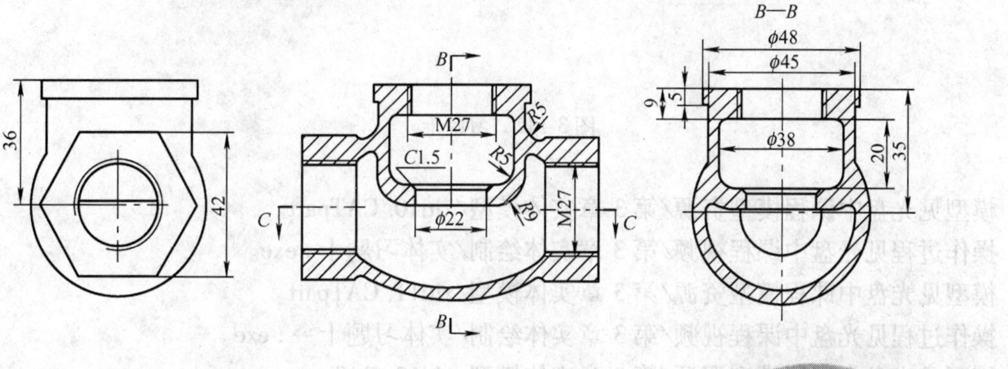

图 3-146　习题九

模型见光盘中课程模型资源/第 3 章实体模型/xiti9. CATpart。
操作过程见光盘中课程视频/第 3 章实体绘制/实体习题九 . exe。

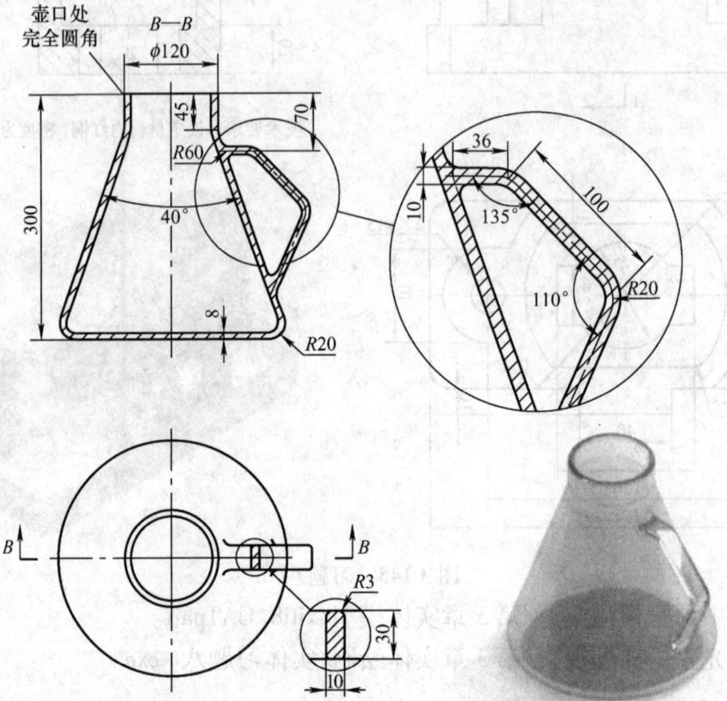

图 3-147 习题十

模型见光盘中课程模型资源/第 3 章实体模型/xiti10. CATpart。
操作过程见光盘中课程视频/第 3 章实体绘制/实体习题十 . exe。
模型见光盘中课程模型资源/第 3 章实体模型/xiti11. CATpart。
操作过程见光盘中课程视频/第 3 章实体绘制/实体习题十一 . exe。
模型见光盘中课程模型资源/第 3 章实体模型/xiti12. CATpart。
操作过程见光盘中课程视频/第 3 章实体绘制/实体习题十二 . exe。
模型见光盘中课程模型资源/第 3 章实体模型/xiti13. CATpart。
操作过程见光盘中课程视频/第 3 章实体绘制/实体习题十三 . exe。

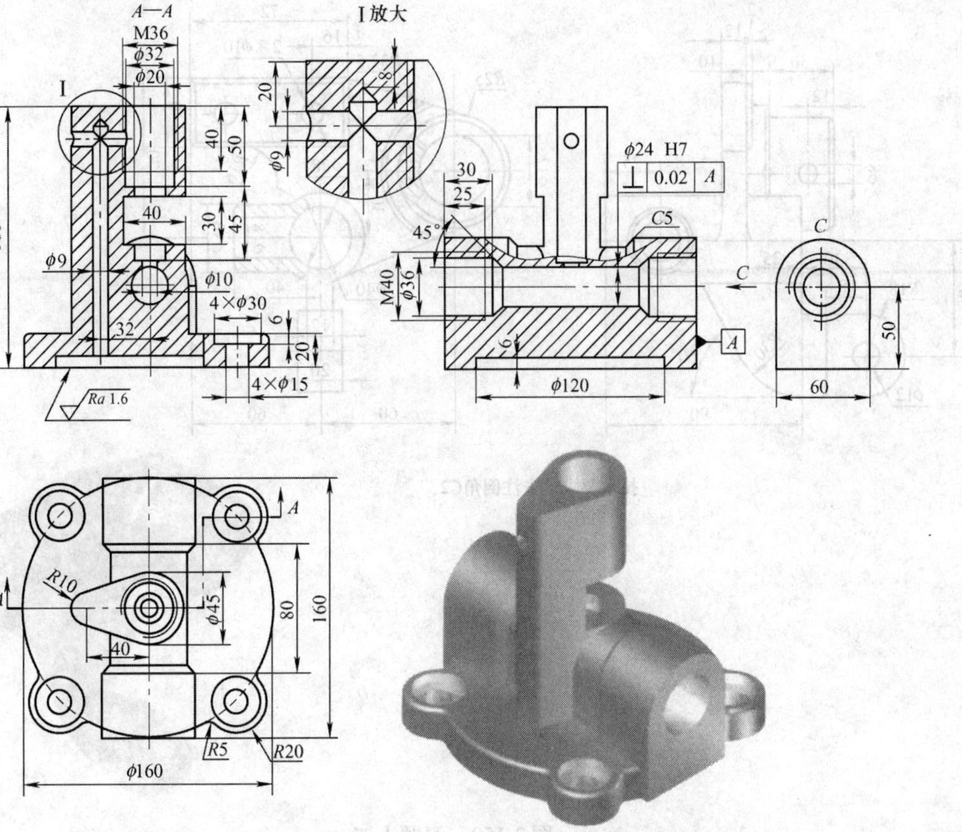

图 3-148 习题十一

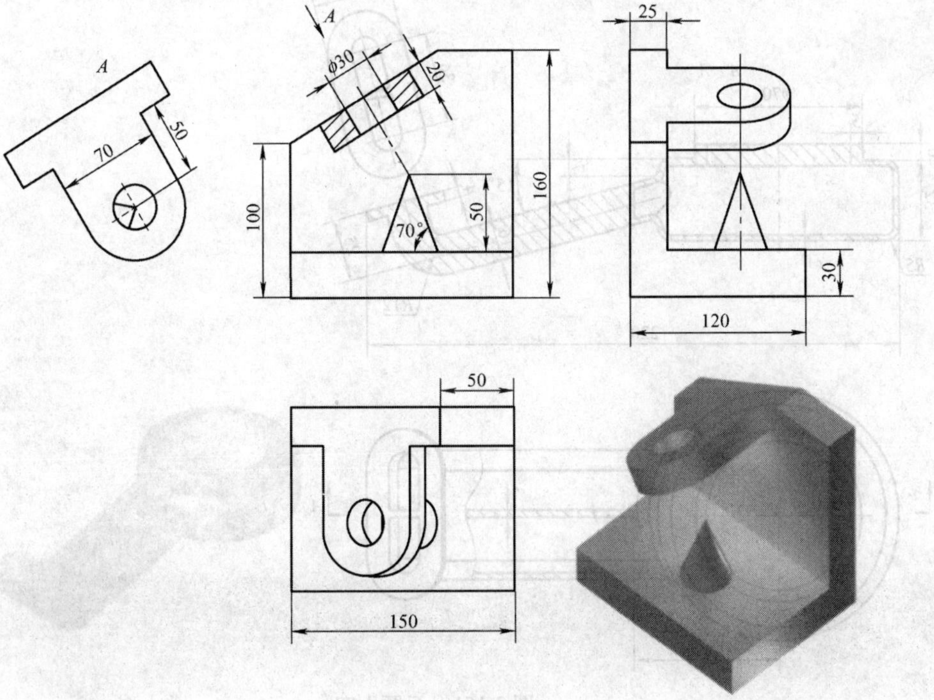

图 3-149 习题十二

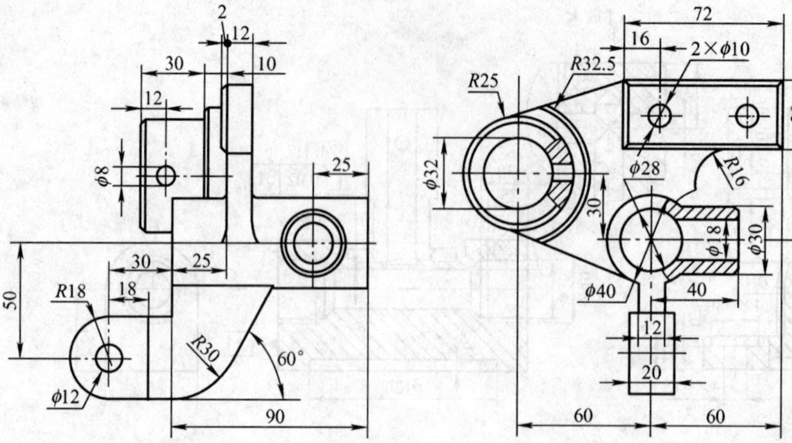

技术要求：未注倒角$C2$。

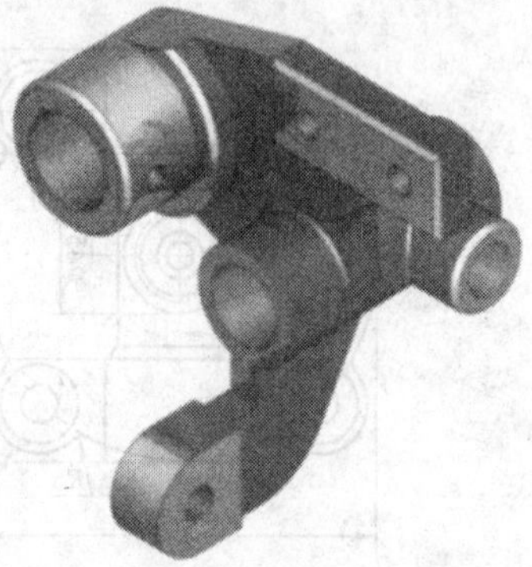

图 3-150　习题十三

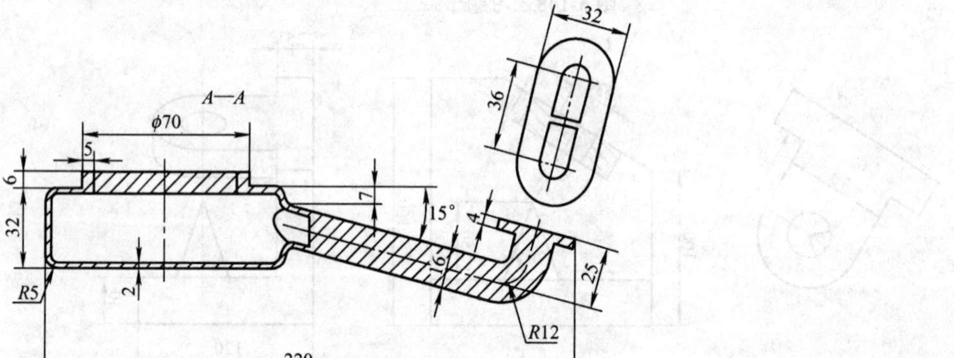

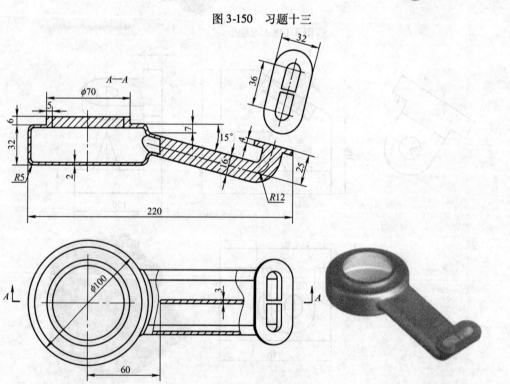

图 3-151　习题十四

模型见光盘中课程模型资源/第 3 章实体模型/xiti14. CATpart。
操作过程见光盘中课程视频/第 3 章实体绘制/实体习题十四 . exe。

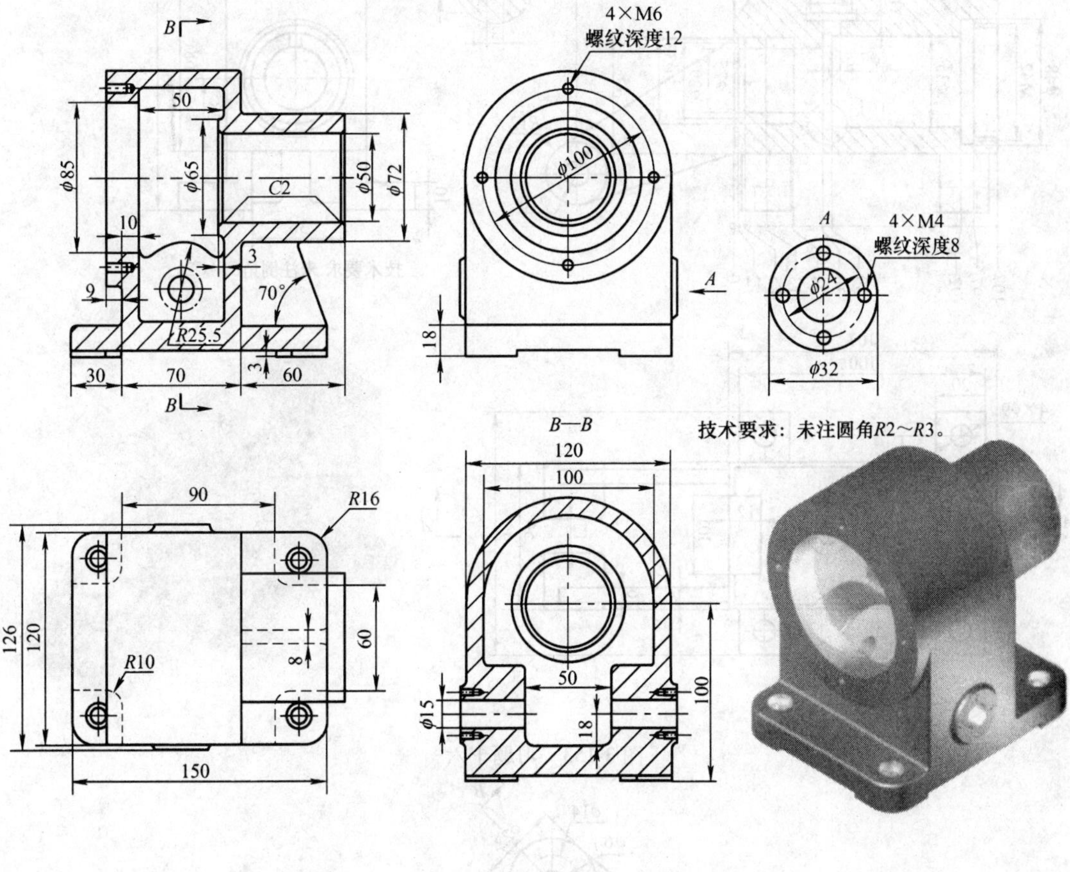

图 3-152　习题十五

模型见光盘中课程模型资源/第 3 章实体模型/xiti15. CATpart。
操作过程见光盘中课程视频/第 3 章实体绘制/实体习题十五 . exe。
模型见光盘中课程模型资源/第 3 章实体模型/xiti16. CATpart。
操作过程见光盘中课程视频/第 3 章实体绘制/实体习题十六 . exe。
模型见光盘中课程模型资源/第 3 章实体模型/xiti17. CATpart。
操作过程见光盘中课程视频/第 3 章实体绘制/实体习题十七 . exe。
模型见光盘中课程模型资源/第 3 章实体模型/xiti18. CATpart。
操作过程见光盘中课程视频/第 3 章实体绘制/实体习题十八 . exe。
模型见光盘中课程模型资源/第 3 章实体模型/xiti19. CATpart。
操作过程见光盘中课程视频/第 3 章实体绘制/实体习题十九 . exe。
模型见光盘中课程模型资源/第 3 章实体模型/xiti20. CATpart。
操作过程见光盘中课程视频/第 3 章实体绘制/实体习题二十 . exe。

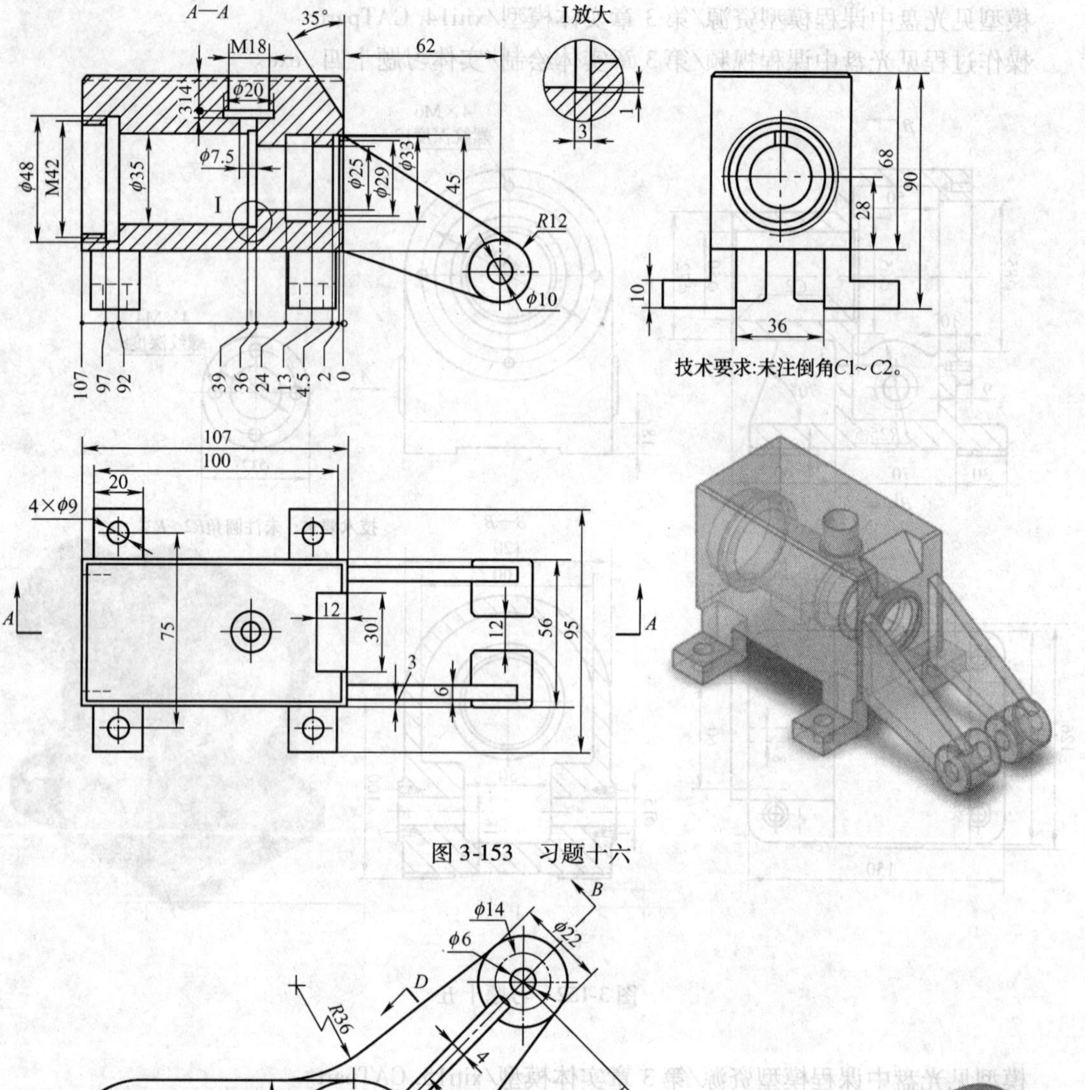

图 3-153 习题十六

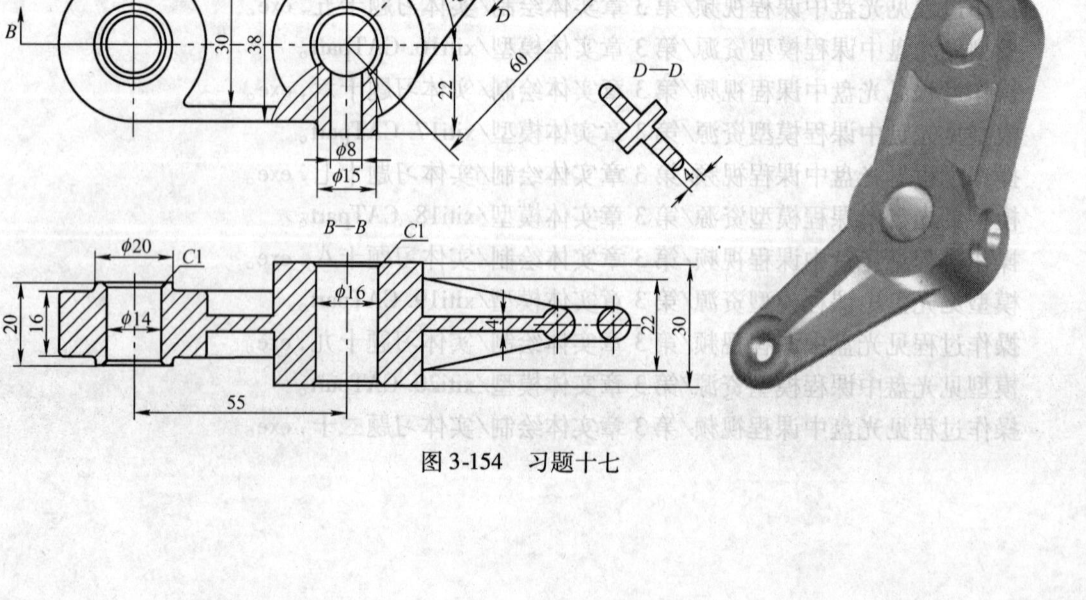

图 3-154 习题十七

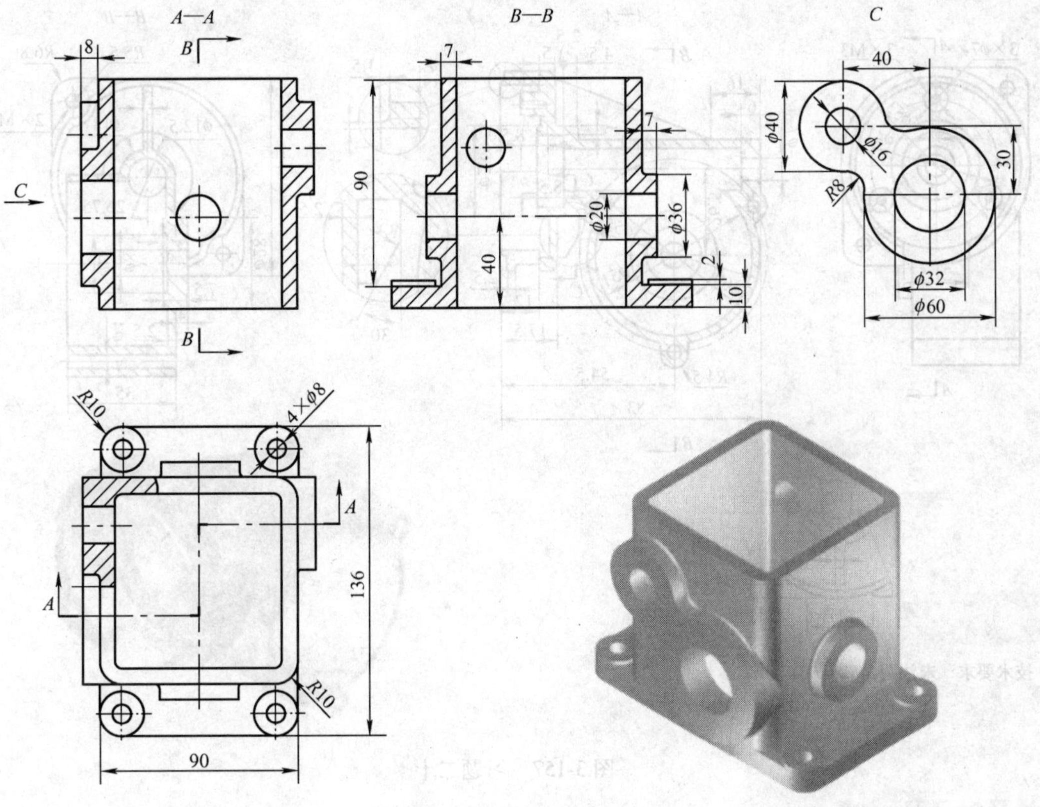

图3-155 习题十八

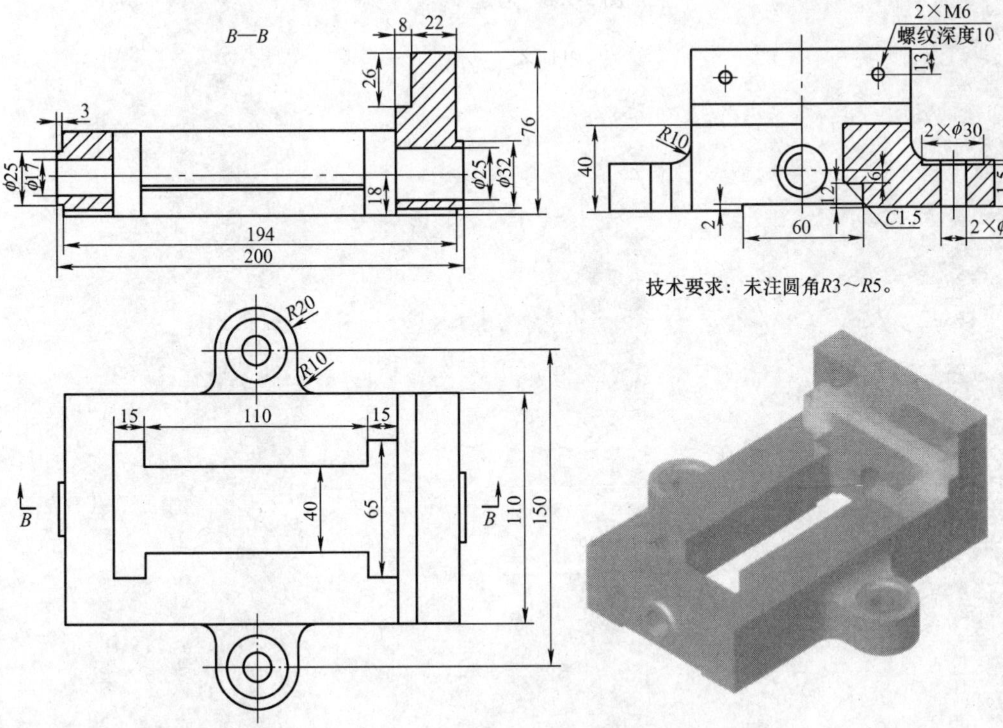

图3-156 习题十九

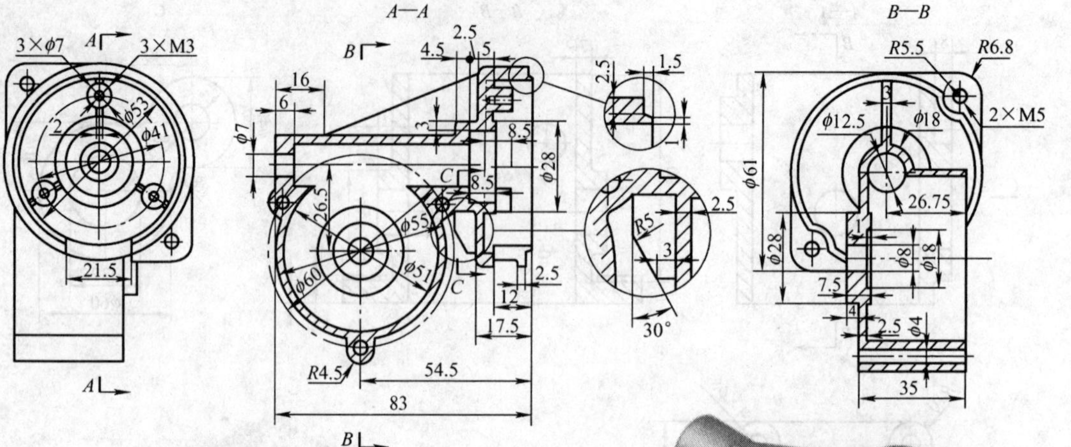

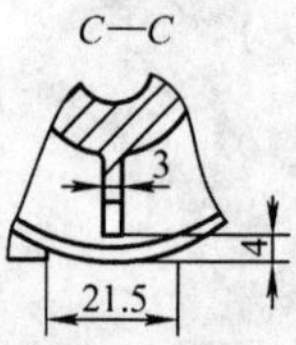

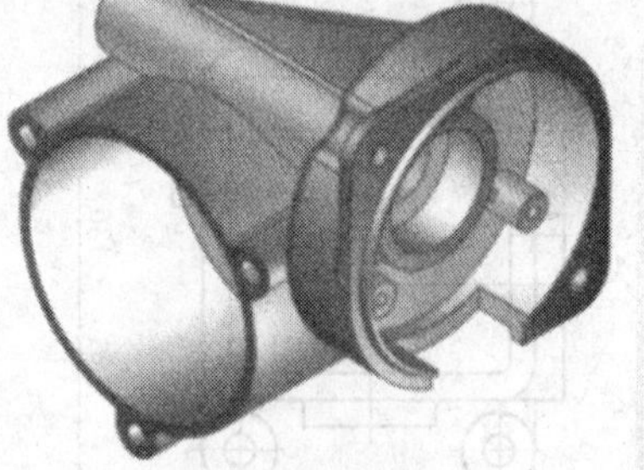

技术要求：未注圆角R2～R3。

图 3-157　习题二十

第 4 章　曲　面　设计

选择菜单【开始】/【形状】/【创成式外形设计】，进入创成式外形设计模块。

4.1　生成线框元素的工具

图 4-1 所示为生成线框元素工具的工具栏。

4.1.1　生成点

（生成点）的功能是生成点，可以通过输入点的坐标，在曲线、平面或曲面上取点，获取圆心点，与曲线相切的点以及两点之间按一定比例系数等方式生成点。单击该按钮，弹出如图 4-2 所示的“定义点”的对话框。

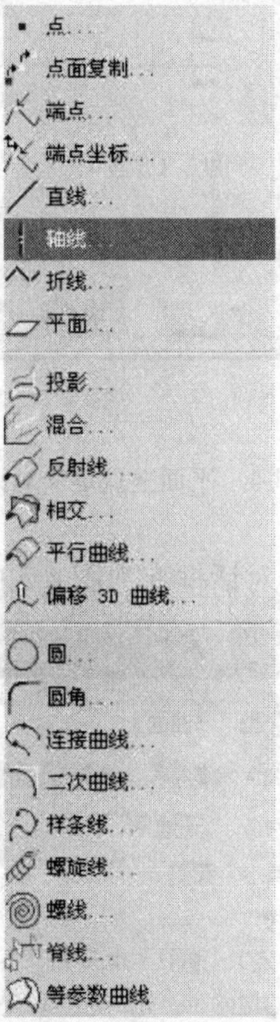

图 4-1　线框元素工具

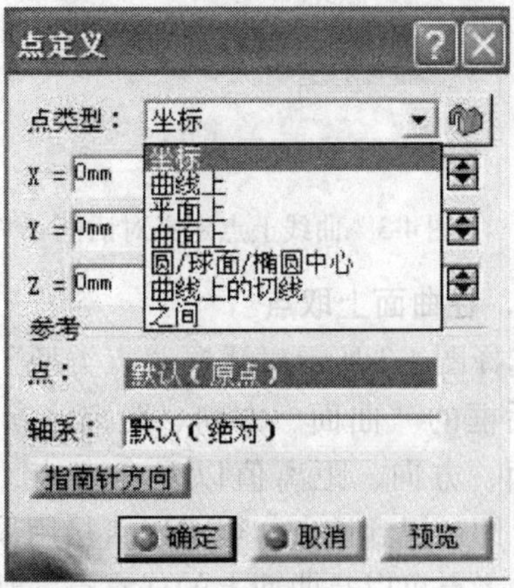

图 4-2 “点定义”对话框

通过点类型下拉列表可以选择生成点的方法。

1. 通过坐标确定点

选择图 4-2 所示，对话框“点类型”中的“坐标”项。分别在对话框的 X、Y、Z 域输入相对于参考点的 X、Y、Z 坐标值，单击【确定】按钮，即可得到该点。参考点可以是坐标原点或已有对象的点，默认的参考点是坐标原点。

2. 在曲线上取点

选择图 4-2 所示对话框点类型的“曲线上”项，对话框变为图 4-3 的形式。

3. 在平面上取点

选择图 4-2 所示对话框“点类型”中的“平面上”项，对话框变为图 4-4 的形式。分别在对话框的“平面、H、V、参考点”项中输入平面、H、V 坐标值以及参考点，单击【确定】按钮，即可得到该点，也可以直接用鼠标在平面上取点。参考点可以是平面上的任意点，默认的参考点是坐标原点。

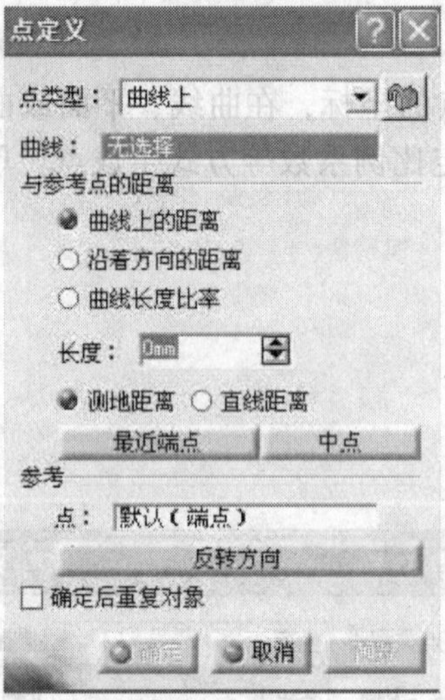

图 4-3 曲线上点定义对话框

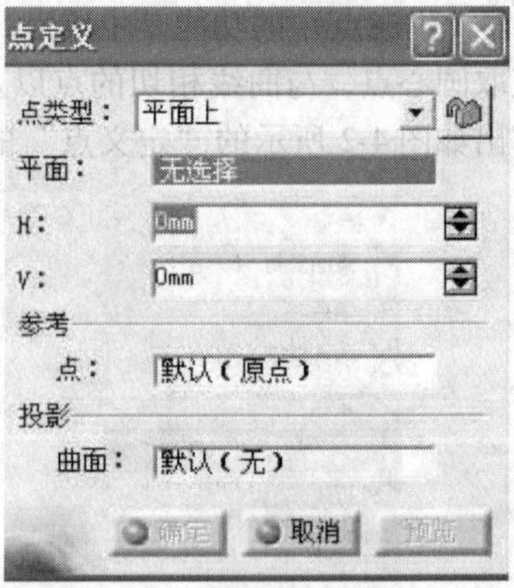

图 4-4 平面上点定义对话框

4. 在曲面上取点

选择图 4-2 所示对话框“点类型”中的“曲面上”项，对话框变为图 4-5 的形式。分别在对话框的“曲面、方向、距离、参考点”项中输入曲面、方向、距离值以及参考点，单击【确定】按钮，即可得到该点，也可以直接用鼠标在曲面上取点。参考点可以是曲面上的任意点，默认的参考点是曲面中心。

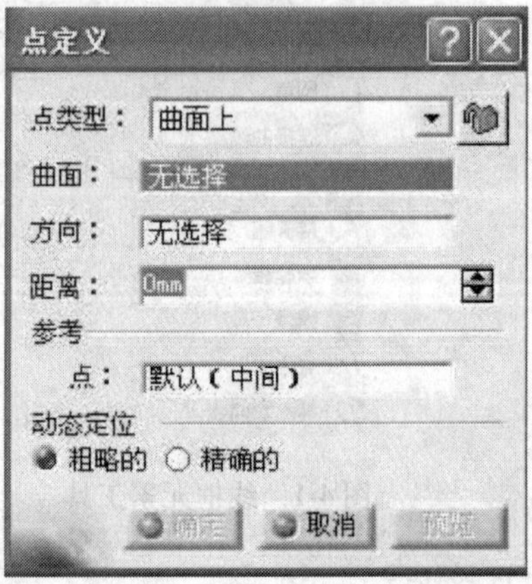

图 4-5 曲面的点定义对话框

5. 圆/球面/椭圆的中心

选择图 4-2 所示对话框“点类型”中的“圆/球面/椭圆中心”项，在对话框中输入圆或圆弧，单击【确定】按钮，即可得到该圆或圆弧的圆心点。

6. 曲线上的切线

选择图 4-2 所示对话框“点类型”中的“曲线上的切线”。在对话框的曲线、方向中输入曲线和方向。

7. 据距比例系数生成两点（连线）之间的一个点

选择图4-2所示对话框“点类型”中的“之间”项。在对话框的点1、点2、比率分别输入两个点和一个系数值，单击【确定】按钮，即可得到两点之间据距比例系数确定一个点。

8. 生成极点

按照给定的方向，根据最大或最小距离规则在曲线、曲面或形体上搜寻出极大或极小元素（点、边或表面）。单击该（端点）按钮，弹出图4-6所示的“极值定义”对话框。

对话框各项的含义如下：

1）元素：输入曲线、曲面或形体，输入元素的种类不同，需要输入方向的数量就可能不同。

2）方向：输入一个方向。

3）最大值：选中该控制钮，在指定方向上生成最上的点或元素。

4）最小值：选中该控制钮，选择了在前面输入方向上最下的点或元素。

5）方向2和方向3：曲面或形体在一个方向的极值可能是一条线，此时需要再输入一个或两个方向才能求出极值点。

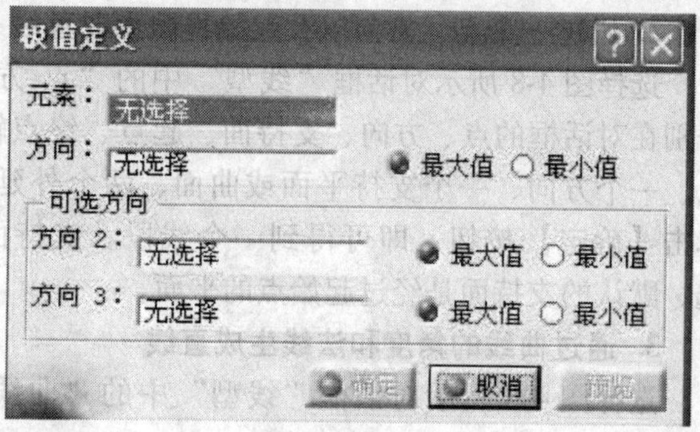

图4-6 极值定义对话框

9. 生成极坐标下的极点

在平面轮廓曲线上搜寻出相对于参考点和轴线的半径，角度极大或极小值点。单击（端点坐标）按钮，弹出图4-7所示的对话框，对话框中各项的含义如下：

1）类型：选择搜寻的种类，可以是以下四种类型之一：

①最小半径：与参考原点距离最近的点。

②最大半径：与参考原点距离最远的点。

③最小角度：与参考方向角度最小的点。

④最大角度：与参考方向角度最大的点。

2）轮廓：输入平面轮廓曲线，注意曲线须闭合，不允许分叉。

3）支持面：输入平面轮廓曲线所在的基础平面。

4）原点：输入参考原点。

5）参考方向：输入参考方向。

6）分析：显示分析参数类型和结果。

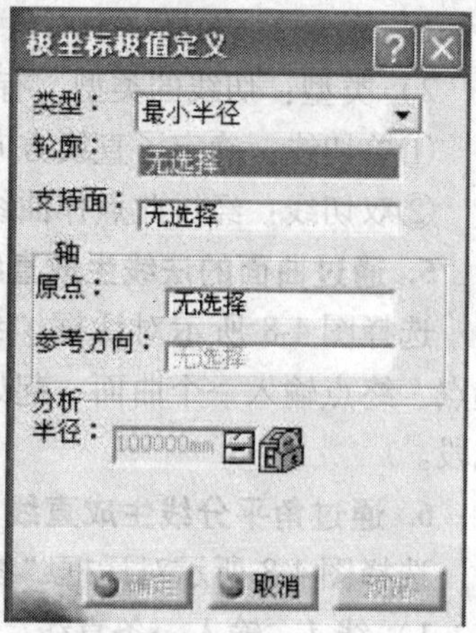

图4-7 “极坐标极值定义”对话框

4.1.2 生成直线

该功能是生成直线。可以通过输入直线的端点、起点和直线方向、与给定曲线的切线成一定角度、曲线的切线、曲面的法线以及角平分线等方式生成直线。

单击（直线）按钮，弹出如图 4-8 所示的“直线定义”的对话框。

通过类型下拉列表可以选择生成直线的方法。

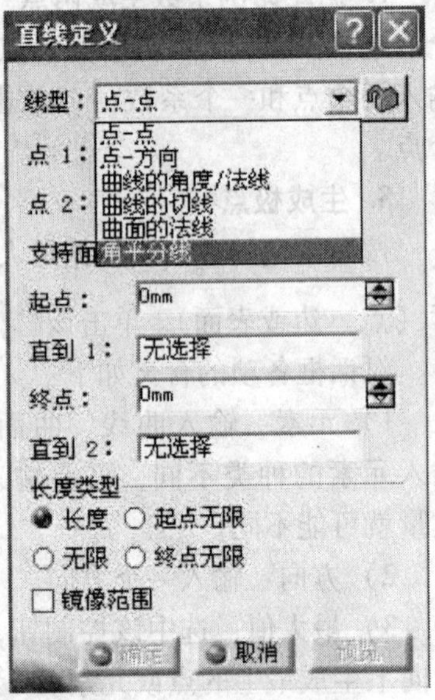

图 4-8 直线定义对话框

1. 通过两个点生成直线

选择图 4-8 所示对话框“线型”中的“点-点”项，分别在对话框的点 1、点 2、支持面、起点、终点输入两点、一个支持平面或曲面、两个外延距离值，单击【确定】按钮，即可得到一个线段。支持面可以不选，默认的支持面是经过起始点的平面。

2. 通过一个点、方向以及起始界限生成直线

选择图 4-8 所示对话框“线型”中的“点-方向”项，分别在对话框的点、方向、支持面、起点、终点输入起始点、一个方向、一个支持平面或曲面、两个外延距离值，单击【确定】按钮，即可得到一个线段。支持面可以不选，默认的支持面是经过起始点的平面。

3. 通过曲线的角度和法线生成直线

选择图 4-8 所示对话框“线型”中的“曲线的角度/法线”项，分别在对话框的曲线、支持面、点、角度、起点、终点输入一条参考曲线、一个支持平面或曲面、起始点、一个角度值、两个外延距离值，单击【确定】按钮即可。如果参考曲线在支持面上，起始点在参考曲线上，则生成的直线是和参考曲线在起始点的切线成给定角度的直线，并且处于支持面在起始点处的切平面上。

4. 通过曲线的切线生成直线

选择图 4-8 所示对话框“线型”中的“曲线的切线”项，对话框各项的含义如下：

1）元素 2：选择一个对象，对象可以是点或曲线。

2）类型：切线的类型，有两种选择：

①单切线：确定了直线方向为曲线的一个切线方向。

②双切线：经过此点作曲线的切线，必须指定支持面。

5. 通过曲面的法线生成直线

选择图 4-8 所示对话框“线型”中的“曲面的法线”项，分别在对话框的曲面、点、起点、终点输入一个曲面、起始点、两个外延距离值，单击【确定】按钮，即可得到一个线段。

6. 通过角平分线生成直线

选择图 4-8 所示对话框“线型”中的“角平分线”项，对话框中各项的含义如下：

1）线 1：输入一条直线。

2）线 2：输入另一条直线。

4.1.3 生成平面

该功能是生成平面。可以通过偏移平面、过点平行平面、和平面成一定角度、经过三点、通过两条直线、通过点和直线、通过平面曲线、曲线的法平面、曲面的切平面、线性方程以及最小二乘等方式生成平面。单击（平面）按钮，弹出如图 4-9 所示的“平面定义”的对话框。

通过“平面类型”下拉列表可以选择生成点的方法，有以下几种：

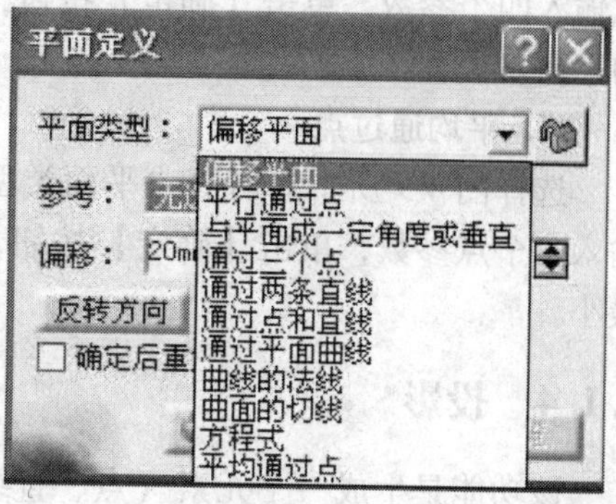

图 4-9　平面定义对话框

1. 偏移平面

选择图 4-9 所示对话框“平面类型”中的“偏移平面”项，在对话框的参考、偏移中输入一个参考平面和偏移距离值，单击【确定】按钮，即可得到一个平面。

2. 平行通过点

选择图 4-9 所示对话框“平面类型”中的“平行通过点”项，分别在对话框的参考、点中输入一个参考平面和一个点，单击【确定】按钮，即可得到一个平面，经过输入点并且平行于输入参考平面。

3. 与平面成一定角度或垂直

选择图 4-9 所示对话框“平面类型”中的“与平面成一定角度或垂直”项，分别在相应域中输入旋转轴线、参考平面和一个角度值，单击【确定】按钮，即可得到一个平面。

4. 通过三个点

选择图 4-9 所示对话框“平面类型”中的“通过三个点”项，分别在对话框的点 1、点 2、点 3 域中输入三个点，单击【确定】按钮，即可得到过这三个点的平面。

5. 通过两条直线

选择图 4-9 所示对话框“平面类型”中的“通过两条直线”项，分别在对话框的线 1、线 2 域中输入两条直线，单击【确定】按钮，即可得到一个平面，经过上述两条直线。

6. 通过点和直线

选择图 4-9 所示对话框“平面类型”中的“通过点和直线”项，分别在对话框的点、线域中输入一个点和一条直线，单击【确定】按钮，即可得到一个平面，经过上述输入点和直线。

7. 通过平面曲线

选择图 4-9 所示对话框“平面类型”中的“通过平面曲线”项，在对话框的线域中输入一条平面曲线，单击【确定】按钮，即可得到经过给定平面曲线的一个平面。

8. 曲线的法线

选择图 4-9 所示对话框“平面类型”中的“曲线的法线”项，分别在对话框的曲线、点域中输入一条曲线和一个点，单击【确定】按钮，即可得到一个平面，经过上述输入点，并且垂直于曲线在此点的切线。

9. 曲面的切线

选择图 4-9 所示对话框“平面类型”中的“曲面的切线”项，分别在对话框的曲面、点域中输入一个曲面和一个点，单击【确定】按钮，即可得到一个平面，经过输入的点，并与曲面在此点相切。

10. 方程式

选择图 4-9 所示对话框“平面类型”中的“方程式”项，分别在对话框的 A、B、C、D 域输入四个参数，单击【确定】按钮，即可得到一个平面，是由方程 $Ax + By + Cz = D$ 确定的平面。

11. 平均通过点

选择图 4-9 所示对话框“平面类型”中的“平均通过点”项，分别在对话框的点域中输入多个点参数，单击【确定】按钮，即可得到一个平面，所有点到此平面距离的平方和最小。

4.1.4 投影

该功能是生成一个元素（点、直线或曲线的集合）在另一个元素（曲线、平面或曲面）上的投影。一般分为以下两种情况：

1）一个点投影到直线、曲线或曲面上。

2）点和线框混合元素投影到平面或曲面上。

单击（投影）按钮，出现图 4-10 所示的“投影定义”对话框，对话框各项的含义如下：

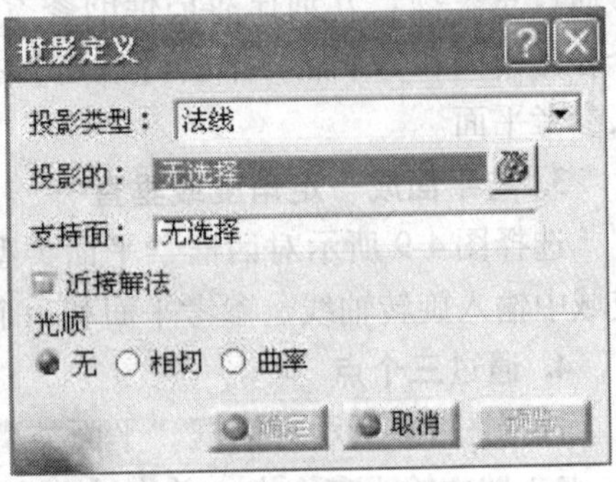

图 4-10 投影定义对话框

1）投影类型：投影方向，可以选择“法线”和“沿某一方向”两种类型。

2）投影的：输入被投影元素。

3）支持面：输入作为投影面的基础元素。

4）近接解法：若此按钮为打开状态，当投影结果为不连续的多元素时，会弹出对话框，询问是否选择其中之一。

4.1.5 混合

该功能是生成混合线。混合线定义为：两条曲线分别沿着两个给定方向（默认的方向为曲线的法线方向）拉伸，拉伸的两个曲面（实际上不生成曲面的几何图形）在空间的交线。单击（混合）按钮，出现图 4-11 所示的对话框。

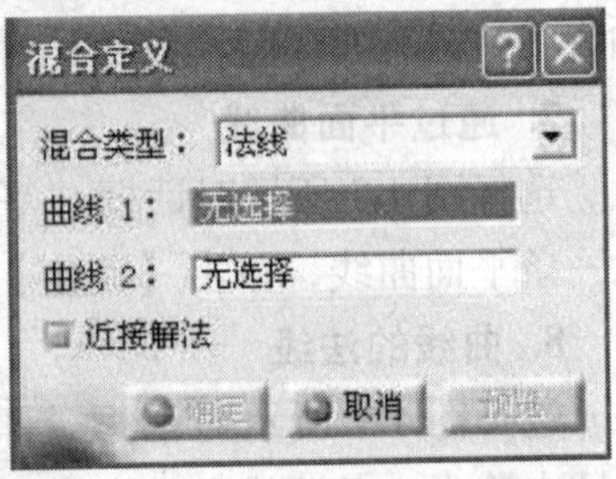

图 4-11 “混合定义”对话框

4.1.6 反射线

该功能是生成反射线。反射线定义为：光线由特定的方向射向一个给定曲面，反射角等于给定角度的光线即为反射线。反射线是所有在给定曲面上的法线方向与给定方向夹角是给定角度值的点的集合。单击（反射线）按钮，出现图 4-12 所示的对话框。

4.1.7 相交

该功能是生成两个元素之间的相交部分。例如两条相交直线生成一个交点，两个相交平面（曲面）生成一条直线（曲线）等。相交元素大致包括：① 线框元素之间；② 曲面之间；③ 线框元素和一个曲面之间；④ 曲面和拉伸实体之间四种情况。单击（相交）按钮，出现图 4-13 所示的对话框。

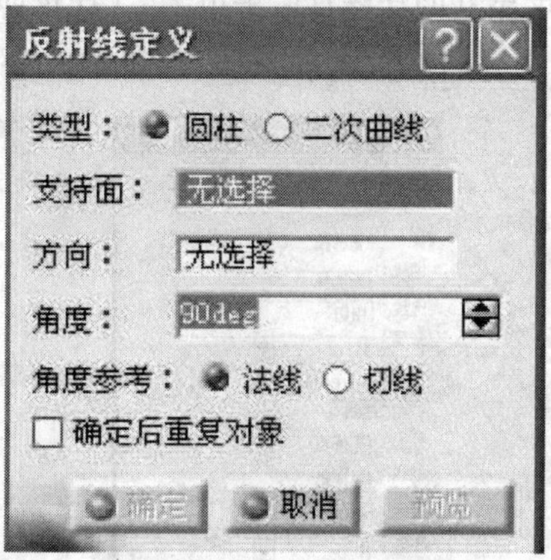

图 4-12 “反射线定义”对话框

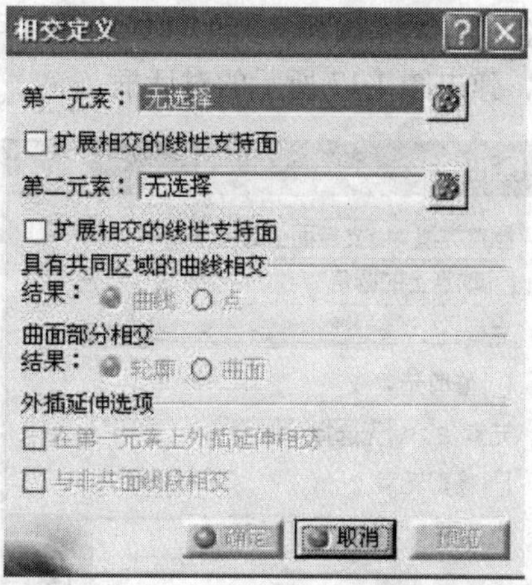

图 4-13 “相交定义”对话框

4.1.8 平行曲线

该功能是在基础面上生成一条或多条与给定曲线平行（等距离）的曲线。单击（平行曲线）按钮，弹出图 4-14 所示的对话框。

4.1.9 二次曲线

1. 圆和圆弧

该功能生成圆或圆弧。单击（圆）按钮，出现图 4-15 所示的对话框。

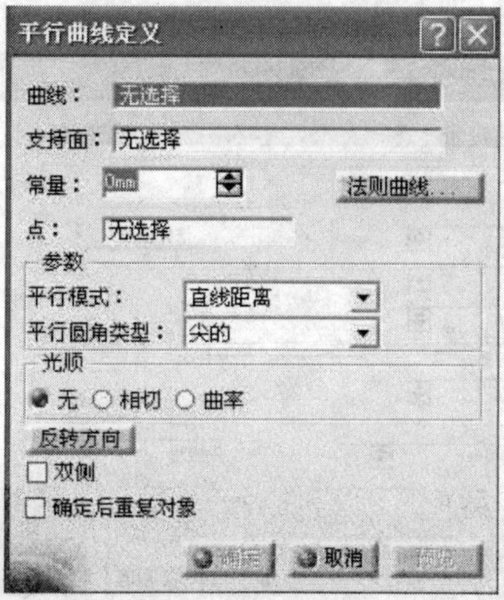

图 4-14 “平行曲线定义”对话框

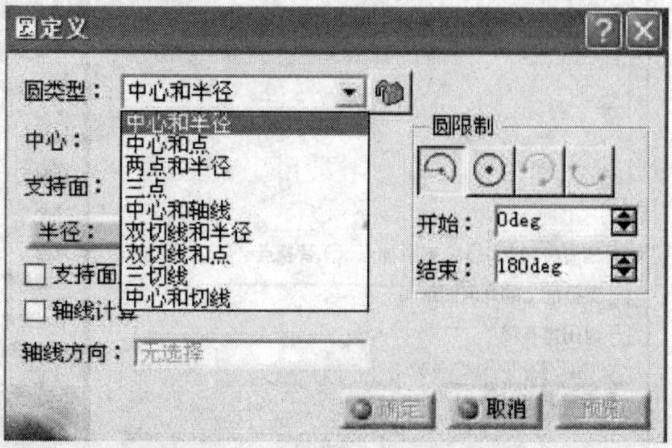

图 4-15 “圆定义”对话框

2. 倒圆角

单击（圆角定义）按钮，弹出图 4-16 所示的对话框。

3. 生成连接曲线

生成与两条曲线连接的曲线，并且可以控制连接点处的连续性。单击（连接曲线）按钮，弹出图 4-17 所示的对话框。

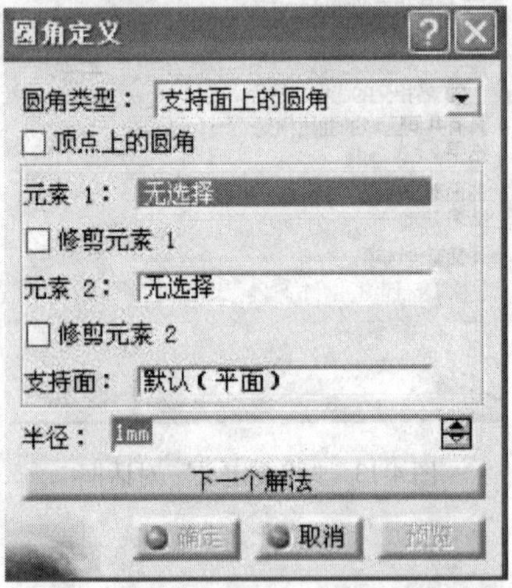

图 4-16 “圆角定义”对话框

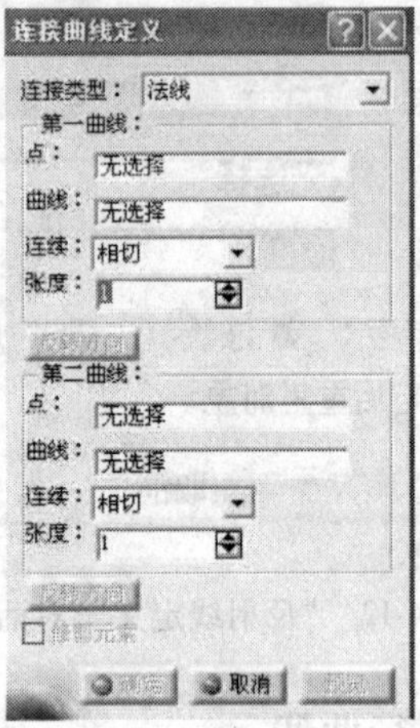

图 4-17 “连接曲线定义”对话框

4. 样条曲线

该按钮的功能是生成样条曲线。单击（样条曲线）按钮，弹出 4-18 所示的对话框。

5. 螺旋线

该功能是生成螺旋线。单击（螺旋线）按钮，弹出图 4-19 所示的对话框。

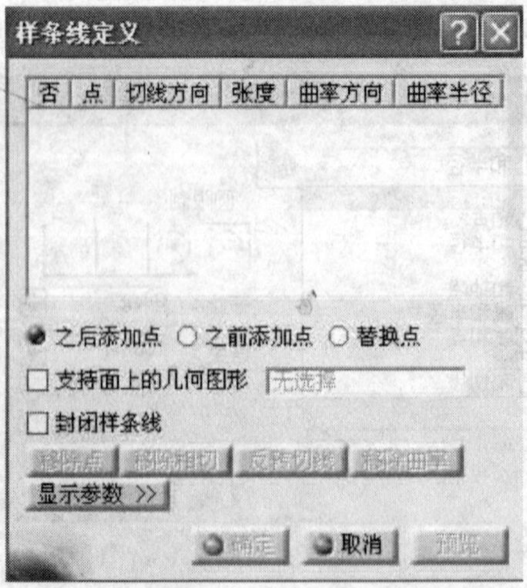

图 4-18 “样条线定义”对话框

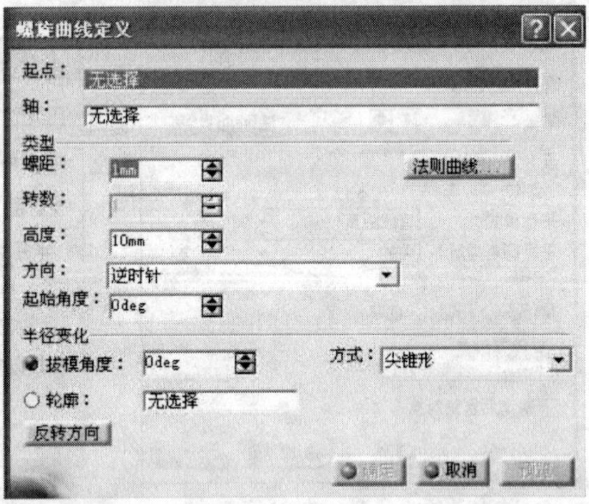

图 4-19 “螺旋曲线定义”对话框

6. 螺旋曲线

该功能是生成螺旋曲线，单击（螺旋曲线）按钮，弹出图4-20所示的对话框。

7. 脊线

该功能是生成脊线。脊线是由一系列平面生成的三维曲线，使得所有平面都是此曲线的法面。或者是由一系列导线生成，使得脊线的法面垂直于所有的导线。在扫描、放样或曲面倒角时会用到脊线。可以通过以下两种方式生成脊线：

1）输入一组平面，使得所有平面都是此曲线的法面。

2）输入一组导线，使得脊线的法面垂直于所有的导线。

单击（脊线）按钮，弹出图4-21所示对话框。

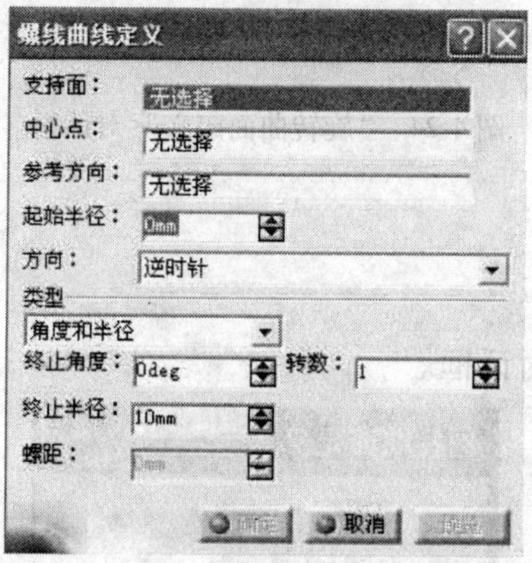

图4-20 “螺旋曲线定义”对话框

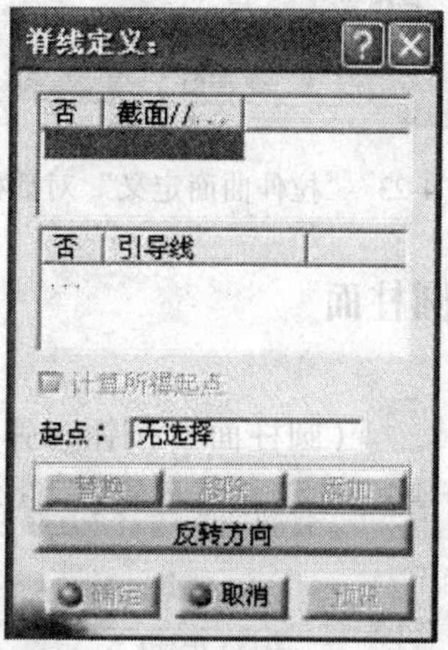

图4-21 “脊线定义”对话框

4.2 生成曲面

生成曲面的工具栏，如图4-22所示。

图 4-22

4.2.1 拉伸曲面

单击（拉伸曲面）按钮，弹出图4-23所示的对话框。

4.2.2 旋转曲面

单击（旋转曲面）按钮，弹出图4-24所示的对话框。

分别在轮廓、旋转轴、角度1、角度2域输入一条轮廓线，一个方向，两个角度界限值，确定后可生成旋转曲面。

4.2.3 球面

单击（球面）按钮，弹出图4-25所示的对话框。

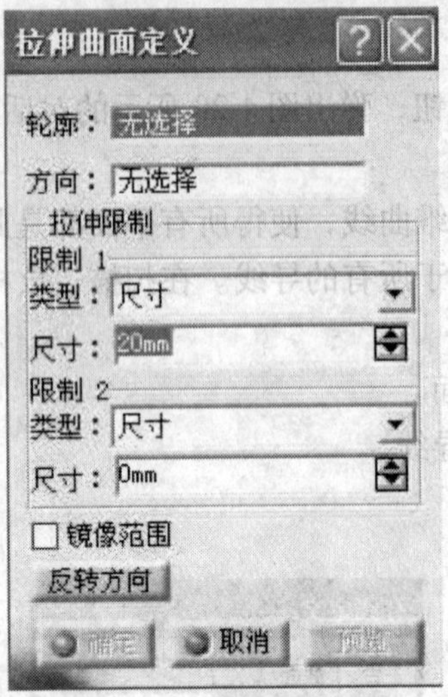

图 4-23 “拉伸曲面定义”对话框

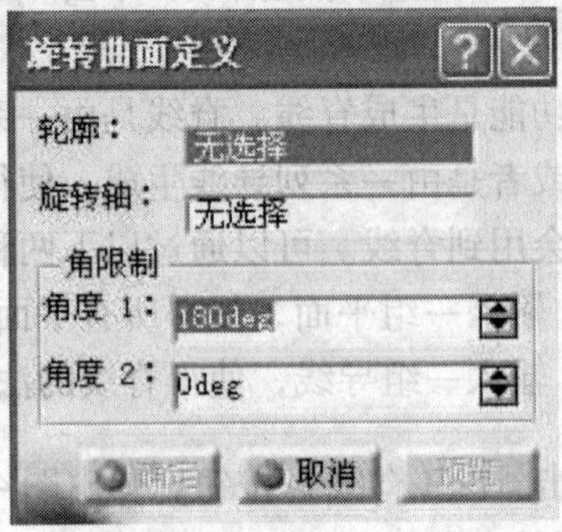

图 4-24 “旋转曲面定义”对话框

4.2.4 圆柱面

单击（圆柱面）按钮，弹出图 4-26 所示的对话框。

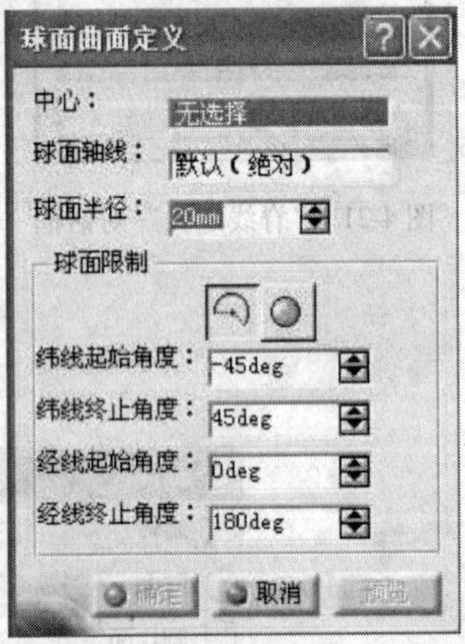

图 4-25 “球面曲面定义”对话框

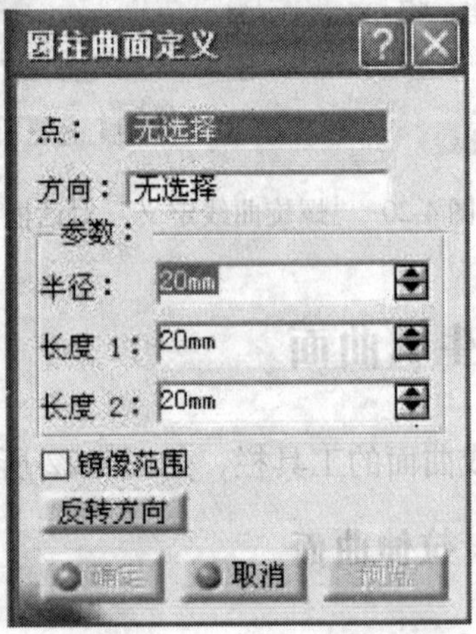

图 4-26 “圆柱曲面定义”对话框

4.2.5 偏移曲面

偏移曲面是产生一个或几个和曲面对象间距等于给定值的曲面的方法。单击（偏移曲面）按钮，弹出图 4-27 所示的对话框。

4.2.6 扫掠曲面

扫掠是轮廓曲线在脊线的各个法面上扫掠连接成的曲面，单击（扫掠）按钮，弹

出图 4-28 所示的对话框，按“轮廓类型”域不同的控制按钮，分为下面几种扫掠类型：

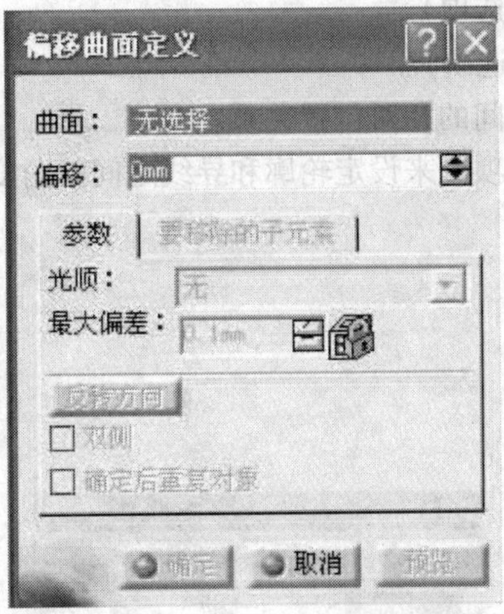

图 4-27 “偏移曲面定义”对话框

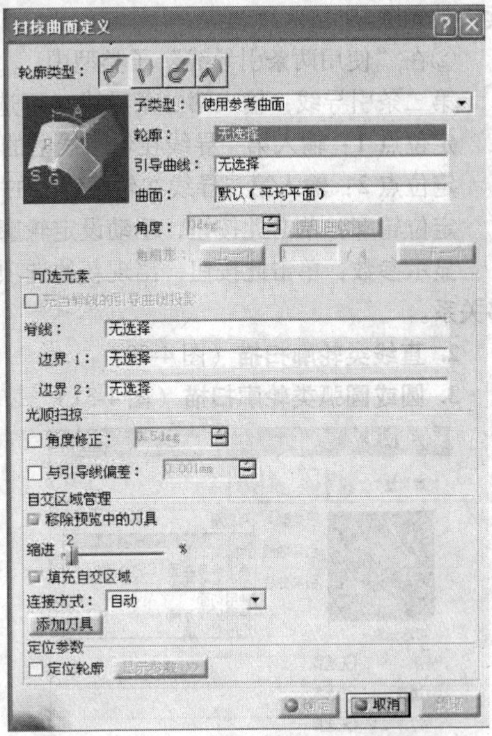

图 4-28 “扫掠曲面定义”对话框

1. 指定轮廓扫掠

这种扫掠方式需要选择轮廓曲线和导线，它们可以是任意形状的空间曲线，包括三种子类型：使用参考曲面、使用两条引导曲线、使用拔模方向。单击（指定轮廓扫掠）按钮，弹出 4-29 所示的对话框。

各项的含义是：

1）轮廓：输入扫描轮廓线，可以是任意形状曲线。

2）引导曲线：输入第一条导线。

①在“使用参考曲面”子类型中

脊线：输入脊线，如不指定，用第一轮廓线代替。

曲面：输入一个参考曲面，用来控制扫描时轮廓线的位置，此项是可选项，默认用脊线控制，如果选择了参考曲面，则用它控制。注意导线必须落在此曲面上，除非参考面是平面。

角度：输入角度值，用来和参考面一起控制扫描轮廓位置。

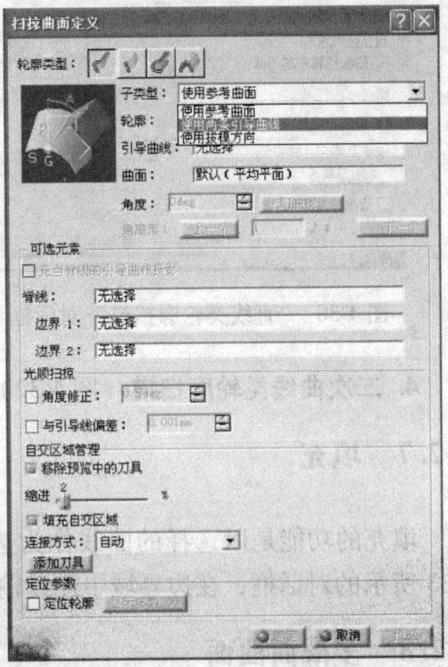

图 4-29 “指定轮廓扫掠”对话框

光顺扫掠：单击此按钮，输入一个角度值，用来光顺扫描面，小于给定角度的切线不连续将被光顺。

②在“使用两条引导线”子类型中。

第二条引导线：输入第二条导线（可选项）。

定位点 1：输入第一导线在轮廓线上的位置（可选项）。

定位点 2：输入第二导线在轮廓线上的位置（可选项）。

定位轮廓：单击此按钮，手动设定轮廓和导线之间的相对位置关系。

显示参数：单击此按钮，出现新的选项，这些选项用来设定轮廓和导线之间的角度和偏移关系。

2. 直线类轮廓扫描（图 4-30）

3. 圆或圆弧类轮廓扫描（图 4-31）

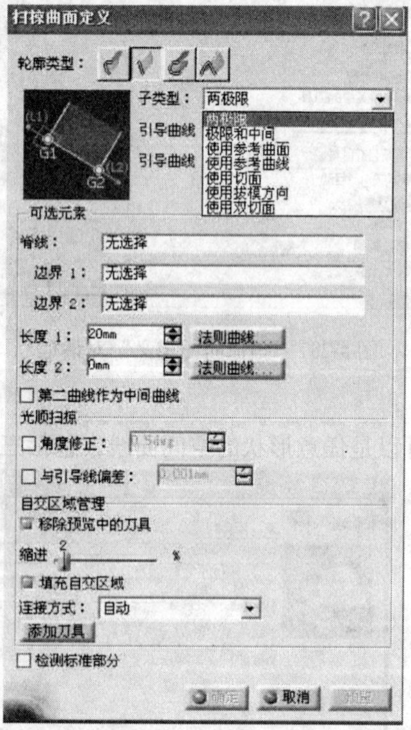

图 4-30 “直线类轮廓扫描”对话框

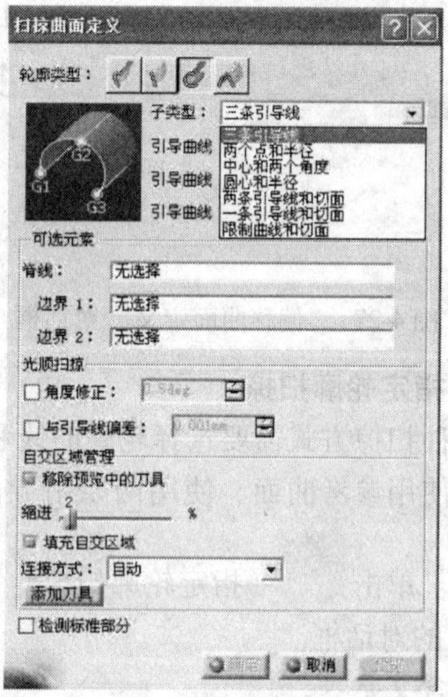

图 4-31 “圆或圆弧类轮廓扫描”对话框

4. 二次曲线类轮廓扫描（图 4-32）

4.2.7 填充

填充的功能是以选择的曲线作为边界围成一个曲面。单击 （填充）按钮，弹出图 4-33 所示的对话框，在边界域中连续输入曲线或已有曲面的边界，即可生成填充曲面。

4.2.8 多截面曲面

多截面是将一组截面曲线沿着一条选择或自动指定的脊线扫描出的曲面，这一曲面通过这组截面线，如果指定一组导线，那么放样还用受导线控制。

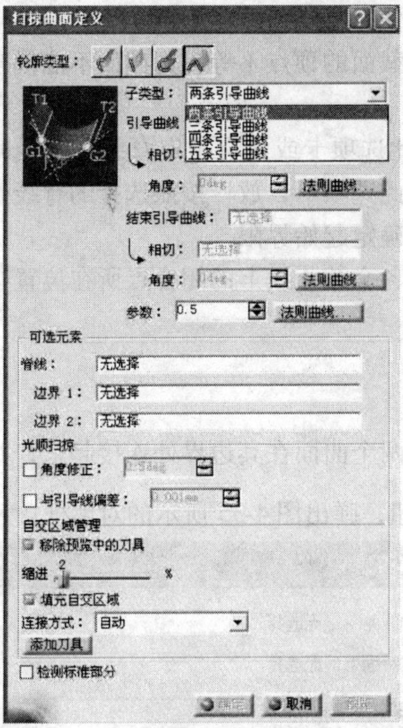

图 4-32 “二次曲线类轮廓扫描”对话框

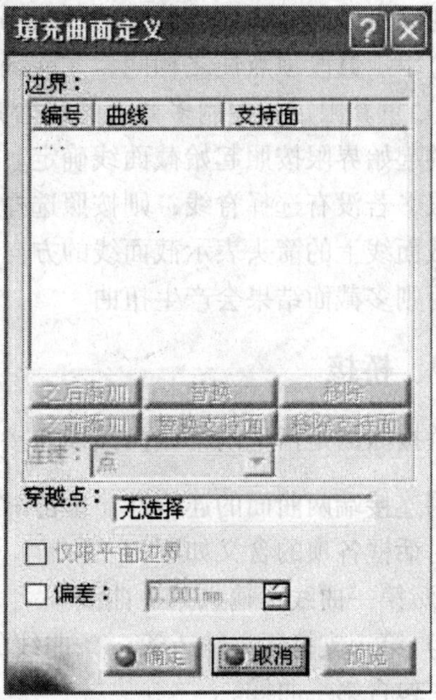

图 4-33 “填充曲面定义”对话框

单击（多截面）按钮，弹出图 4-34 所示的对话框，在对话框的截面域中输入一组截面线，在对话框的引导线域中输入一组导线，确定后生成多截面曲面。

对话框的上部是截面曲线的输入区域，截面曲线不能互相交叉，可以指定与截面曲线相切的支持面，使多截面曲面和支持面在此截面处相切，由此控制多截面曲面的切线方向。在截面曲线上还可指定闭合点，闭合点控制曲面的扭曲状态。

对话框下面有引导线、脊线、耦合、重新限定四页。

1）引导线：导线输入页。

2）脊线：脊线输入页，默认值是自动计算的脊线。

3）耦合：控制截面线的耦合页。有四种耦合方式：

①比率——截面通过曲线坐标耦合。

②相切——截面通过曲线的切线不连续点耦合，如果各个截面的切线不连续点不等，则截面不能耦合，必须通过手工修改不连续点使之相同，才能耦合。

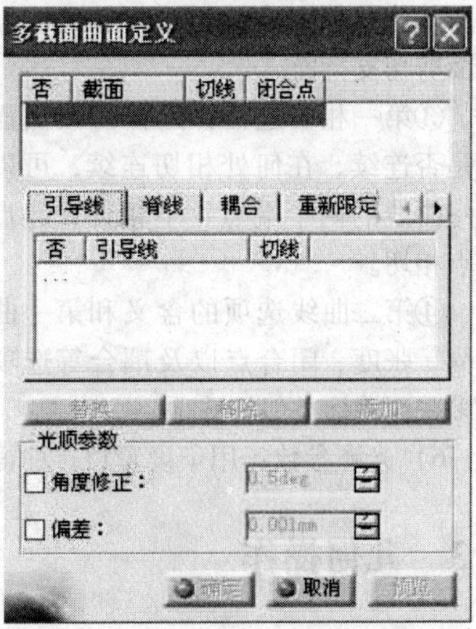

图 4-34 “多截面曲面定义”对话框

③相切然后曲率——截面通过曲线的曲率不连续点耦合，如果各个截面的曲率不连续点不等，则截面不能耦合，必须通过手工修改不连续点使之相同，才能耦合。

④顶点——截面通过曲线的顶点耦合，如果各个截面的顶点不等，则截面不能耦合，必须通过手工修改顶点使之相同，才能耦合。

4）重新限定：控制多截面的起始界限。当按下此选项卡或没有指定脊线和导线时，多截面的起始界限按照起始截面线确定。如果没有按下此选项卡，放样按照选择的脊线确定起始界限，若没有选择脊线，则按照选择的第一条导线确定起始界限。

截面线上的箭头表示截面线的方向，必须一致。各个截面线上的闭合点所在位置必须一致，否则多截面结果会产生扭曲。

4.2.9 桥接

桥接曲面是指把两个截面曲线连接起来，或者把两个曲面在其边界处连接起来，并且可以控制连接端两曲面的连续性。单击（桥接）按钮，弹出图4-35所示的对话框。

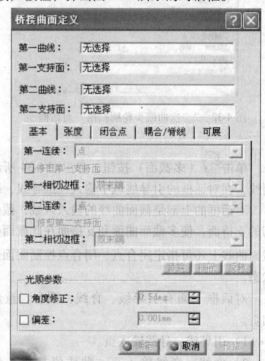

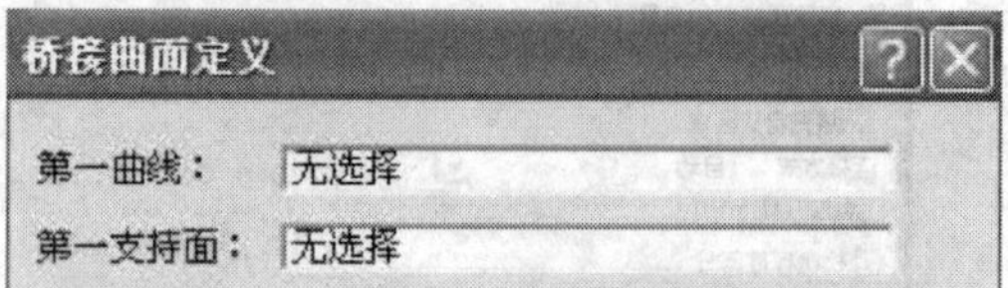

图4-35 “桥接曲面定义”对话框

对话框各项的含义如下：

1）第一曲线：输入第一曲线。

2）第一支持面：输入第一条曲线的支持面，它包含第一曲线。

3）第二曲线：输入第二曲线。

4）第二支持面：输入第二条曲线的支持面，它包含第二曲线。

5）“基本选项卡”

①第一连续：选择第一曲线和支持面的连续性，包括点连续、切线连续和曲率连续三种形式。

②修剪第一支持面：勾选此项，用桥接曲面剪切支持面。

③第一相切边框：选择桥接曲面和支持面是否连续、在何处相切连续，可以选择在第一曲线的两个端点、不相切、起点相切和终点相切。

④第二曲线选项的含义和第一曲线选项相同。张度、闭合点以及耦合等选项卡请参考多截面曲面类似的选项。

6）光顺参数：用于设置桥接曲面质量，包括角度修正和偏差。

4.3 几何操作

几何操作功能是几何造型功能的重要补充与拓广，其功能强弱会直接影响曲面造型功能的使用效果。CATIA V5R20 为用户提供了大量的曲线曲面的修改、编辑功能，极大地提高了曲面造型效率。

4.3.1 曲面操作

曲面操作工具如图 4-36 所示。

1. 曲面接合

该功能用于合并曲线或曲面，单击（接合）按钮，出现图 4-37 所示的对话框。该命令提供了三种选择几何体的模式：

图 4-36 曲面操作工具

标准模式（不按任何按钮）：如果所选几何体已存在于列表中，就将其从列表中删除；如果所选几何体还没在列表中出现，就将其添加到列表中。

添加模式（按下【添加模式】按钮）：如果所选几何体还没在列表中出现，就将其添加到列表中；否则也不将其从列表中删除。

移除模式（按下【移除模式】按钮）：如果所选几何体已在列表中出现，就将其从列表中删除，否则不起作用。

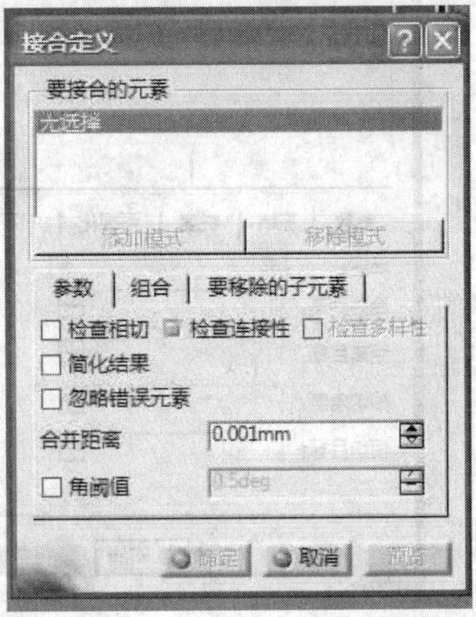

图 4-37 “接合定义”对话框

按【预览】按钮，预览合并结果，并显示合并面的定位。左键单击定位箭头，会使定位方向反向。在“参数”选项卡中，可以完成以下操作：

如果勾选了“检查连接性”选项，会检查要合并的几何体是否首尾相连，如果不是，那么会出现错误信息。

如果勾选了“简化结果”选项，系统会尽可能地减少合并面的数量。

如果勾选了“忽略错误元素”选项，在合并过程中系统会自动忽略不能合并的几何体。

对话框中的“合并距离”是指合并间距限定值，即系统认为间距小于该值的两部分可以合并。

如果选中“角阈值”选项，可以输入角度合并限定值，即系统认为两相邻部分在边界线上的角度小于该值的，可以合并。

在“要移除的子元素”选项卡中，显示合并的子元素列表。所谓子元素是指构成要合并元素的元素，在此选项卡中，用户可以选择那些子元素不参与合并。

在组合选项中，可以重新组织要合并的元素。

2. 修补曲面

该功能用于修补曲面，即填充两面之间的间隙，单击（修复）按钮，出现如图 4-38 所示的“修复定义”对话框。

在“参数”选项卡中，完成以下工作：

选择连续类型：点连续、切矢连续。

输入合并距离用来指定要修补的最大距离，即只修补间距小于该距离的元素。

输入间距目标值，它用于指定修补后曲面间可允许的最大距离。

如果连续条件为切矢连续，则切矢夹角和切矢夹角目标值可用，它们分别用来设定要修补的最大切矢夹角和修补后曲面的允许最大切矢夹角。

在“冻结”选项卡中，可以设定那些元素不受该操作的影响。

在“锐度”选项卡中，可以设定那些边界不受该操作的影响。其中锐度角度用来界定尖角与平角。

3. 光顺曲线

该功能用于曲线的光顺处理，以生成高质量的几何体，单击 （光顺曲线）按钮，出现图 4-39 所示的对话框。

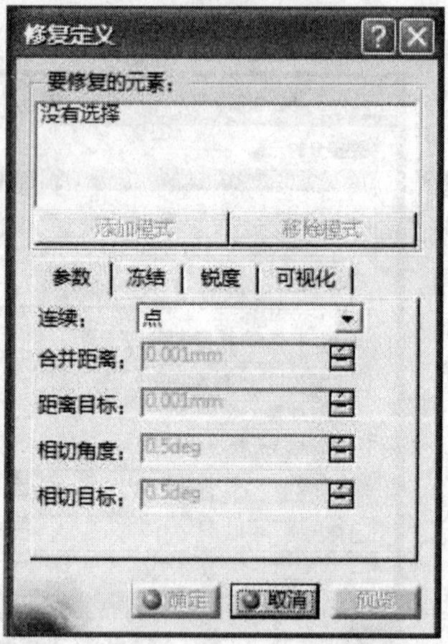

图 4-38 “修复定义”对话框

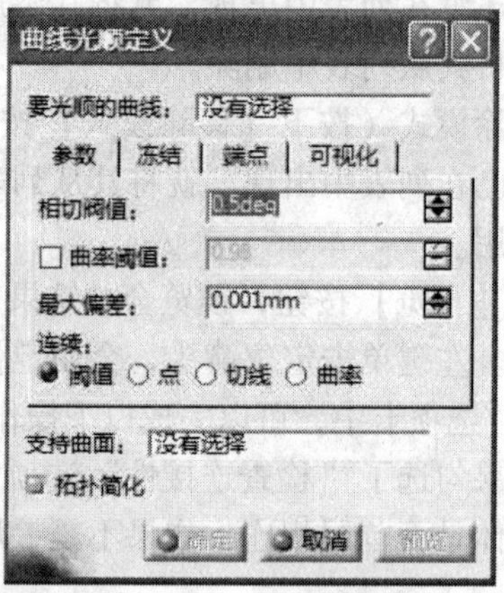

图 4-39 “曲线光顺定义”对话框

选择要光顺的曲线，在曲线上会显示关于该曲线的不连续信息（不连续类型及其数值）。

在“参数”选项卡中，输入连续限定值，系统会光顺小于限定值的不连续区域。

如果点选“拓扑简化”选项，系统会自动删除曲率连续的顶点，或两个相距很近的顶点中的一个，以减少曲线段的段数。如果该选项发挥了作用，那就会出现提示信息。

进入“可视化”选项卡，设置信息的显示方式。可以将信息的显示设置成以下方式：

显示所有信息：点选全部选项。其中，改正后的不连续信息以绿色显示，改善后的不连续信息以黄色显示，没有变化的不连续信息以红色显示。

仅显示没有改变的不连续信息：点选尚未更正选项。

不显示任何信息：点选无选项。

4. 恢复被剪切的曲面或曲线

该功能用于恢复被剪切过的曲面或曲线。如果曲面或曲线被多次剪切，它将裁剪曲面或曲线恢复到其原始状态。

对于被多次剪切的曲线或曲面，要想将其恢复到上一次剪切的状态，只能用 Undo 命令来实现，单击（取消修剪）按钮，出现图 4-40 的“取消修剪”对话框。

5. 拆解几何元素

该功能用于将多单元实体分解成多个单单元实体。单击（拆解）按钮，出现图 4-41 所示的“拆解”对话框。

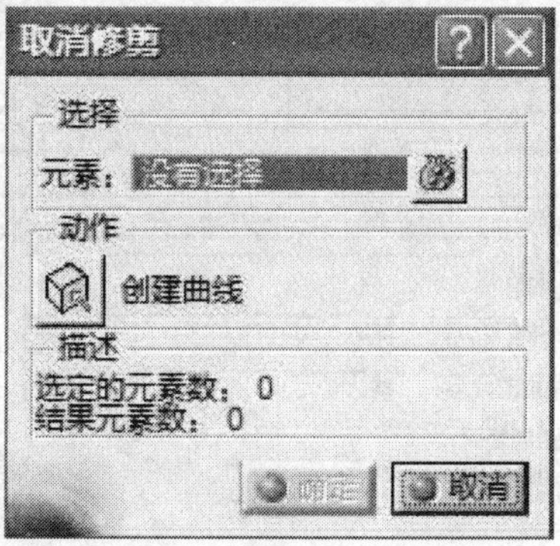

图 4-40 “取消修剪”对话框

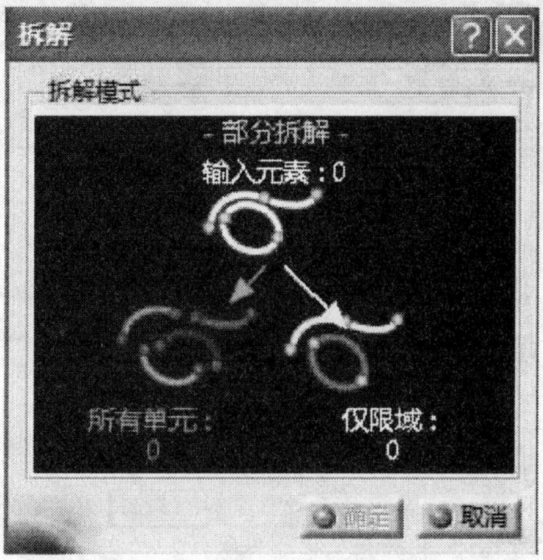

图 4-41 拆解对话框

在该功能中提供了两种分解元素的模式：

分解所有单元：将所选择多单元实体中的所有单元分解出来。

按区域来分解单元：即部分分解元素，将首尾相连的元素分解为一个实体。

4.3.2 分割与修剪元素

分割与修剪工具如图 4-42 所示。

1. 分割元素

该功能用一个或几个几何元素去切割另一个几何元素。单击（分割）按钮，出现图 4-43 所示的对话框。可以用此功能来完成以下操作：

用一点、一线框元素或一面去切割一线框元素；

用一线框元素或一面去切割另一面。

选择被切割元素，所选位置将被默认为保留部分的位置。

图 4-42 分割与修剪工具

选择切割元素，此时会显示切割结果的预览，可以通过单击要保留部分或通过按另一侧按钮，来改变要保留的部分。可以选择多个切割元素，但要注意其选择次序。

如果切割元素不足以完全切割被切割元素，系统会自动延伸切割元素以完成切割。

如果选中了“保留双侧”选项，则将同时保留切割后的两部分。

如果选中了“相交计算”选项，则在完成切割的同时，还创建一个独立的相交元素。

如果用一个线框元素切割另一线框元素，可以选择一支撑元素来指定切割后要保留的部分。它由支撑元素的法矢量与切割元素的切矢量的矢积决定。

2. 修剪元素

该功能用于实现两个曲面或两个线框元素之间的相互剪切，单击（修剪）按钮，出现如图 4-44 所示的“修剪定义”对话框。

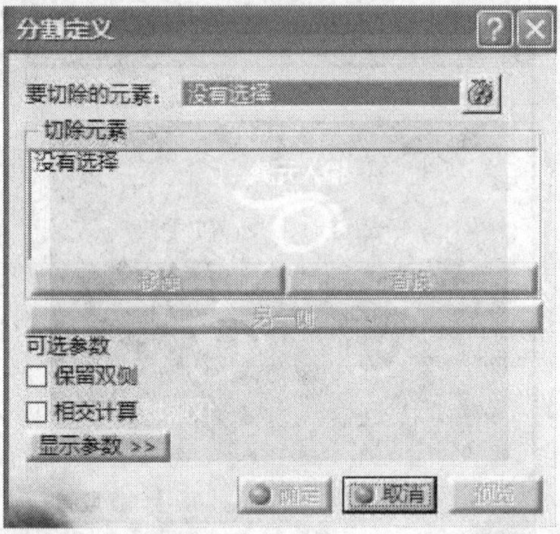

图 4-43 “分割定义”对话框

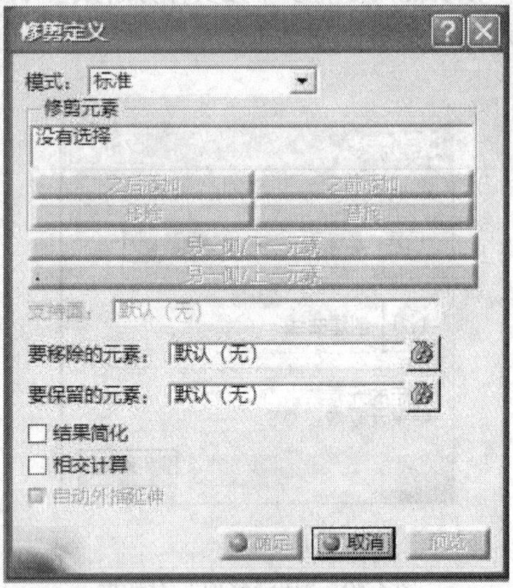

图 4-44 “修剪定义”对话框

选择要剪切的元素（两面或两个线框元素），此时会显示剪切结果的预览，可以通过单击要保留部分或按【另一侧】按钮，来改变要保留的部分。

如果两元素不能相互完全切割，系统会自动延伸两元素以完成切割。

在剪切两个线框元素时，可以指定一个支持面，来确定剪切后的保留部分。它由支持面的法矢与剪切元素的切矢的矢积来确定。

如果选择了“结果简化”选项，则系统会尽量减少最后生成剪切面的数量。

如果选择了“相交计算”选项，则会生成两相剪切元素的相交元素。

4.3.3 提取几何元素

提取工具如图 4-45 所示。

1. 提取边界线

该功能用于提取曲面的边界线，单击（边界）按钮，出现“边界定义”对话框，如图 4-46 所示。“拓展类型”包括以下几项：

1）完整边界：提取曲面的所有边界。

2）点连续：沿所选边界点连续外衍提取边界。

3）切线连续：沿所选边界切矢连续外衍提取边界。

4）无拓展：仅提取选定的边界线。

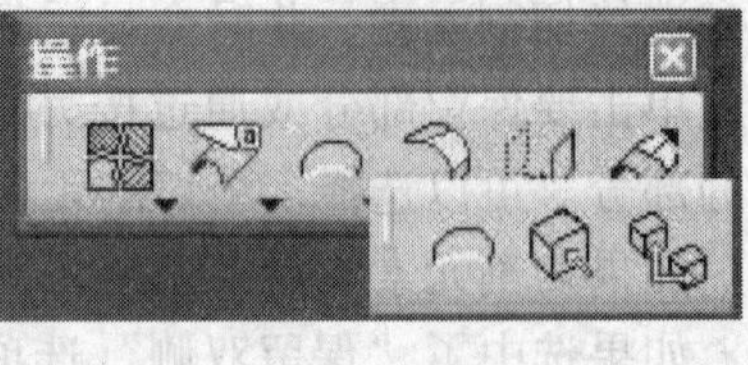

图 4-45 提取工具

可以用两个元素限制所提取边界线的范围（限制1、限制2）。

注意：如果直接选择曲面，则不能选择边界类型，系统自动提取曲面的整个边界线。用此方法提取的曲线不能直接用于复制、粘贴，只能先将曲面复制、粘贴后再提取边界。

2. 提取几何体

该方法用于从几何元素（点、曲线、实体等）中提取几何体，单击（提取）按钮，出现“提取定义”对话框，如图4-47所示。

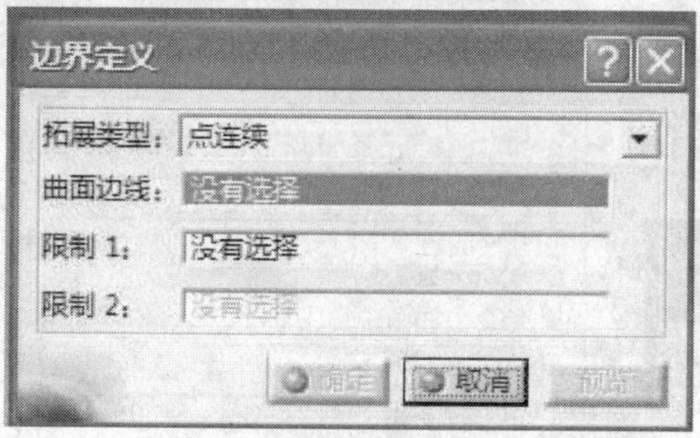

图4-46　“边界定义”对话框

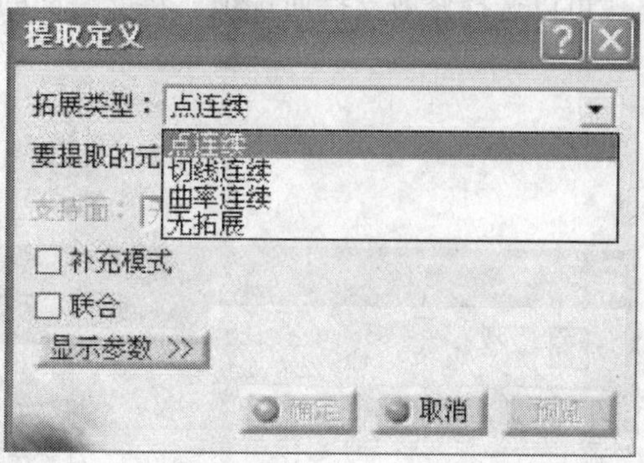

图4-47　提取定义对话框

“拓展类型”包括点连续、切线连续、曲率连续、无拓展。如果系统无法确定拓展方向，则会发出警告信息，并要求输入支持面。可以用“补充模式”选项反选对象，即只选择原来没有被选中的对象。如果选中“联合”选项，则提取出的元素会被组成几组元素。

3. 多重提取

该功能用于从多元素草图中提取一部分元素，这样就可以用这个提取出来的元素生成几何体。单击（多重提取）按钮，出现图4-48所示的“多重提取定义”对话框。

选择要提取的元素，单击确定，完成多重提取。拓展类型、补充模式、联合的使用方法同提取几何体命令。

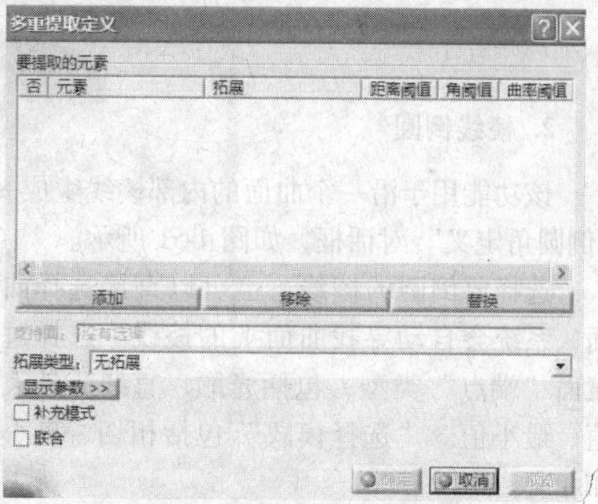

图4-48　“多重提取定义”对话框

4.3.4　两曲面倒圆

两曲面倒圆工具如图4-49所示。

1. 简单圆角

该功能用于在两曲面间生成倒圆面，倒圆面是一球体在两面间滚动而生成的曲面，单击（简单圆角）按钮，出现“圆角定义”对话框，如图4-50所示。

分别选择两个曲面，输入倒圆半径，确定倒圆面位置。在选择的两个曲面上分别出现一个箭头，指向待生成倒圆曲面的圆心位置，可以将箭头反向来确定倒圆面的位置。

选择倒圆面端点约束条件。该命令提供了以下选项：

1）直线：在倒圆面的端点不添加切矢约束。

2）光顺：在倒圆面的端点添加切矢约束。

3）最大：倒圆面的端点位置受最大支持面限制。

4）最小：倒圆面的端点位置受最小支持面限制。

可以选择修剪支持面选项，将支持面的多余部分剪切掉，并与倒圆面合并成一个元素。

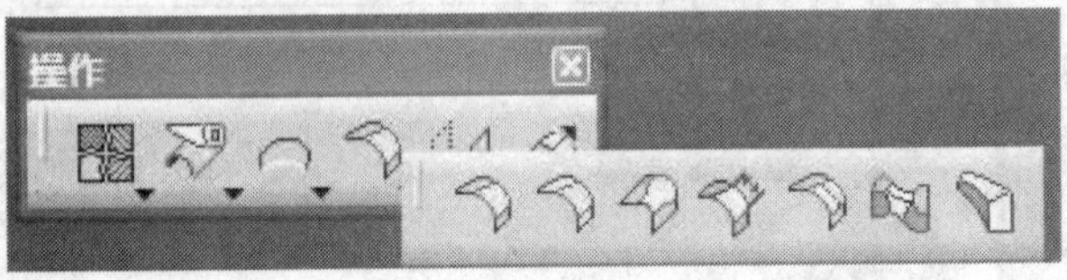

图 4-49 两曲面倒圆工具

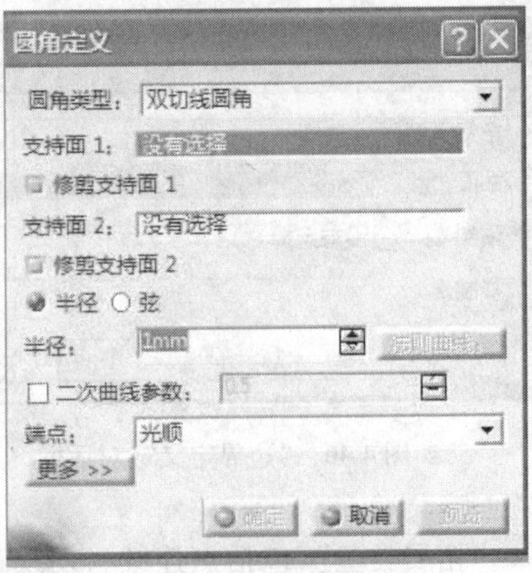

图 4-50 “圆角定义”对话框

2. 棱线倒圆

该功能用于沿一个曲面的内部棱线生成一个过渡曲面，单击（倒圆角）按钮，出现“倒圆角定义”对话框，如图 4-51 所示。

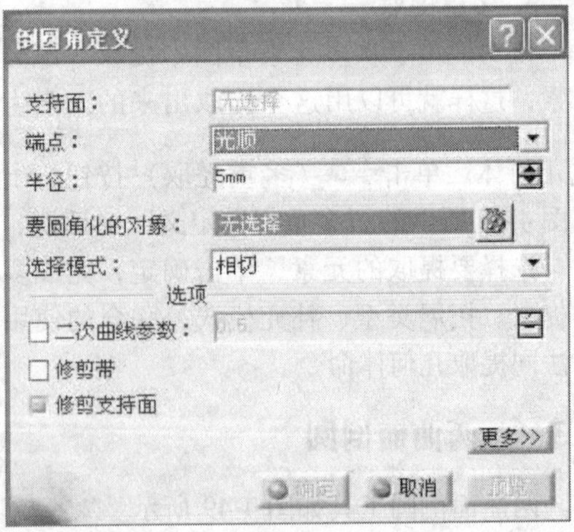

图 4-51 “倒圆角定义”对话框

选择要倒圆的棱线。也可以直接选择曲面，系统会自动寻找曲面上的棱线。选择过渡面“端点”类型，包括光顺、直线、最大值、最小值。“选择模式”包括相切、最小和相交。

在一些情况下，倒圆面有可能是重叠的，此时可选择“修剪带”选项，以修剪掉倒圆的重叠部分。如果选择了“修剪支持面”选项，则将支持面的多余部分修剪掉，并将倒圆面与支持面合并成一体。

3. 变半径倒圆

该功能的操作基本上与棱线倒圆相同，不同之处是可以在所选倒圆棱线上添加点，并指定不同的倒圆半径，单击（可变圆角）按钮，出现“可变半径圆角定义”对话框，如图 4-52 所示。

4. 面-面倒圆

该功能用于在两个不相交面间或在两个有两条以上的棱线面间倒圆，其中倒圆半径要大于两面间的距离的二分之一，单击（面与面的圆角）按钮，出现图4-53所示的对话框。

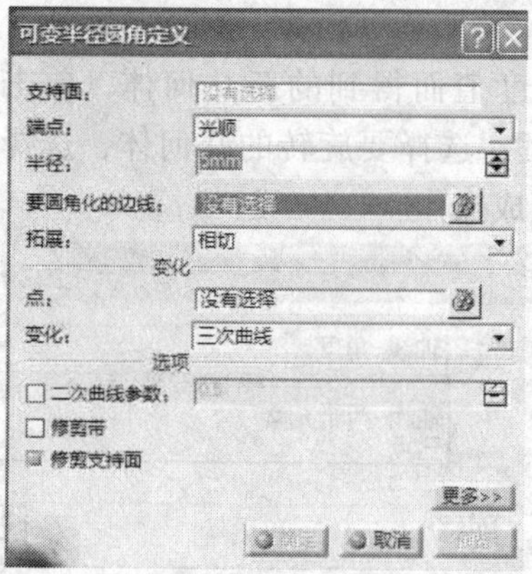

图4-52 “可变半径圆角定义”对话框

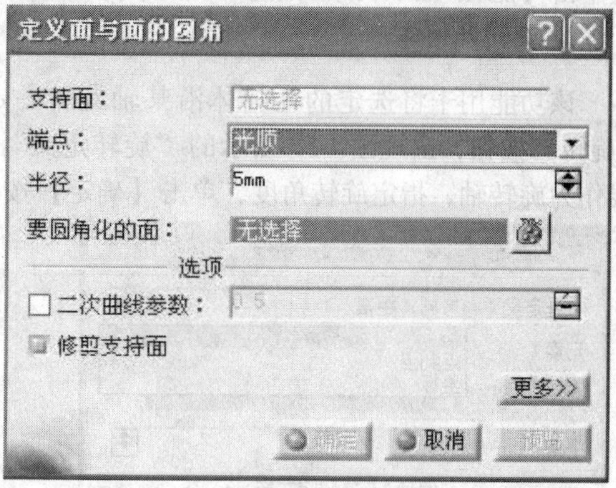

图4-53 “定义面与面的圆角”对话框

选择要倒圆的两个面，选择“端点”类型并输入倒圆半径，单击确定，完成操作。

5. 三面相切倒圆

该功能用于生成一个倒圆面的同时，将其中的一个支持面去掉。系统自动计算倒圆半径，以去掉其中的一个面。单击（三切线内圆角）按钮，出现图4-54所示的“定义三切线内圆角”对话框。

选择要倒圆的两个面，选择端部类型和选择要去除的面，单击【确定】按钮，完成操作。

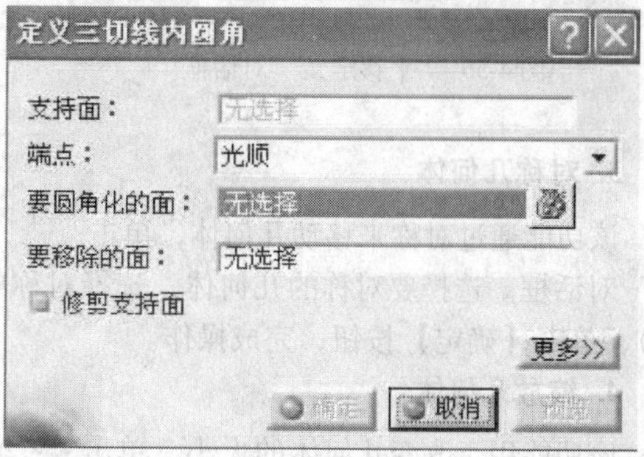

图4-54 “定义三切线内圆角”对话框

4.3.5 操作几何体

操作几何体工具如图4-55所示。

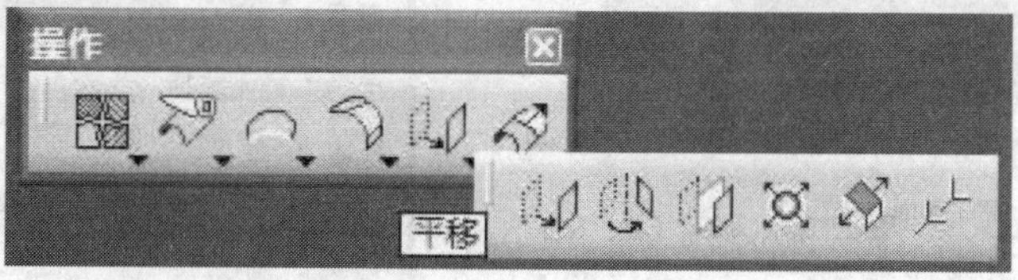

图4-55 操作几何体工具

1. 平移

该功能用于将一个或几个几何体沿指定方向移动一定的距离生成一个平移特征，单击

（平移）按钮，出现图 4-56 所示的“平移定义”对话框。选择要移动的几何元素，指定移动的方向。可以选中“确定后重复对象”选项，一次生成多个移动几何体，也可以通过单击【隐藏/显示初始元素】按钮来隐藏或显示原对象，单击【确定】按钮，完成操作。

2. 旋转几何体

该功能用于将选定的几何体沿某轴旋转一定的角度值而得到的新几何体，单击（旋转）按钮，出现图 4-57 所示的“旋转定义”对话框。选择要旋转的几何体，选择一直线作为旋转轴，指定旋转角度，单击【确定】按钮，完成操作。

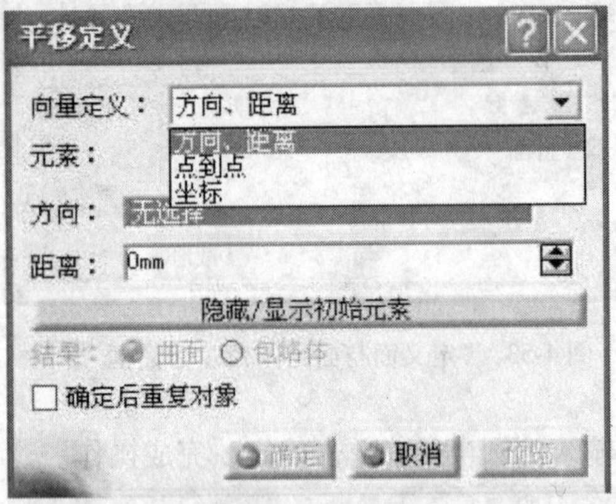

图 4-56 “平移定义”对话框

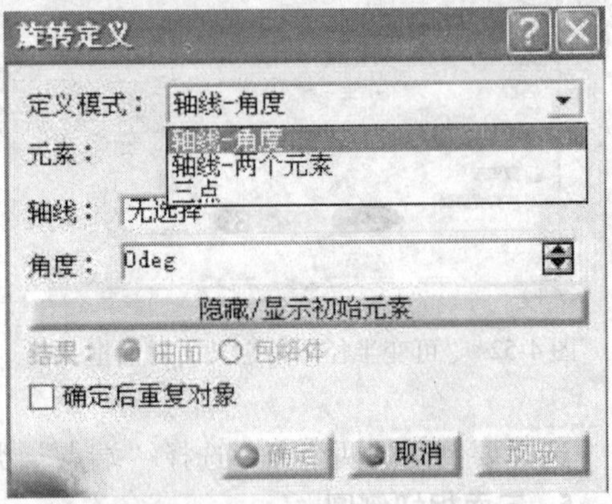

图 4-57 “旋转定义”对话框

3. 对称几何体

该功能通过对称来移动几何体，单击（对称）按钮，出现图 4-58 所示的“对称定义”对话框。选择要对称的几何体，选择对称中心（可以选择一个点，一条直线或一个平面），单击【确定】按钮，完成操作。

4. 缩放几何体

该功能用于改变几何体的大小，单击（缩放）按钮，出现图 4-59 所示的“缩放定义”对话框。选择要缩放的几何体，选择参考对象（可以选择一个点，平面或平面型曲面），输入缩放比例，单击【确定】按钮，完成操作。

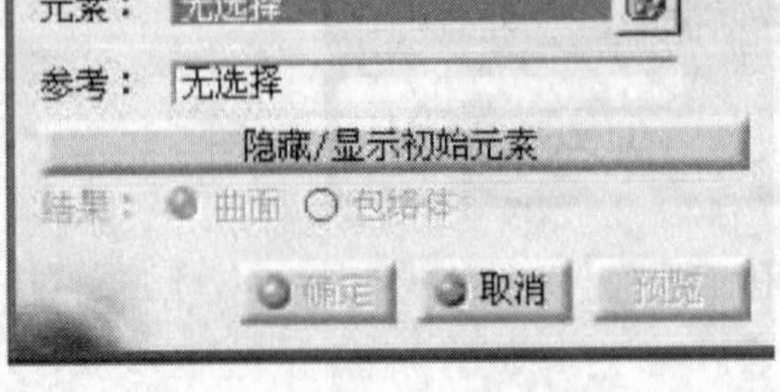

图 4-58 “对称定义”对话框

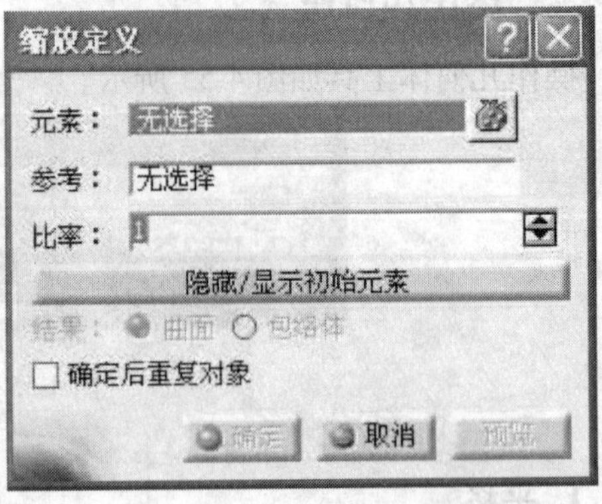

图 4-59 “缩放定义”对话框

5. 仿射对象

该功能用于对选定的几何体沿三轴方向不均匀缩放，即仿射操作。单击（仿射）按钮，出现图4-60所示的“仿射定义”对话框。选择要操作的几何体，指定参考坐标系（指定坐标原点、XY平面和X轴），指定仿射比例（X、Y、Z），单击【确定】按钮，完成操作。

6. 将几何体移动到另一坐标系上

该功能用于将一个坐标系中的一个或多个几何体移动到另一坐标系中，单击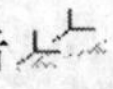（定位变换）按钮，出现图4-61所示的“定位变换”对话框。选择要移动的几何体，选择源坐标系，即几何体当前所在的坐标系，选择目标坐标系，单击【确定】按钮，完成操作。

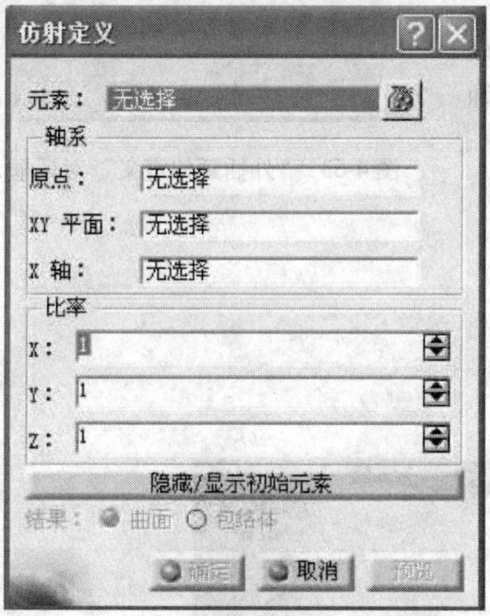

图4-60 “仿射定义”对话框

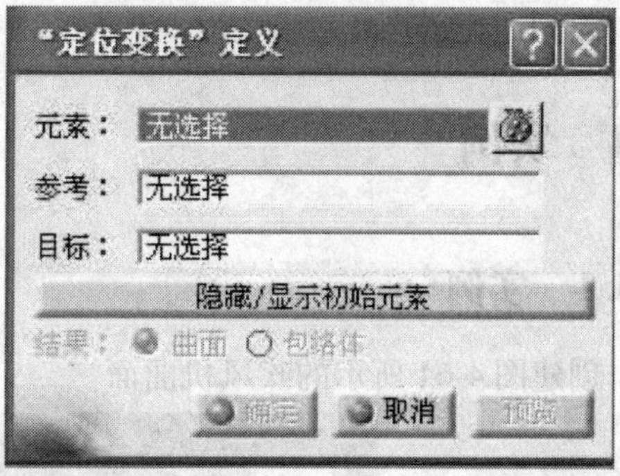

图4-61 “定位变换定义”对话框

4.3.6 曲线/曲面操作

曲线/曲面操作工具如图4-62所示。

1. 外插延伸

该功能用于将指定的曲线/曲面延长一定的长度，单击（外插延伸）按钮，出现图4-63所示的“外插延伸定义”对话框。选择要延长对象的边界：对于曲面，选择要延长端的边界线；对于曲线，选择要延长端的端点。

指定延长长度：直接输入长度值；选择约束平面或曲面；使用几何体上的操作箭头。

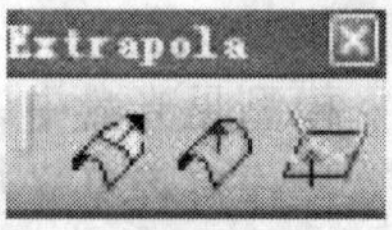

图4-62 曲线/曲面操作工具

指定连续类型：切线连续或曲率连续。

对于曲面延长，要指定端部类型。延长体与原对象相切或延长体与原对象垂直。

对于曲线延长，可以指定其支持面。这样延长曲线位于支持面上，其长度受支持面边界的限制。

如果想让延长体与原对象合并，可以选中“装配结果”选项。

2. 曲线/曲面反向

该功能用于将曲线或曲面反向，对于已经反向的曲线或曲面，可以通过编辑其反向操作来恢复其定位方向。单击（反转）按钮，出现“反转定义”对话框，选择曲线/曲面，单击【确定】按钮，完成操作。

3. 提取最近部分几何体

该功能用于从多成分元素中提取与参考对象最近部分的几何体。单击（近接）按钮，出现“近接”对话框，选择多重元素和参考元素，单击【确定】按钮，完成操作。

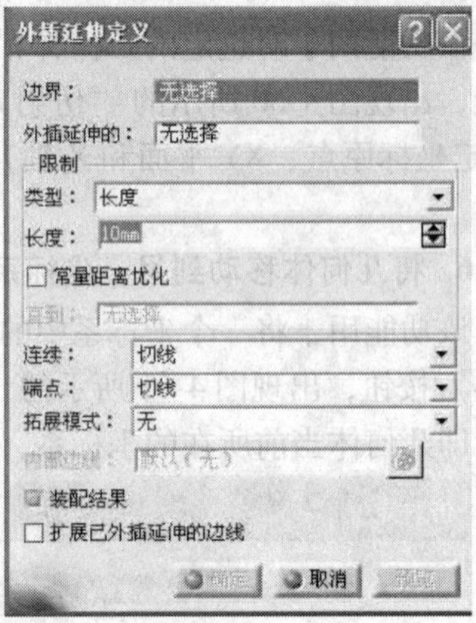

图 4-63 “外插延伸定义”对话框

4.4 实例

4.4.1 实例一

创建图 4-64 所示的吹风机曲面。

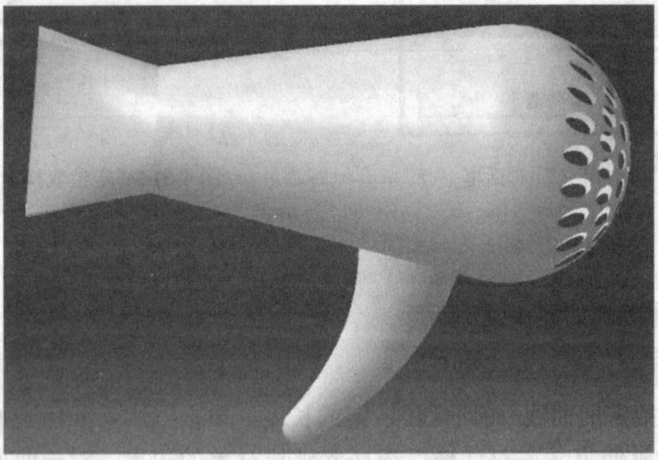

图 4-64 吹风机曲面

模型见光盘中课程模型资源/第 4 章曲面绘制/shili1. CATpart。

操作过程见光盘中课程视频/第 4 章实体绘制/曲面一 . exe。

1. 吹风身的制作

1）打开 CATIA V5 R20 软件，选择【开始】/【形状】/【创成式外形设计】命令，进入创成式外形设计模块，如图 4-65 所示。

2）将鼠标光标移至模型目录中选择 xy 平面，xy 面会显示被选取状态，以不同颜色区分，如图 4-66 所示。

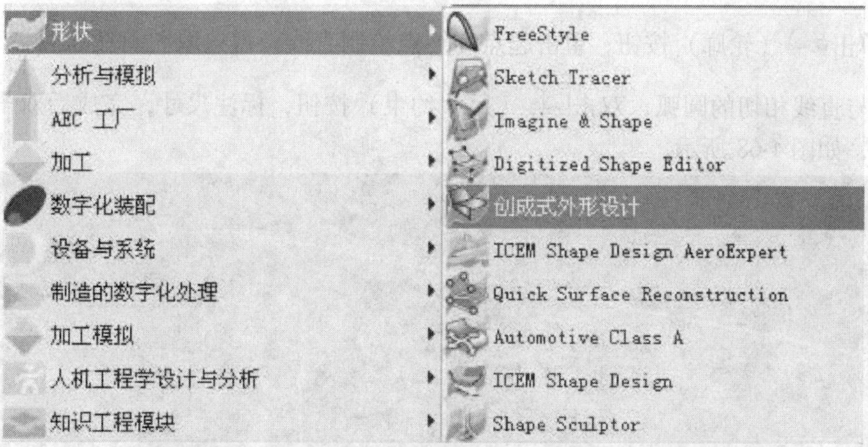

图 4-65 进入创成式外形设计模块

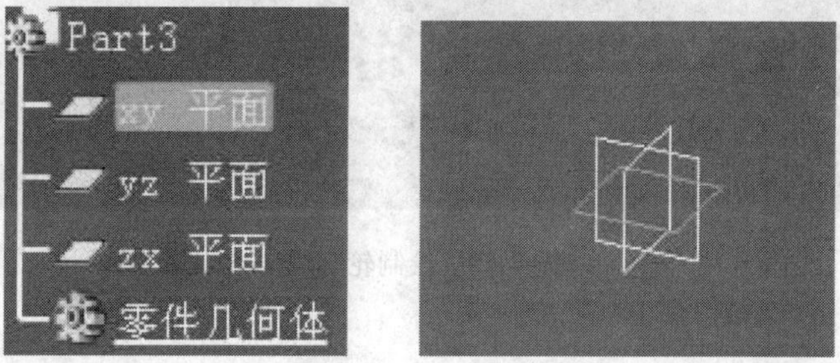

图 4-66 选择 xy 平面

3）在工具箱中单击 （草图）按钮，进入草图模式。所谓草图模式是在特定的平面上绘制线构造像素，即暂时中止实体模型，而切换至线性构造的绘图模式。草图模式中所产生的线构造像素，将以拉伸、旋转或扫掠的方式，建立出实体模型的特征。在草图模式中，屏幕右侧的工具按钮即变为线构造像素的工具按钮，如图 4-67 所示。

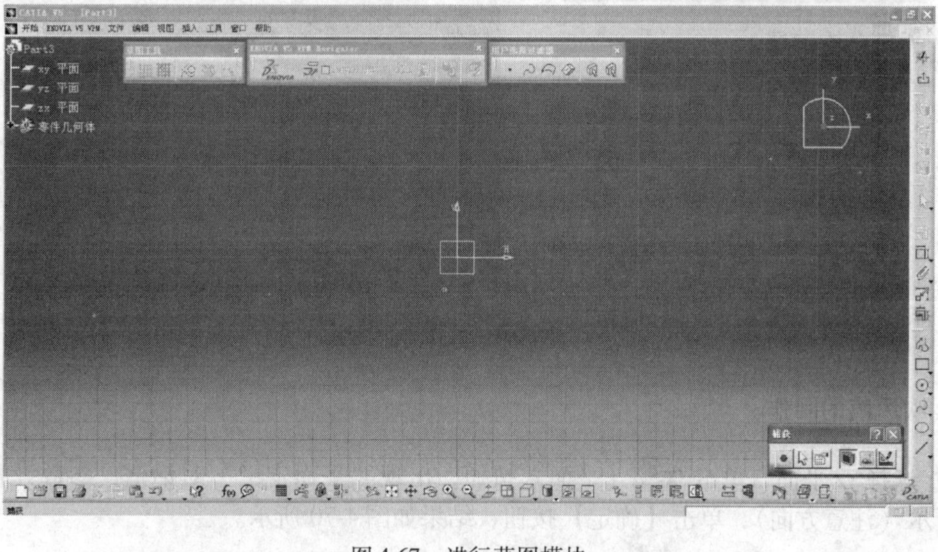

图 4-67 进行草图模块

4）单击（轮廓）按钮，单击起点和终点绘制直线，再选取“草图工具”中的相切弧，绘制与直线相切的圆弧；双击（尺寸约束）按钮，标注尺寸，完成后双击尺寸线，修改尺寸，如图 4-68 所示。

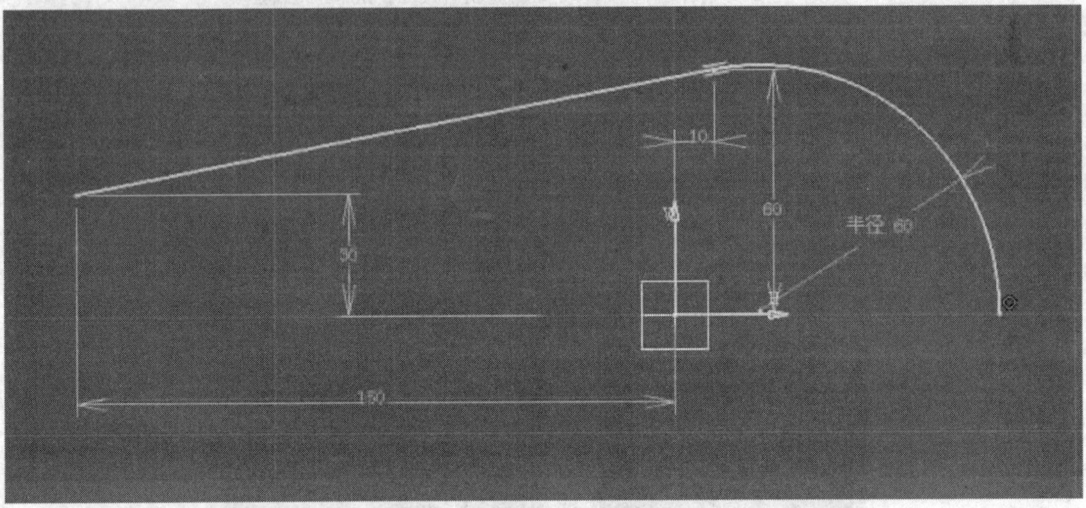

图 4-68 绘制轮廓线

5）单击（退出草图）按钮，退出草图绘制模式，回到创成式外形设计模式。

6）单击（旋转）按钮，出现“旋转曲面定义”对话框，选择草图作为轮廓，选择 H 轴为旋转轴，旋转角度为 360°，单击【确定】按钮，完成吹风身的绘制，如图 4-69 所示。

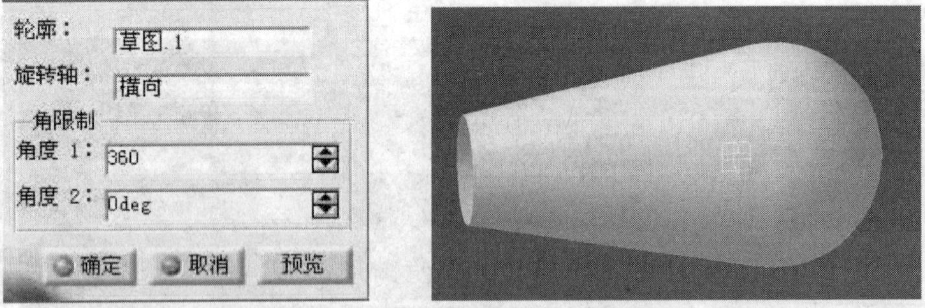

图 4-69 旋转曲面

2. 吹风嘴的制作

1）选择 yz 平面，单击（平面）按钮，出现“平面定义”对话框，参数设置如图 4-68 所示（注意方向），单击【确定】按钮，结果如图 4-70 所示。

2）选择偏移平面，单击（草图）按钮，进入草图绘制模式。

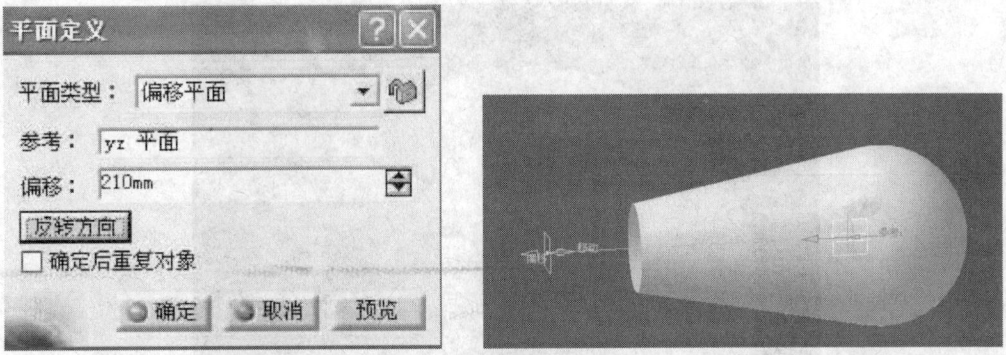

图 4-70 平面定义

3）单击（矩形）按钮，单击两对角点，绘制矩形；双击（尺寸约束）按钮，标注尺寸，双击尺寸线，修改尺寸，如图 4-71 所示。

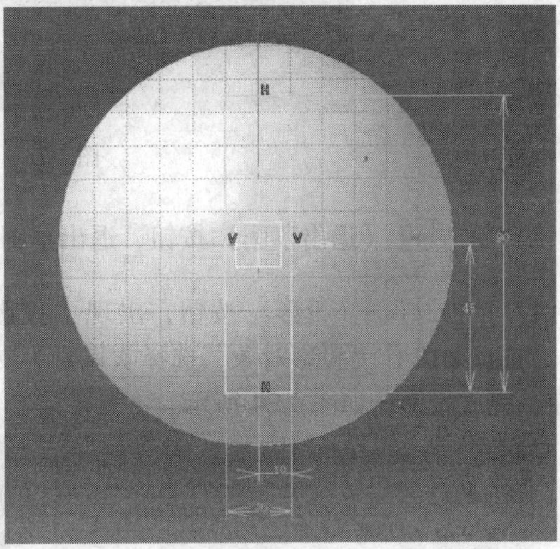

图 4-71 矩形草图

4）单击（退出草图）按钮，退出草图绘制模式，回到创成式外形设计模式。

5）单击（多截面曲面）按钮，出现多截面曲面定义对话框，选择吹风身端口的边缘和矩形，单击【确定】按钮，如图 4-72 所示。

3. 散热孔的制作

1）选择 yz 平面，单击（草图）按钮，进入草图绘制模式。

2）单击（圆）按钮，选择圆心和半径绘制 ϕ10 圆孔，如图 4-73 所示。

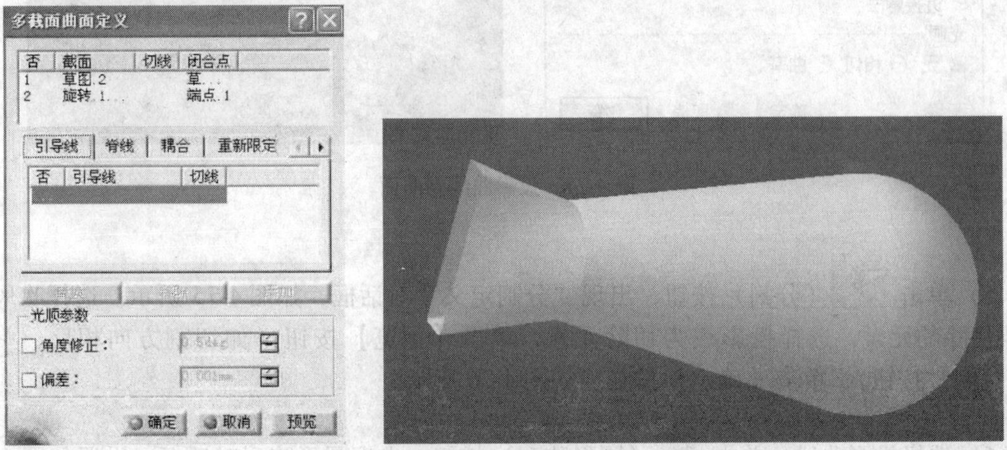

图 4-72 多截面曲面

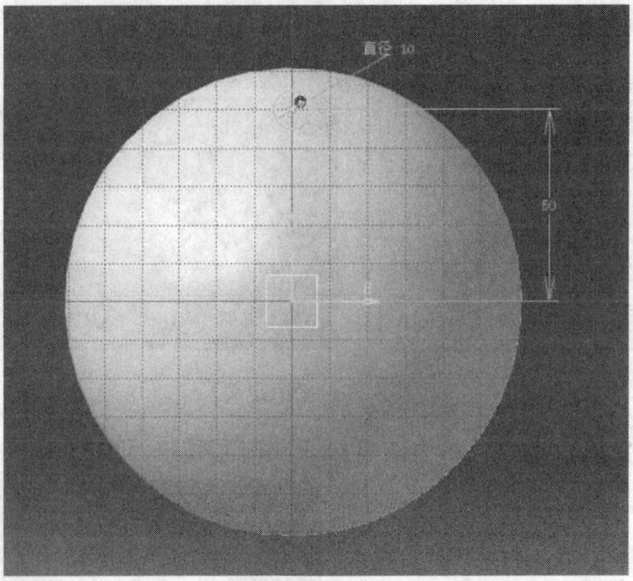

图 4-73　草绘孔

3）单击（退出草图）按钮，退出草图绘制模式，回到创成式外形设计模式。

4）单击（投影）按钮，出现“投影定义”对话框，投影类型选择“沿某一方向”，选择 ϕ10 作为投影对象，选择吹风身为支持面，yz 平面作为投影方向，单击【确定】按钮，完成投影，如图 4-74 所示。

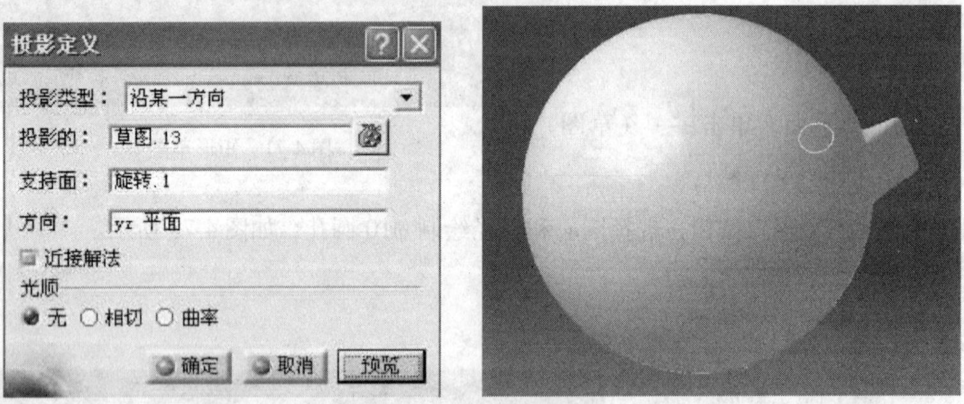

图 4-74　投影曲线到曲面

5）单击（分割）按钮，出现“分割定义”对话框，如图 4-75 所示。选择吹风身为要切除的元素，选择投影线为切除元素，单击【预览】按钮（如切割方向相反，单击【另一侧】按钮），单击【确定】按钮，如图 4-76 所示。

6）选择投影曲线，单击（圆形阵列）按钮，出现圆形阵列对话框，设置如图 4-77 所示的参数，单击【确定】按钮。

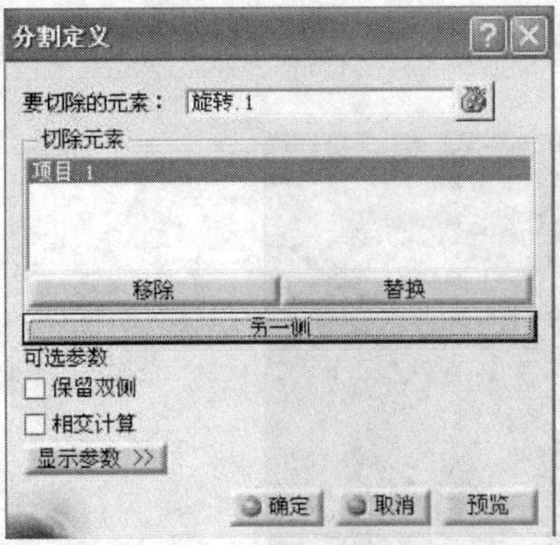

图 4-75　“分割定义”对话框

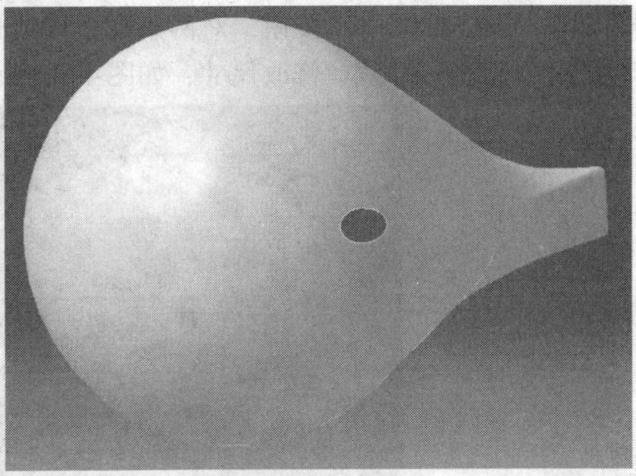

图 4-76　分割曲面

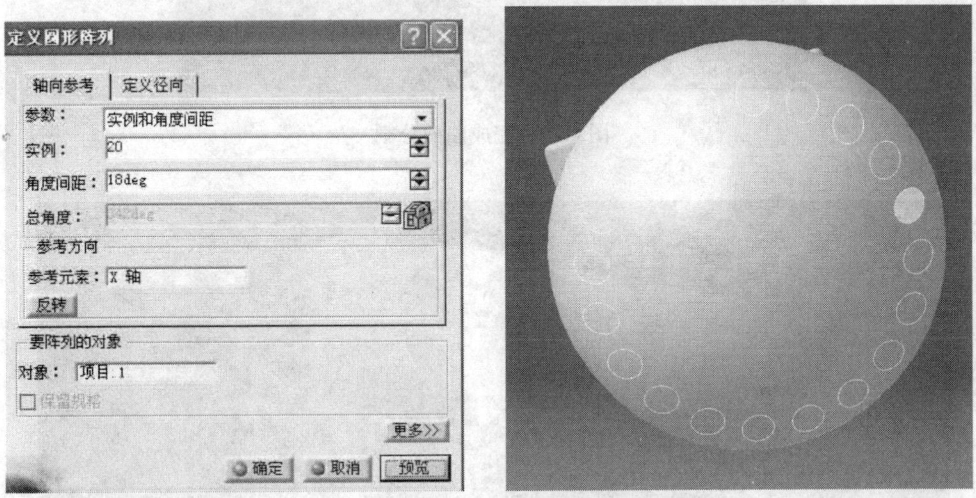

图 4-77　圆形阵列曲线

7）单击 （分割）按钮，出现分割定义对话框，选择吹风身为要切除的元素，选择圆形阵列线为切除元素，单击【预览】按钮（如切割方向相反，单击【另一侧】按钮），单击【确定】按钮，如图 4-78 所示。

8）依照上面的方法，分割吹风身的其他孔，结果如图 4-79 所示。

4. 手柄的制作

1）选择 zx 平面，单击 （草图）按钮，进入草图绘制模式。

2）单击 （样条线）按钮，绘制样条曲

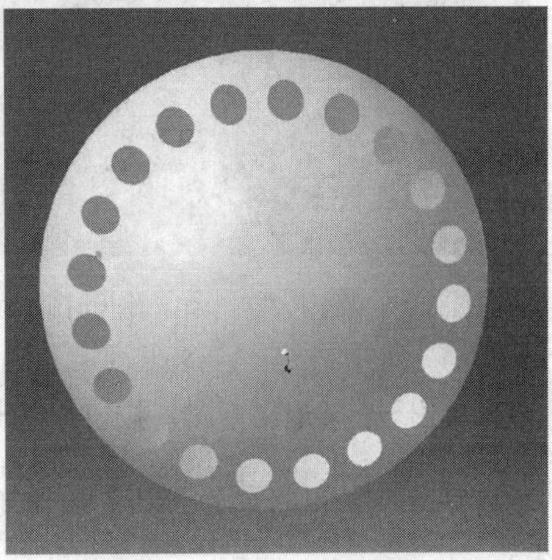

图 4-78　分割曲面

线；单击（倒圆角）按钮，对两条样条曲线进行倒圆角；单击（尺寸约束）按钮，标注尺寸，双击尺寸线，修改尺寸，如图 4-80 所示。

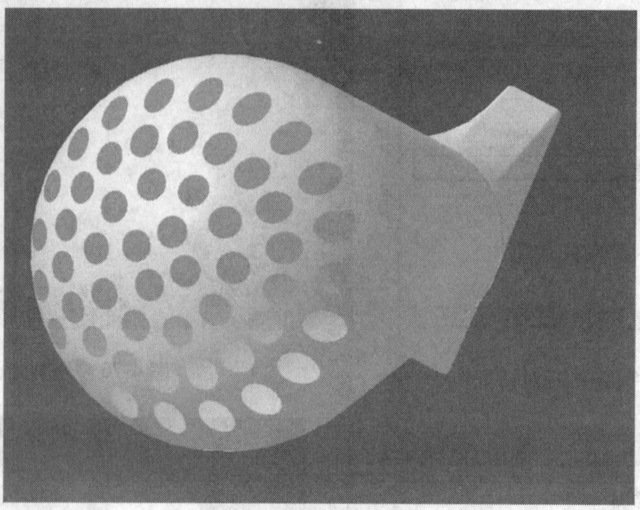

图 4-79　完成曲面分割

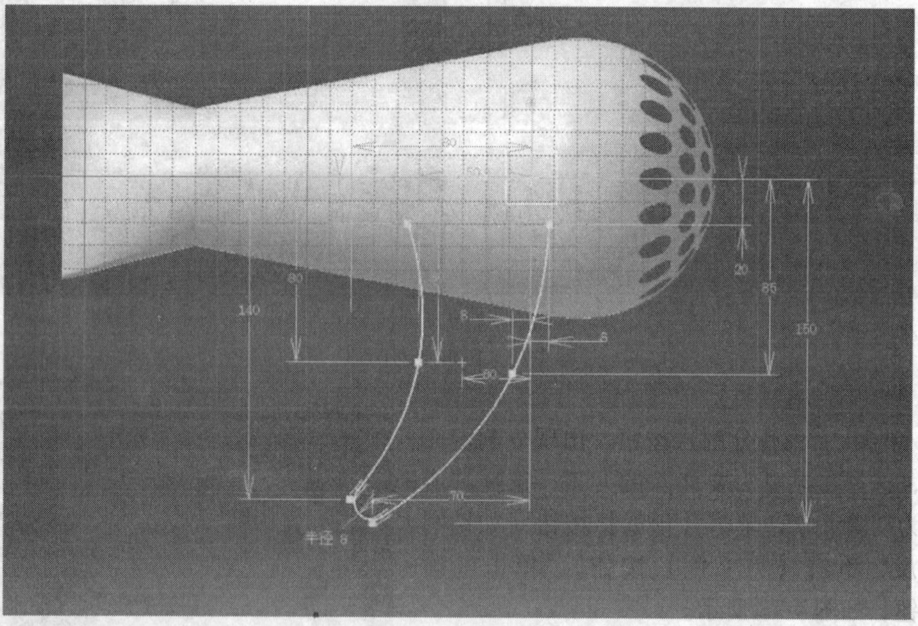

图 4-80　绘制手柄草图

3）单击（退出草图）按钮，退出草图绘制模式，回到创成式外形设计模式。

4）单击（平面）按钮，选择样条曲线，并选取一个端点作参考平面，如图 4-81 所示。

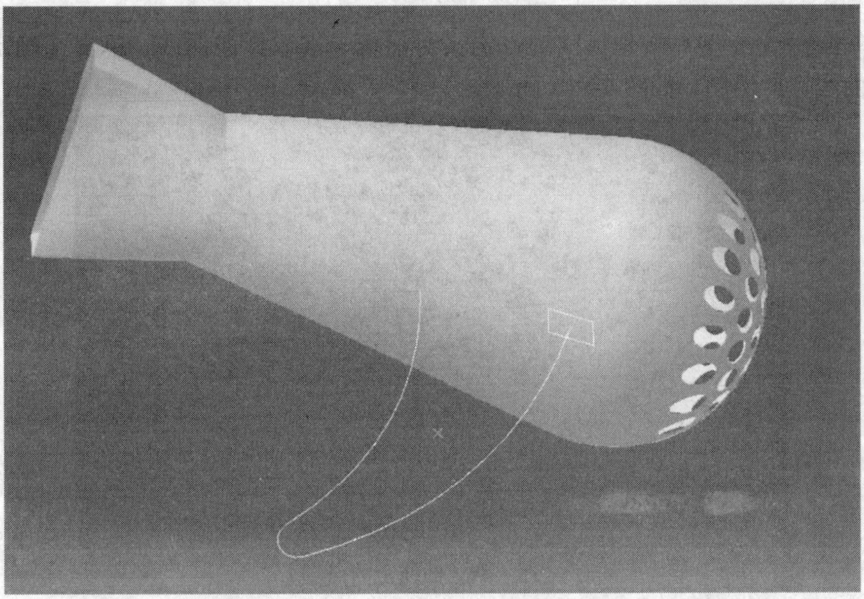

图 4-81 平面定义

5）选取参考平面，单击单击 （草图）按钮，进入草图绘制模式。

6）单击 （椭圆）按钮，选取长轴和短轴，绘制椭圆，如图 4-82 所示。

7）单击 （退出草图）按钮，退出草图绘制模式，回到创成式外形设计模式。

8）单击 （点）按钮，出现“点定义”对话框，选取椭圆，单击【确定】，完成椭圆中心点的绘制，如图 4-83 所示。

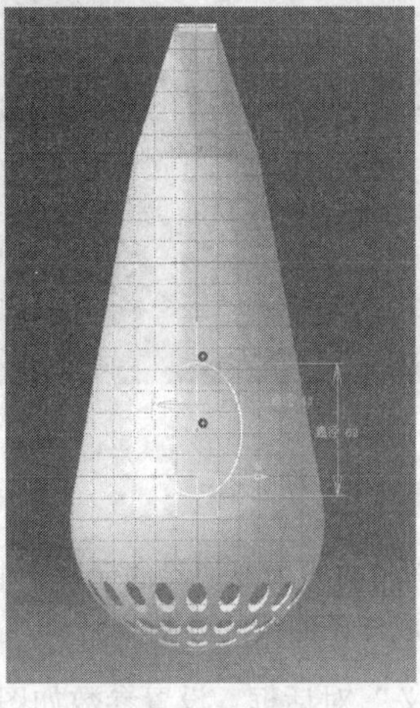

图 4-82 绘制椭圆

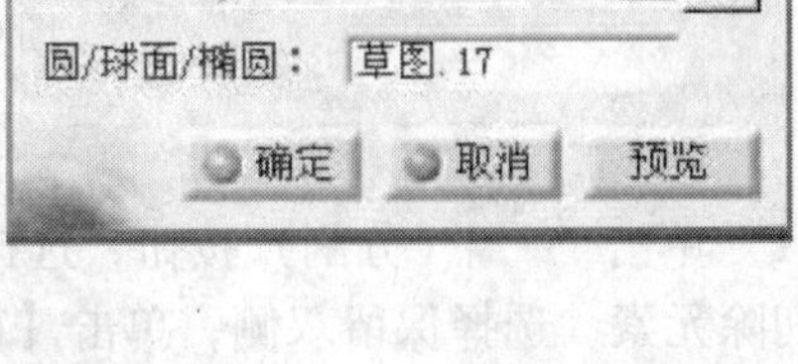

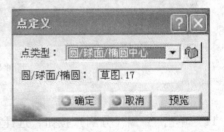

图 4-83 “点定义”对话框

9）单击（点）按钮，出现点定义对话框，选取样条曲线，单击【确定】按钮，完成样条曲线点的绘制，如图 4-84 所示。

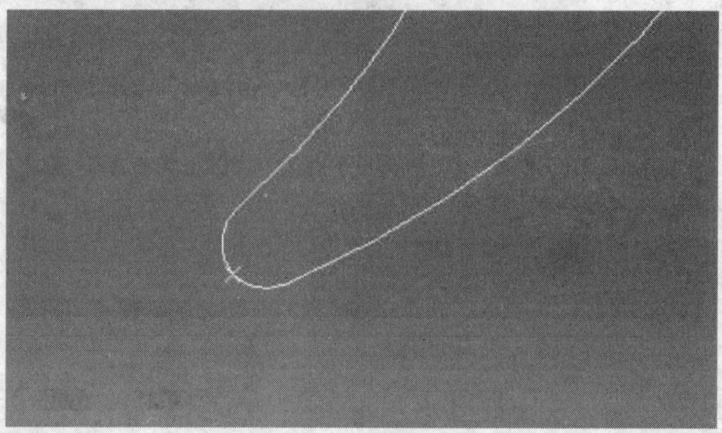

图 4-84　曲线上的点

10）单击（样条线）按钮，选取已知三点，绘制样条曲线，如图 4-85 所示。

图 4-85　绘制样条线

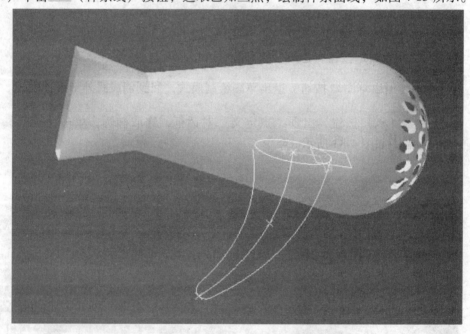

11）单击（分割）按钮，选择草图中绘制的样条曲线为要切除的元素，曲线上的点为切除元素，选择保留双侧，单击【确定】按钮，完成样条曲线的分割。

12）单击（扫掠）按钮，出现“扫掠曲面定义”对话框，设置参数如图 4-86 所示，单击【确定】按钮，完成手柄的扫掠操作，如图 4-87 所示。

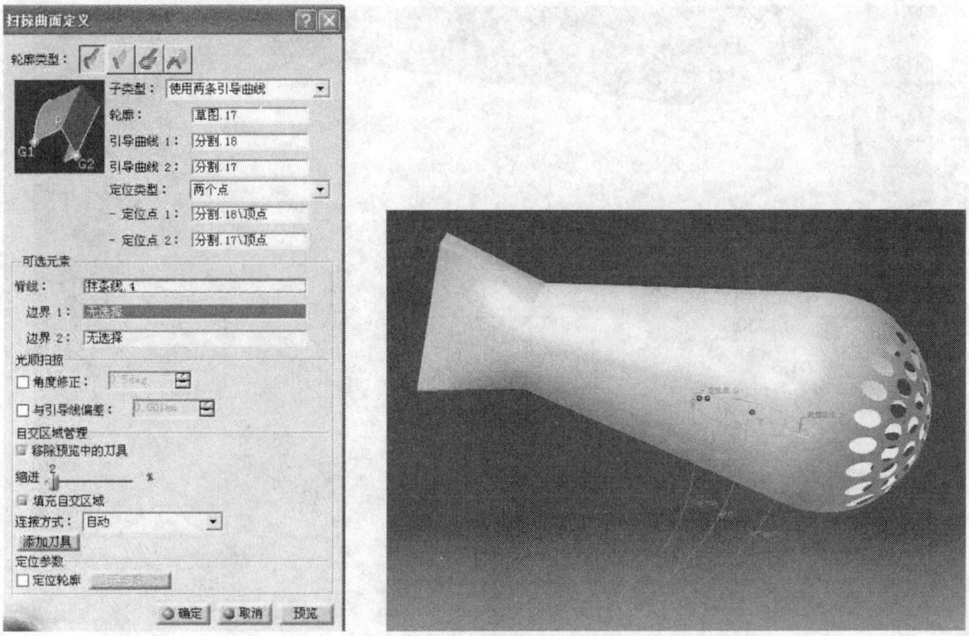

图 4-86　扫掠曲面定义

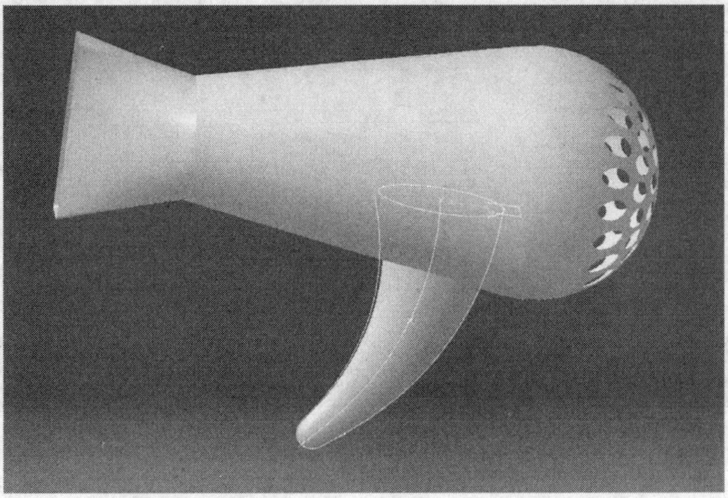

图 4-87　扫掠曲面

13）选择曲线，单击右键，隐藏线条。

14）单击 （分割）按钮，选择手柄为要切除的元素，吹风身为切除元素，单击【确定】，完成手柄的分割，完成的吹风机如图 4-88 所示。

4.4.2　实例二

创建如图 4-89 所示的实体。

模型见光盘中课程模型资源/第 4 章曲面绘制/shili2. CATpart。

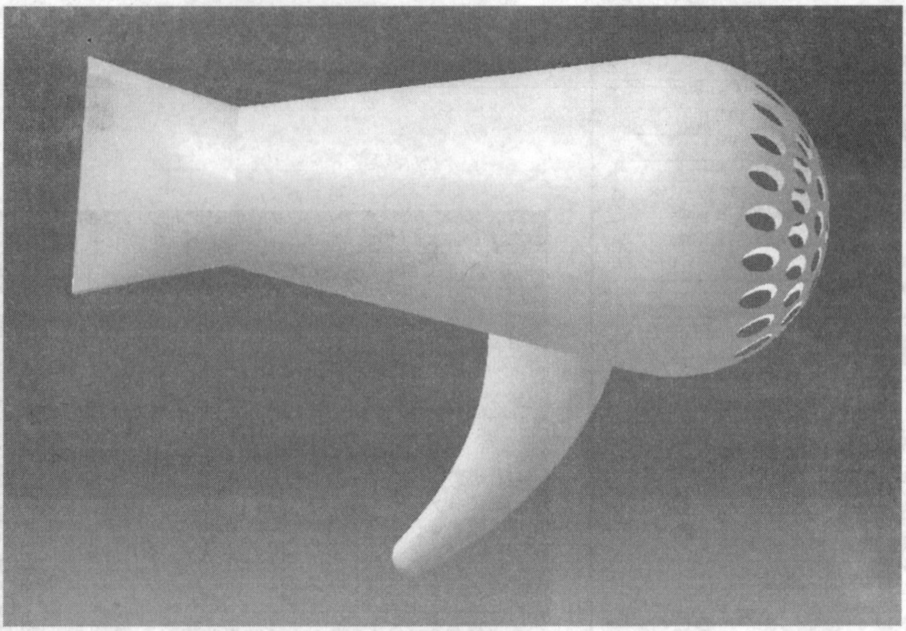

图 4-88　分割曲面

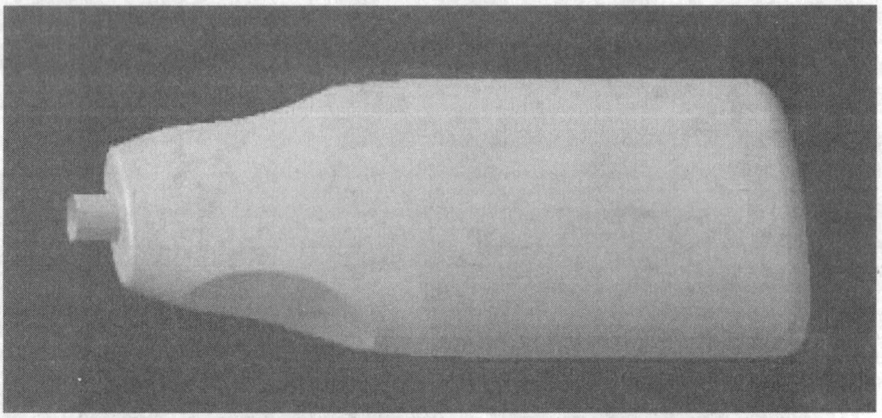

图 4-89　实例二

操作过程见光盘中课程视频/第 4 章实体绘制/曲面二 . exe。

1）打开 CATIA V5 R20 软件，选择【开始】/【形状】/【创成式外形设计】命令，进入创成式外形设计模块，如图 4-90 所示。

2）将鼠标光标移至模型目录中选择 xy 平面，xy 面会显示被选取状态，以不同颜色区分，如图 4-91 所示。

3）在工具箱中单击（草图）按钮，进入草图模式，如图 4-92 所示。

4）单击（椭圆），绘制椭圆，标注并修改长轴和短轴方向的尺寸。注意：在标注短轴方向的尺寸时，单击鼠标右键，选择半短轴方式，结果如图 4-93 所示。

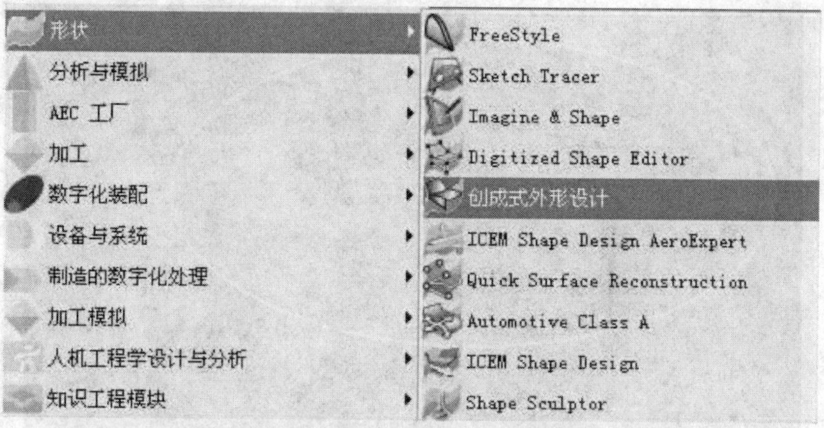

图 4-90 进入创成式外形设计模块

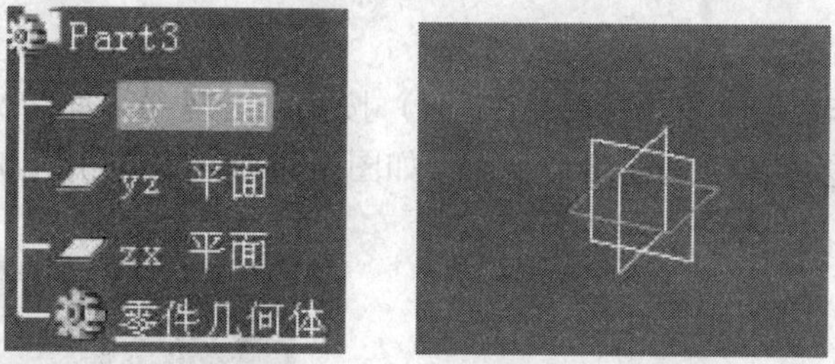

图 4-91 选择 xy 平面

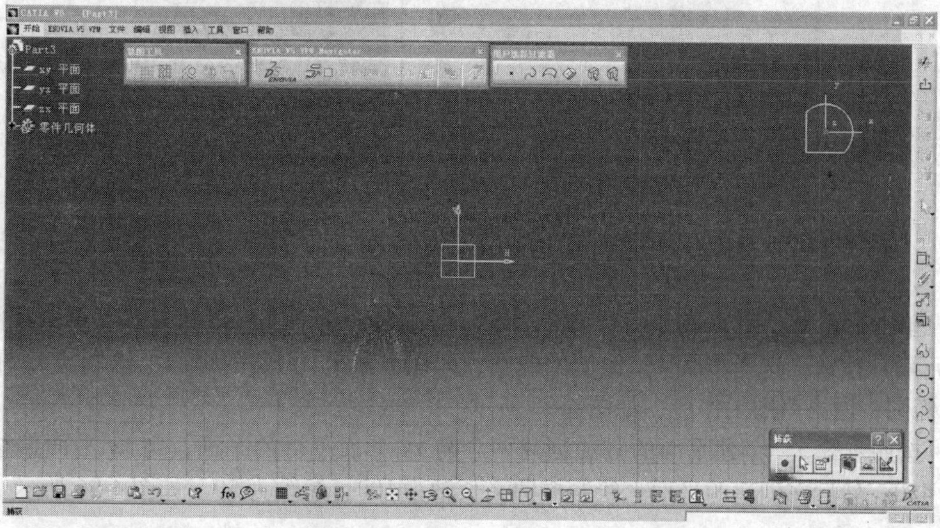

图 4-92 草图模式

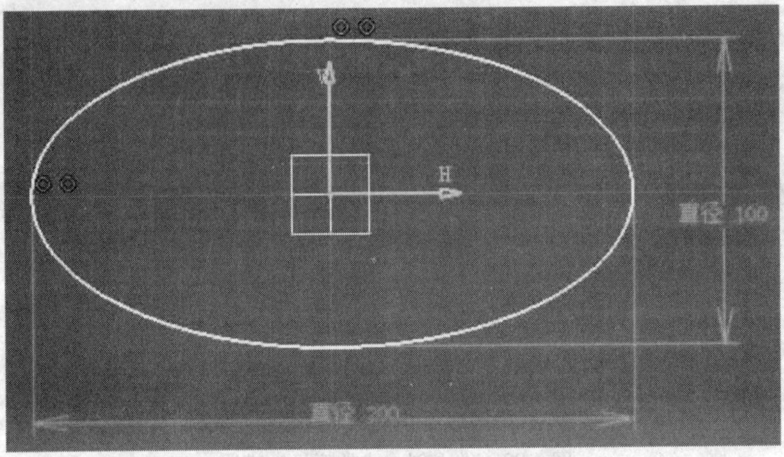

图 4-93 绘制椭圆

5）退出草图工作台后，单击（平面）按钮，出现“平面定义”对话框，选择 xy 平面为参考，输入偏移距离，创建参考平面，如图 4-94 所示，单击【确定】按钮完成。

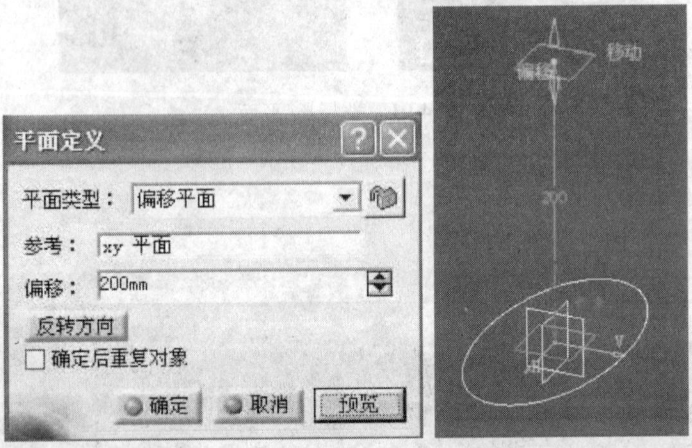

图 4-94 平面定义

6）单击（草图）按钮，选择步骤 5）创建的平面，进行草图模式，单击（投影 3D 元素）按钮，选择步骤 4）绘制的椭圆，即在步骤 5）创建的平面上绘制与 xy 平面中相同的椭圆，退出草图工作台，如图 4-95 所示。

7）按照步骤 5）创建平面的方法创建两个与 xy 平面平行的平面，与 xy 平面偏移的距离输入 450，然后在创建的平面上绘制椭圆，长轴为 100，短轴为 50。如图 4-96 所示。

8）单击（多截面曲面），出现“多截面曲面定义”对话框，选择 3 个椭圆曲线为截面曲线，如图 4-97 所示。单击【确定】按钮完成多截面曲面绘制，如图 4-98 所示。

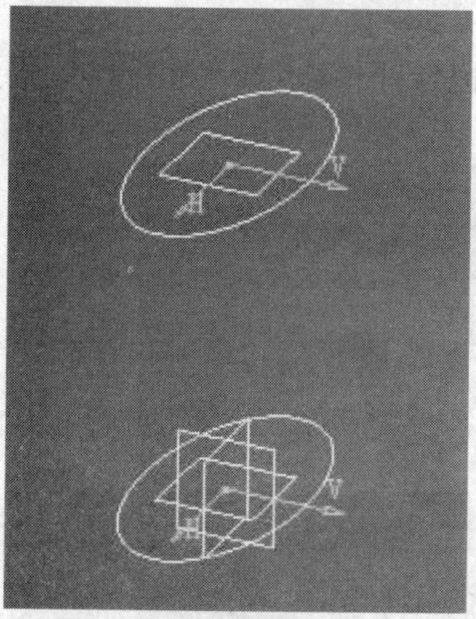

图 4-95　完成草图

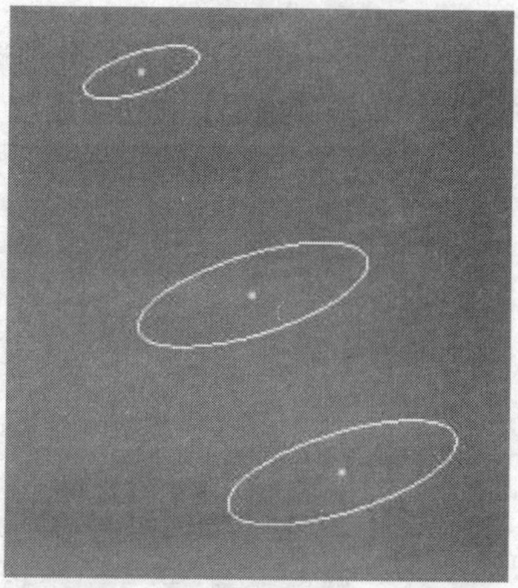

图 4-96　绘制椭圆

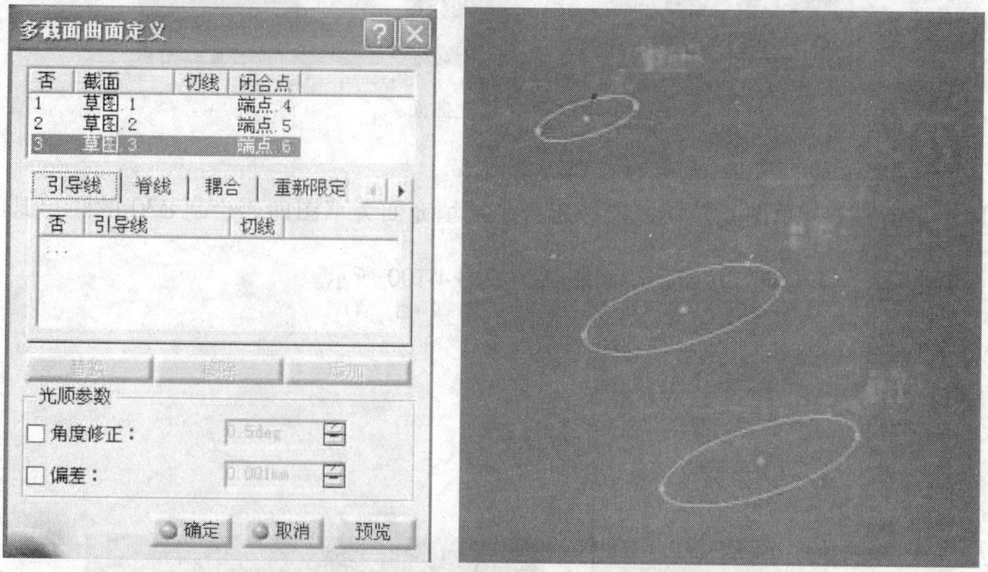

图 4-97　选取截面曲线

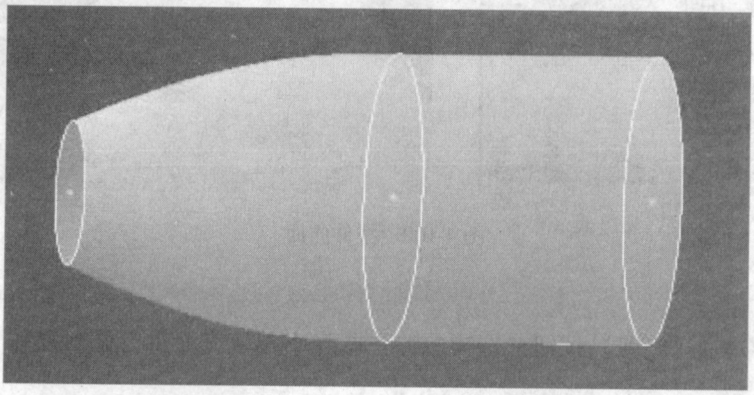

图 4-98　多截面曲面

9）单击（填充）按钮，分别选择瓶身大端边界和小端边界，如图 4-99 所示，进行填充操作，单击【确定】按钮完成。

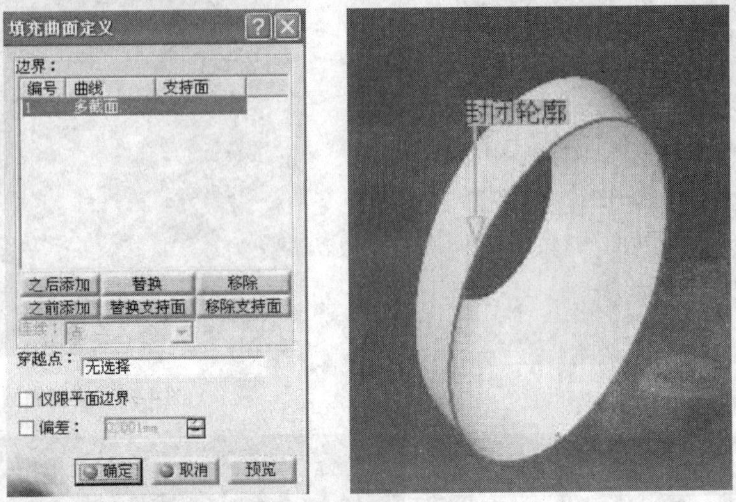

图 4-99　填充曲面

10）单击（草图）按钮，选择瓶身小端填充面为草图面，绘制 ϕ30 的圆，退出工作台，单击（拉伸）按钮，绘制瓶嘴，如图 4-100 所示。

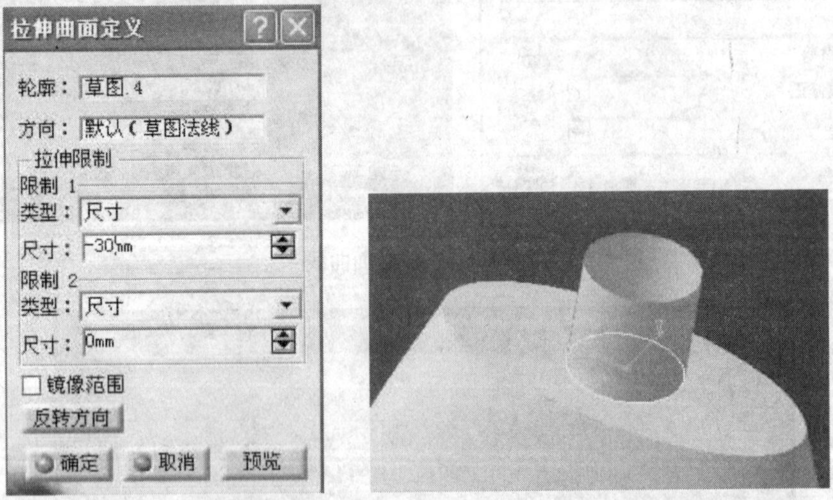

图 4-100　拉伸曲面

11）单击（修剪）按钮，选择瓶嘴和瓶身小端填充面进行修剪操作，注意选择保留的部分。

12）单击（草图）按钮，选择 zx 平面为草图面，单击（样条线）按钮，绘制如图 4-101 所示的样条线，退出草图工作台。

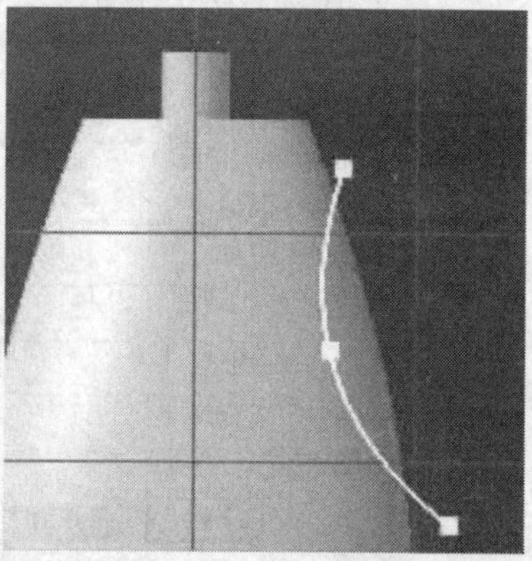

图 4-101 绘制样条线

13）单击（拉伸）按钮，输入限制 1 和限制 2 的尺寸，如图 4-102 所示。

14）选择步骤 13）绘制的曲面，单击（对称）按钮，选择 yz 面为对称面，单击确定完成曲面对称操作，如图 4-103 所示。

15）单击（修剪）按钮，选择瓶身和曲面，进行修剪操作，结果如图 4-104 所示。

16）单击（简单圆角）按钮，选择瓶身和大端填充面，改变面的法线方向，使其箭头相对，输入圆角半径为 $R20$，单击【确定】完成，如图 4-105 所示。

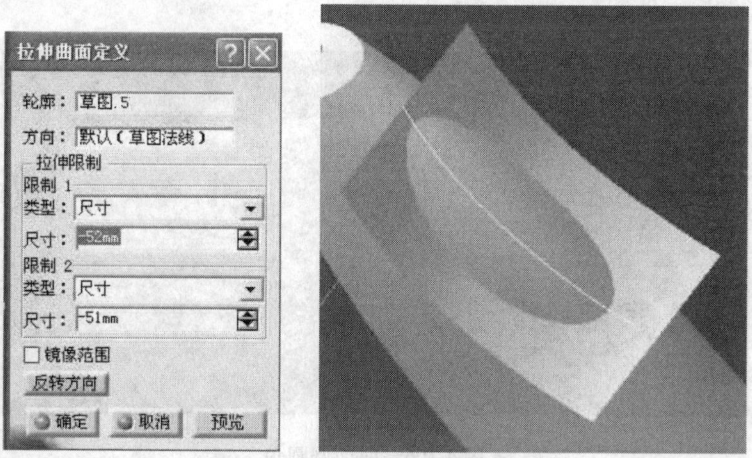

图 4-102 拉伸曲面

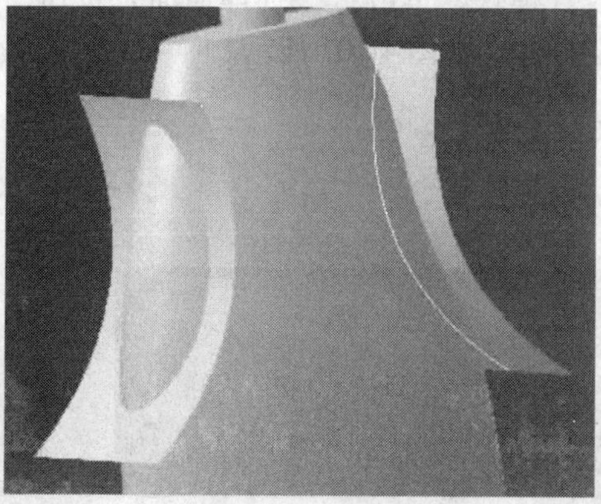

图 4-103 对称曲面

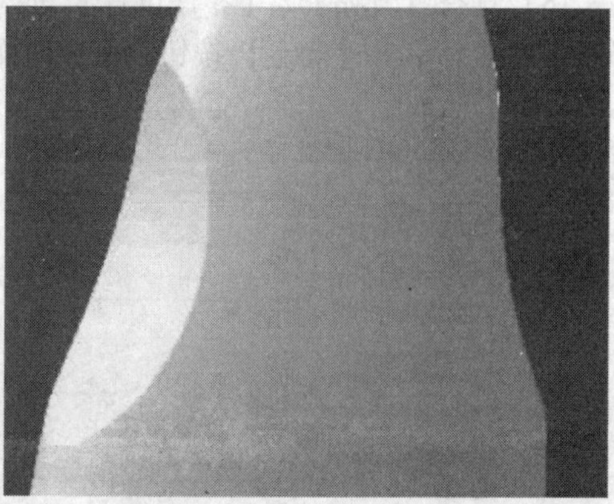

图 4-104 修剪曲面

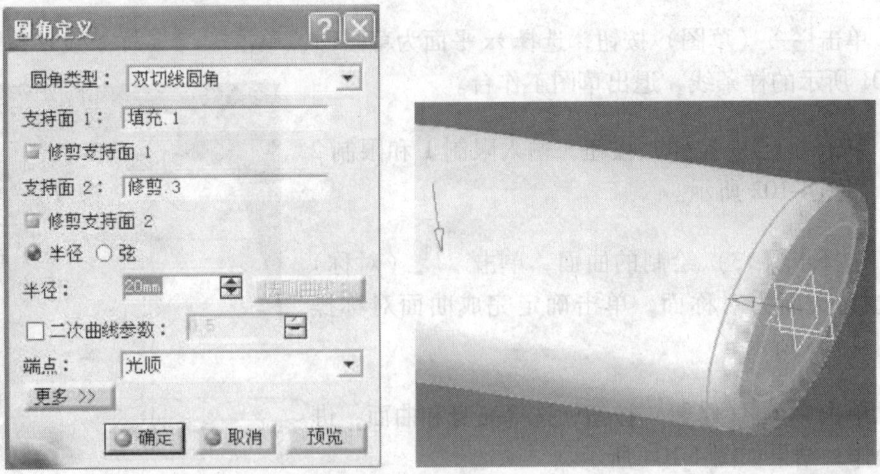

图 4-105 曲面倒圆角

17）按照步骤 16）的方法对小端倒圆角，圆角半径为 *R*5。单击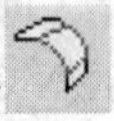（倒圆角）按钮，选择其余 3 个未倒圆角的边，输入半径为 *R*2，进行倒圆角，完成瓶子的曲面造型如图 4-106 所示。

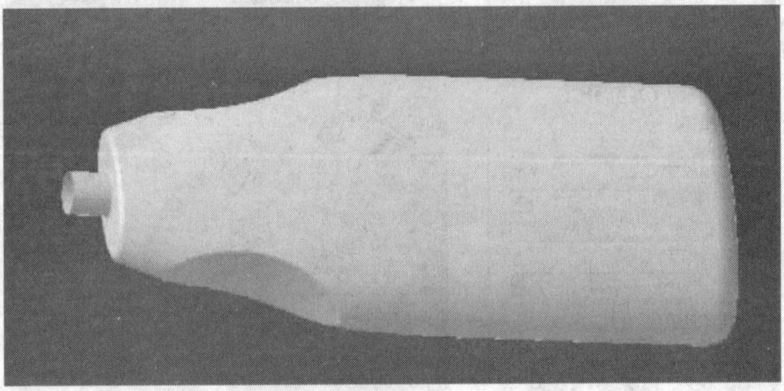

图 4-106 曲面倒圆角

18）选择【开始】/【零件设计】进入零件设计模块，单击（厚曲面）按钮，选择瓶子曲面，单击【确定】按钮，完成曲面实体化操作，如图 4-107 所示。

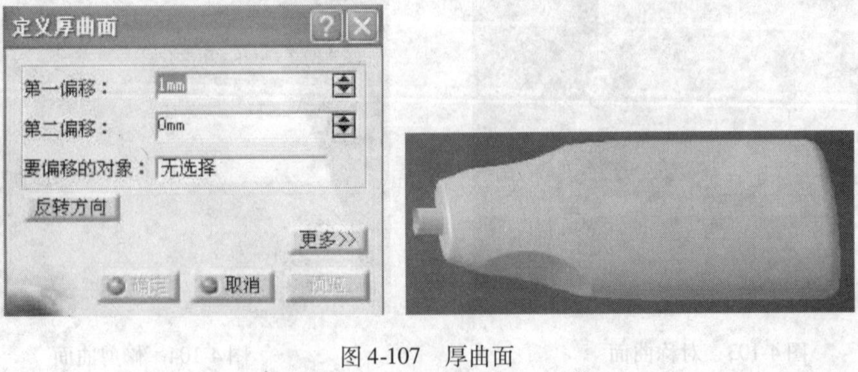

图 4-107 厚曲面

4.5 练习题

完成图 4-108 ~ 图 4-111 所示实体的创建。

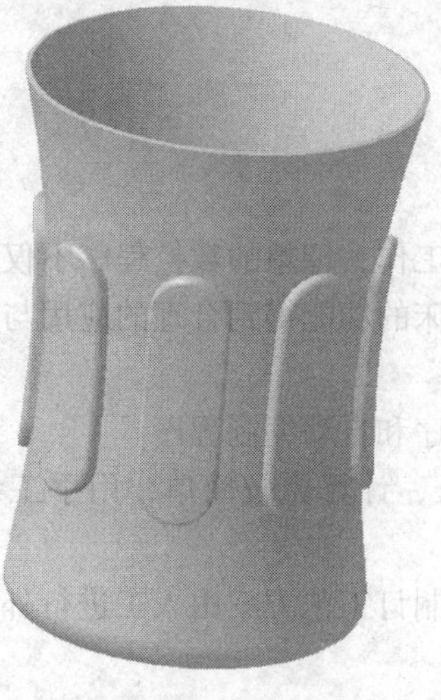

图 4-108 习题一

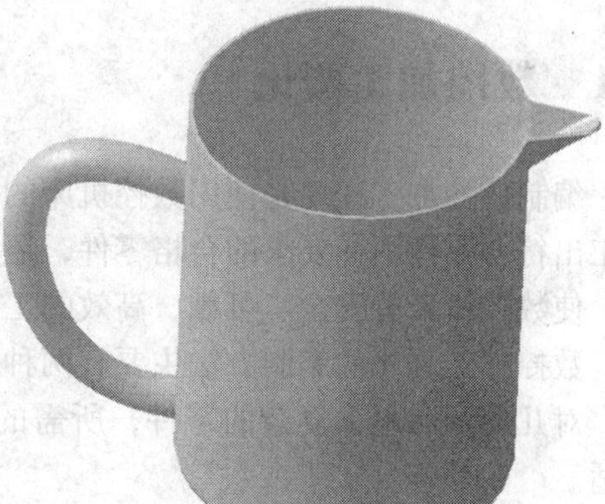

图 4-109 习题二

图 4-110 习题三

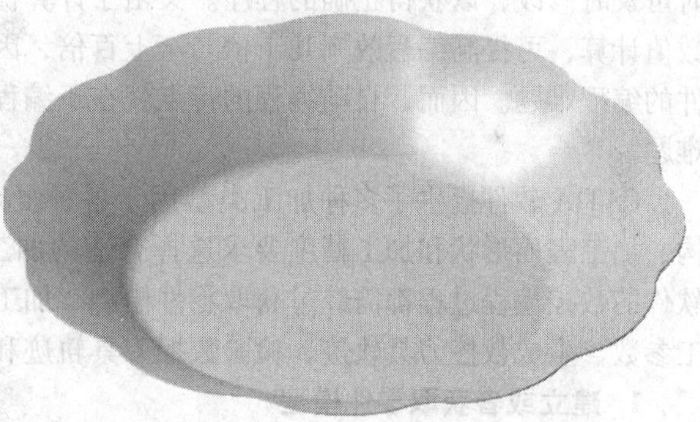

图 4-111 习题四

模型见光盘中课程模型资源/第 4 章曲面绘制/xiti1. CATpart。

操作过程见光盘中课程视频/第 4 章曲面绘制/曲面习题一 . exe。

模型见光盘中课程模型资源/第 4 章曲面绘制/xiti2. CATpart。

操作过程见光盘中课程视频/第 4 章曲面体绘制/曲面习题二 . exe。

模型见光盘中课程模型资源/第 4 章曲面绘制/xiti3. CATpart。

操作过程见光盘中课程视频/第 4 章曲面体绘制/曲面习题三 . exe。

模型见光盘中课程模型资源/第 4 章曲面绘制/xiti4. CATpart。

操作过程见光盘中课程视频/第 4 章曲面体绘制/曲面习题四 . exe。

第 5 章　数控加工基础

5.1　数控加工概论

编制数控加工程序是使用数控机床的一项重要技术工作，理想的数控程序不仅应该保证加工出符合零件图样要求的合格零件，还应该使数控机床的功能得到合理的应用与充分的发挥，使数控机床能安全、可靠、高效的工作。

数控加工程序的编制方法主要有两种：手工编制程序和自动编制程序。

对几何形状不太复杂的零件，所需的加工程序不长，计算比较简单，用手工编程比较合适。

自动编程是指在编程过程中，除了分析零件图样和制订工艺方案由人工进行外，其余工作均由计算机辅助完成。

采用计算机自动编程时，数学处理、编写程序、检验程序等工作是由计算机自动完成的，由于计算机可自动绘制出刀具中心运动轨迹，编程人员能及时检查程序是否正确，需要时可及时修改，以获得正确的程序。又由于计算机自动编程代替程序编制人员完成了繁琐的数值计算，可提高编程效率几十倍乃至上百倍，因此解决了手工编程无法解决的许多复杂零件的编程难题。因而，自动编程的特点就在于编程工作效率高，可解决复杂形状零件的编程难题。

CATIA 软件提供了多种加工类型用于各种复杂零件的粗精加工，用户可以根据零件结构、加工表面形状和加工精度要求选择合适的加工类型。对于不同的加工类型，CATIA V5 软件的数控编程过程都需经过获取零件模型、加工工艺分析及规划、完善零件模型、设置加工参数、生成数控刀具轨迹、检验数控刀具轨迹和生成数控程序七个步骤。

1. 建立或者获取零件模型

零件的 CAD 模型是数控编程的前提和基础，CATIA 数控程序的编制必须有 CAD 模型作为加工对象。CATIA 软件具有强大的 CAD 系统，用户可以通过模块之间的切换，在零件设计、曲面造型等模块中建立所需的零件 CAD 模型，完成后再切换到相应的数控加工模块中。

2. 加工工艺分析及规划

加工工艺分析和规划在很大程度上决定了数控程序的质量，主要是确定加工区域、加工性质、走刀方式、使用刀具、主轴转速和切削进给等项目。

3. 完善零件模型

由于 CAD 造型人员更多地考虑零件设计的方便性和完整性，较少顾及零件模型对 CAM 加工的影响，所以要根据加工对象的确定及加工区域的划分对模型做一些完善，包括：确定坐标系、清理隐藏对加工不产生影响的元素、修补部分曲面、增加安全曲面、对轮廓曲线进行修整、构建刀路限制边界。

4. 设置加工参数

参数设置可视为对工艺分析和规划的具体实施，它构成了利用 CATIA 软件进行数控编程的主要操作内容，直接影响生成的数控程序质量。参数设置包括：设置加工对象、设置切削方式、设置刀具及切削参数、设置加工程序参数等。

5. 生成数控刀具轨迹

在完成参数的设置后，CATIA 软件将自动进行刀具轨迹的计算。

6. 检验数控刀具轨迹

为确保数控程序的安全性，必须对生成的刀具轨迹进行检查校验，检查刀具轨迹是否有明显过切或者加工不到位，同时检查是否发生与工件及夹具的干涉。若检查中发现问题，则应该调整参数的设置，再重新进行计算、校验，直到准确无误。

7. 生成数控程序

前面生成的只是数控刀具轨迹，还需要将刀具轨迹以规定的标准格式转换为数控代码并输出保存。数控程序文件可以用记事本打开。在生成数控程序后，还需要检查程序文件，特别要对程序及程序尾部分的语句进行检查，如有必要可以修改。数控程序文件可以通过传输软件传输到数控机床的控制器上，由控制器按程序语句驱动机床加工。

5.2 数控加工工艺设计与工序划分

5.2.1 数控加工工艺设计

工艺设计是对工件进行数控加工的前期准备工作，它必须在程序编制工作之前完成。因此只有在工艺设计方案确定以后，编程才有依据。否则，由于工艺方面的考虑不周，将可能造成数控加工的错误。工艺设计不好，往往要成倍增加工作量，有时甚至要推倒重来。可以说，数控加工工艺分析决定了数控程序的质量。因此，编程人员一定要先把工艺设计做好，不要先急于考虑编程。

不同的数控机床，工艺设计的内容也有所不同。一般来讲，数控铣床的工艺文件应包括：

1）编程任务书。

2）数控加工工序卡片。

3）数控机床调整单。

4）数控加工刀具卡片。

5）数控加工进给路线图。

6）数控加工程序单。

其中以数控加工工序卡片和数控刀具卡片最为重要。前者是说明数控加工顺序和加工要素的文件；后者是刀具使用的依据。

5.2.2 数控加工工序划分

根据数控加工的特点，加工工序的划分一般可按下列方法进行：

1. 以同一把刀具加工的内容划分工序

有些零件虽然能在一次安装加工出很多待加工面，但考虑到程序太长，会受到某些限制，如控制系统的限制、机床连续工作时间的限制等。此外，程序太长会增加出错率，查错与检索也会相应变难。因此程序不能太长，一道工序的内容不能太多。

2. 以加工部分划分工序

对于加工内容很多的零件，可按其结构特点将加工部位分成几个部分，如内形、外形、曲面或平面等。

3. 以粗、精加工划分工序

对于易发生加工变形的零件，由于粗加工后可能发生较大的变形而需要进行校形，因此一般来说凡要进行粗、精加工的工件都要将工序分开。

综上所述，在划分工序时，一定要视零件的结构与工艺性、机床的功能、零件数控加工内容的多少、安装次数及本单位生产组织状况灵活掌握。什么零件宜采用工序集中的原则还是采用工序分散的原则，也要根据实际需要和生产条件确定，要力求合理。

加工顺序的安排应根据零件的结构和毛坯状况，以及定位安装与夹紧的需要来考虑，重点是工件的刚性不被破坏。顺序安排一般应按下列原则进行：

1）上道工序的加工不能影响下道工序的定位与夹紧，中间穿插有通用机床加工工序的也要综合考虑。

2）先进行内型腔加工工序，后进行外型腔加工工序。

3）要在同一次安装中加工的多道工序，应先安排对工件刚性破坏小的工序。

4）以相同定位、夹紧方式或同一把刀具加工的工序，最好连接进行，以减少重复定位次数、换刀次数与挪动压板次数。

5.3 加工刀具的选择

应根据机床的加工能力、工件材料的性能、加工工序、切削用量以及其他相关因素正确选用刀具及刀柄。刀具选择总的原则是：安全、适用、经济。

安全指的是在有效去除材料的同时，不会产生刀具的碰撞、折断等。要保证刀具及刀柄不会与工件相碰撞或者挤擦，造成刀具或工件的损坏。

适用是要求所选择的刀具能达到加工的目的，完成材料的去除，并达到预定的加工精度。如粗加工时选择有足够大并有足够的切削能力的刀具能快速去除材料；而在精加工时，为了能把结构形状全部加工出来，要使用较小的刀具，加工到每一个角落。

经济指的是能以最小的成本完成加工。在同样可以完成加工的情形下，选择相对综合成本较低的方案，而不是选择最便宜的刀具。刀具的寿命和精度与刀具价格关系极大，必须注意的是，在大多数情况下，选择好的刀具虽然增加了刀具成本，但由此带来的加工质量和加工效率的提高则可以使总体成本可能比使用普通刀具更低，产生更好的效益。如进行钢材切削时，选用高速钢刀具，其进给速度只能达到100mm/min，而采用同样大小的硬质合金刀具，进给速度可以达到500mm/min以上，能大幅缩短加工时间，虽然刀具价格较高，但总体成本反而更低。通常情况下，优先选择经济性良好的可转位刀具。

选择刀具时还要考虑安装调整的方便程度、刚性、寿命和精度。在满足加工要求的前提下，刀具的悬伸长度尽可能地短，以提高刀具系统的刚性。

下面对部分常用的铣刀作简要的说明，供读者参考。

1. 圆柱铣刀

圆柱铣刀主要用于卧式铣床加工平面，一般为整体式，如图 5-1 所示。该铣刀材料为高速钢，主切削刃分布在圆柱上，无副切削刃。该铣刀有粗齿和细齿之分。粗齿铣刀，齿数少，刀齿强度大，容屑空间大，重磨次数多，适用于粗加工；细齿铣刀，齿数多，工作较平稳，适用于精加工。圆柱铣刀直径为 $\phi 50 \sim \phi 100$mm，齿数为 6 ~ 14 个，螺旋角为 30° ~45°。当螺旋角为 0°时，螺旋刀齿变为直刀齿，目前生产上应用少。

2. 面铣刀

面铣刀主要用于立式铣床上加工平面、台阶面等。面铣刀的主切削刃分布在铣刀的圆柱面或圆锥面上，副切削刃分布在铣刀的端面上。面铣刀按结构可以分为整体式面铣刀、硬质合金整体焊接式面铣刀、硬质合金机夹焊接式面铣刀、硬质合金可转位式面铣刀等形式。图 5-2 所示是硬质合金整体焊接式面铣刀。该铣刀是由硬质合金刀片与合金钢刀体经焊接而成，其结构紧凑，切削效率高，制造较方便。刀齿损坏后，很难修复，所以该铣刀应用不多。

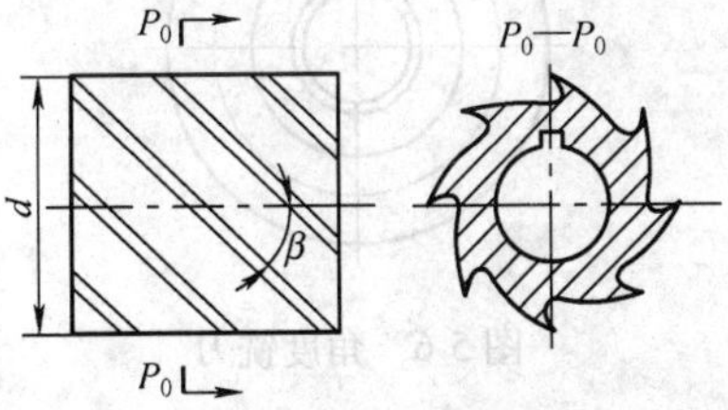

图 5-1 圆柱铣刀

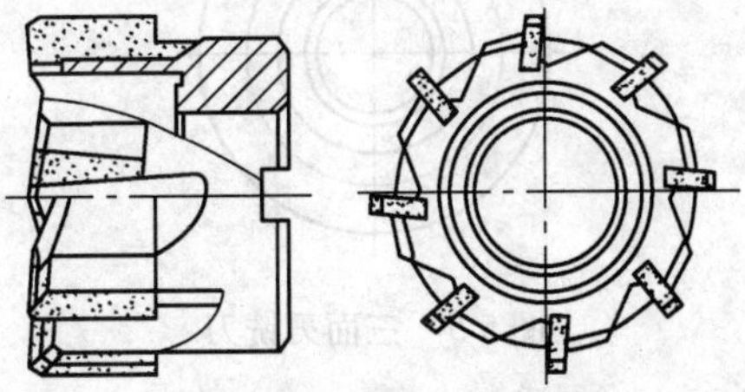

图 5-2 面铣刀

3. 立铣刀

立铣刀主要用于立式铣床上加工凹槽、台阶面、成形面（利用靠模）等。图 5-3 所示为高速钢立铣刀。该立铣刀的主切削刃分布在铣刀的圆柱面上，副切削刃分布在铣刀的端面上，且端面中心有顶尖孔，因此，铣削时一般不能沿铣刀轴向做进给运动，只能沿铣刀径向做进给运动。该立铣刀有粗齿和细齿之分，粗齿齿数为 3 ~ 6 个，适用于粗加工；

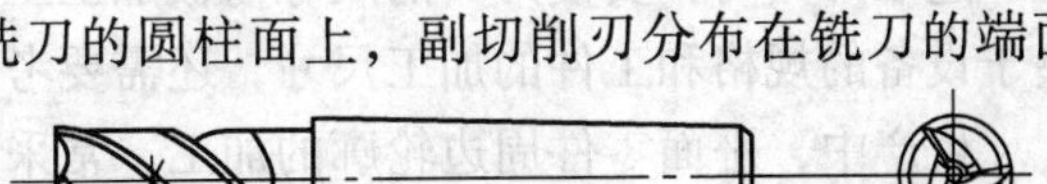

图 5-3 立铣刀

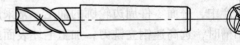

细齿齿数为 5 ~ 10 个，适用于半精加工。该立铣刀的直径范围是 $\phi 2 \sim \phi 80$mm。柄部有直柄、莫氏锥柄、7∶24 锥柄等多种形式。该立铣刀应用较广，但切削效率较低。

4. 键槽铣刀

键槽铣刀主要用于立式铣床上加工圆头封闭键槽等，如图 5-4 所示。该铣刀外形似立铣刀，端面无顶尖孔，端面刀齿从外圆开至轴心，且螺旋角较小，增强了端面刀齿强度。端面刀齿上的切削刃为主切削刃，圆柱面上的切削刃为副切削刃。加工键槽时，每次先沿铣刀轴向进给较小的量，然后再沿径向进给，这样反复多次，就可完成键槽的加

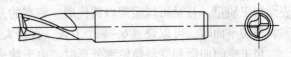

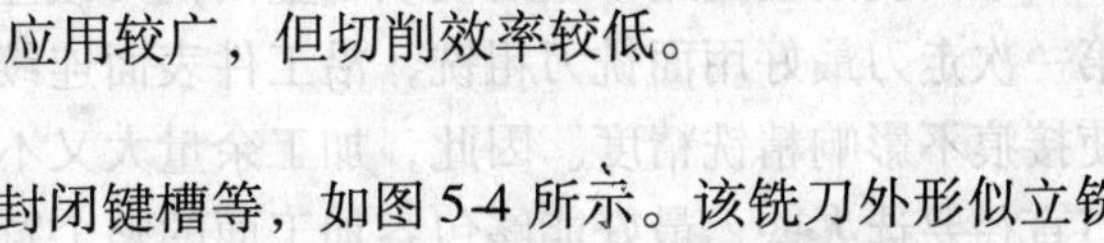

图 5-4 键槽铣刀

工。由于该铣刀的磨损是在端面和靠近端面的外圆部分，所以修磨时只要修磨端面切削刃，这样，铣刀直径可保持不变，使加工键槽精度较高，铣刀寿命较长。键槽铣刀的直径范围为$\phi2 \sim \phi63$mm。

5. 三面刃铣刀

三面刃铣刀主要用于卧式铣床上加工槽、台阶面等。三面刃铣刀的主切削刃分布在铣刀的圆柱面上，副切削刃分布在两端面上。该铣刀按刀齿结构可分为直齿、错齿和镶齿三种形式。图 5-5 所示是直齿三面刃铣刀。该铣刀结构简单，制造方便，但副切削刃前角为零度，切削条件较差。该铣刀直径范围是$\phi50 \sim \phi200$mm，宽度为 4 ~ 40mm。

6. 角度铣刀

角度铣刀主要用于卧式铣床上加工各种角度槽、斜面等。角度铣刀的材料一般是高速钢。角度铣刀根据本身外形不同，可分为单刃铣刀、不对称双角铣刀和对称双角铣刀三种。图 5-6 所示是单角铣刀。圆锥面上切削刃是主切削刃，端面上的切削刃是副切削刃。该铣刀直径范围是$\phi40 \sim \phi100$mm。

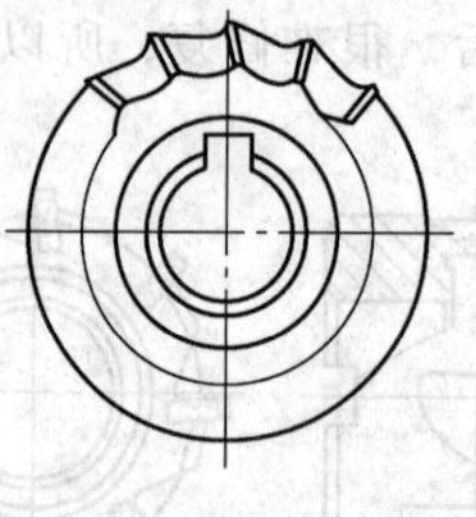

图 5-5 三面刃铣刀

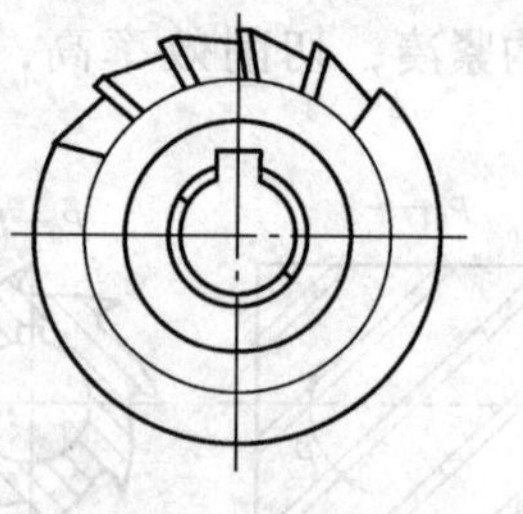

图 5-6 角度铣刀

加工中心上用的立铣刀主要有三种形式：球头铣刀（$R = D/2$），面铣刀（$R = 0$）和 R 刀（$R < D/2$）（俗称“牛鼻刀”或“圆鼻刀”），其中 D 为刀具的直径、R 为刀角半径。某些刀具还可能带有一定的锥度。

选取刀具时，要使刀具的尺寸与被加工工件的表面尺寸相适应。刀具直径的选用主要取决于设备的规格和工件的加工尺寸，还需要考虑刀具所需功率应在机床功率范围之内。

生产中，平面零件周边轮廓的加工，常采用立铣刀；铣削平面时，应选面铣刀；加工凸台、凹槽时，选高速钢立铣刀；加工毛坯表面或粗加工孔时，可选取镶硬质合金刀片的玉米铣刀；对一些立体型面和变斜角轮廓外形的加工，常采用球头铣刀、环形铣刀、锥形铣刀和盘形铣刀。

平面铣削应选用不重磨硬质合金面铣刀或立铣刀，可转位面铣刀。一般采用二次走刀，第一次走刀最好用面铣刀粗铣，沿工件表面连续走刀。选好每次走刀的宽度和铣刀的直径，使接痕不影响精铣精度。因此，加工余量大又不均匀时，铣刀直径要选小些。精加工时，铣刀直径要选大些，最好能够包容加工面的整个宽度。表面要求高时，还可以选择使用具有修光效果的刀片。在实际工作中，平面的精加工，一般用可转位密齿面铣刀，可以达到理想的表面加工质量，甚至可以实现以铣代磨。密布的刀齿使进给速度大大提高，从而提高切削效率。精切平面时，可以设置 6 ~ 8 个刀齿，直径大的刀具甚至可以有超过 10 个的刀齿。

加工空间曲面和变斜角轮廓外形时，由于球头铣刀的球面端部切削速度为零，而且在走刀时，每两行刀位之间，加工表面不可能重叠，总存在没有被加工去除的部分。每两行刀位之间的距离越大，没有被加工去除的部分就越多，其高度（通常称为“残留高度”）就越高，加工出来的表面与理论表面的误差就越大，表面质量也就越差。加工精度要求越高，走刀步长和切削行距越小，编程效率越低。因此，应在满足加工精度要求的前提下，尽量加大走刀步长和行距，以提高编程和加工效率。而在两轴及两轴半加工中，为提高效率，应尽量采用面铣刀，由于相同的加工参数，利用球头铣刀加工会留下较大的残留高度。因此，在保证不发生干涉和工件不被过切的前提下，无论是曲面的粗加工还是精加工，都应优先选择平头铣刀或R刀（带圆角的立铣刀）。不过，由于平头立铣刀和球头铣刀的加工效果是明显不同的，当曲面形状复杂时，为了避免干涉，建议使用球头铣刀，调整好加工参数也可以达到较好的加工效果。

镶硬质合金刀片的面铣刀和立铣刀主要用于加工凸台、凹槽和箱口面。为了提高槽宽的加工精度，减少铣刀的种类，加工时应采用直径比槽宽小的铣刀，先铣槽的中间部分，然后再利用刀具半径补偿（或称直径补偿）功能对槽的两边进行铣加工。

对于要求较高的细小部位的加工，可使用整体式硬质合金铣刀，它可以取得较高的加工精度，但是注意刀具悬伸量不能太大，否则刀具不但让刀量大，易磨损，而且会有折断的危险。

铣削盘类零件的周边轮廓一般采用立铣刀。所用的立铣刀的刀具半径一定要小于零件内轮廓的最小曲率半径。一般取最小曲率半径的0.8~0.9倍即可。零件的加工高度（Z方向的吃刀量）最好不要超过刀具的半径。若是铣毛坯面时，最好选用硬质合金波纹立铣刀，它在机床、刀具、工件系统允许的情况下，可以进行强力切削。

钻孔时，要先用中心钻或球头铣刀钻或铣中心孔，用以引正钻头。先用较小的钻头钻孔至所需深度Z，再用较大的钻头进行钻孔，最后用所需的钻头进行加工，以保证孔的精度。在进行较深的孔加工时，特别要注意钻头的冷却和排屑问题，一般利用深孔钻削循环指令G83进行编程，可以工进一段后，钻头快速退出工件进行排屑和冷却；再工进，再进行冷却和排屑直至孔深钻削完成。

加工中心上所用刀具是一个较复杂的系统，如何根据实际情况进行正确选用，并在CAM软件中设定正确的参数，是数控编程人员必须掌握的。只有对加工中心刀具结构和选用有充分的了解和认识，并且不断积累经验，在实际工作中才能灵活运用，提高工作效率和生产效益，并保证安全生产。

5.4 走刀路线的选择

走刀路线是刀具在整个加工工序中相对于工件的运动轨迹，它不但包括了工序的内容，而且也反映出工序的顺序。走刀路线是编写程序的依据之一。因此，在确定走刀路线时最好画一张工序简图，将已经拟订的走刀路线画上去（包括进刀、退刀路线），这样可为编程带来不少方便。

工序顺序是指同一道工序中，各个表面加工的先后次序。它对零件的加工质量、加工效率和数控加工中的走刀路线有直接影响，应根据零件的结构特点和工序的加工要求等合理安排。工序的划分与安排一般可随走刀路线来进行，在确定走刀路线时，主要遵循以下原则：

1. 应能保证零件的加工精度和表面粗糙度要求

如图5-7所示，当铣削平面零件外轮廓时，一般采用立铣刀侧刃切削。刀具切入工件时，应避免沿零件外廓的法向切入，而应沿外廓曲线延长线的切向切入，以避免在切入处产生刀具的刻痕而影响表面质量，保证零件外廓曲线平滑过渡。同理，在切离工件时，也应避免在工件的轮廓处直接退刀，而应该沿零件轮廓延长线的切向逐渐切离工件。

铣削封闭的内轮廓表面时，若内轮廓曲线允许外延，则应沿切线方向切入切出。若内轮廓曲线不允许外延，如图 5-8 所示，刀具只能沿内轮廓曲线的法向切入切出，此时刀具的切入切出点应尽量选在内轮廓曲线两几何元素的交点处。当内部几何元素相切无交点时，为防止刀补取消时在轮廓拐角处留下凹口，刀具切入切出点应远离拐角。

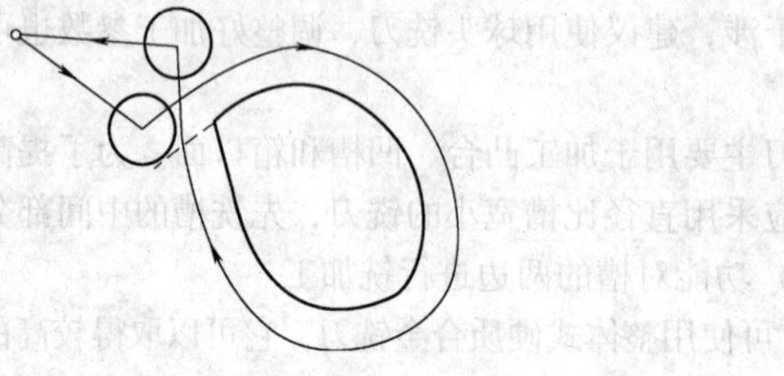

图 5-7 沿外廓曲线延长线的切向切入切出

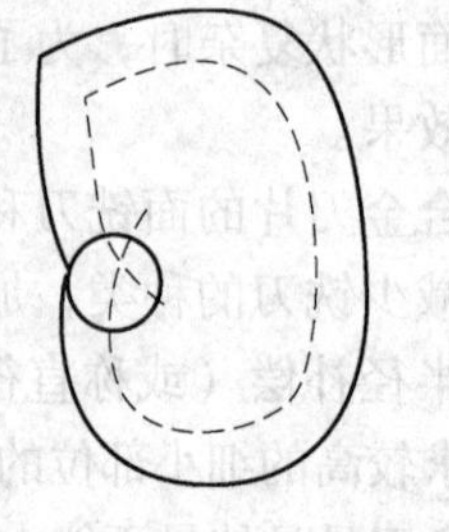

图 5-8 沿切线方向切入切出

图 5-9 所示为圆弧插补方式铣削外整圆时的走刀路线图。当整圆加工完毕时，不要在切点处直接退刀，而应让刀具沿切线方向多运动一段距离，以免取消刀补时，刀具与工件表面相碰，造成工件报废。铣削内圆弧时也要遵循从切向切入的原则，最好安排从圆弧过渡到圆弧的加工路线，如图 5-10 所示，这样可以提高内孔表面的加工精度和加工质量。

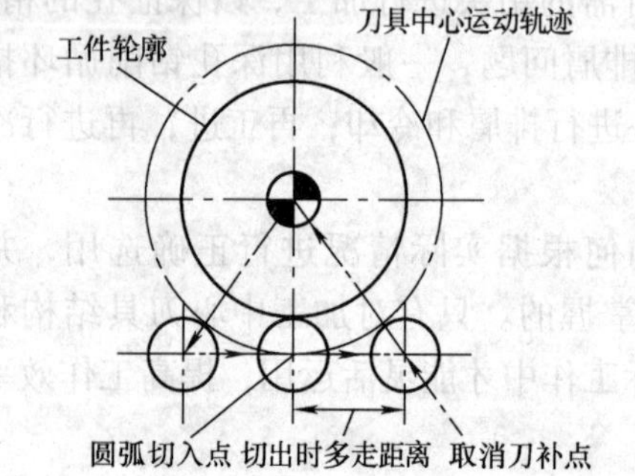

图 5-9 铣削外整圆时的走刀路线图

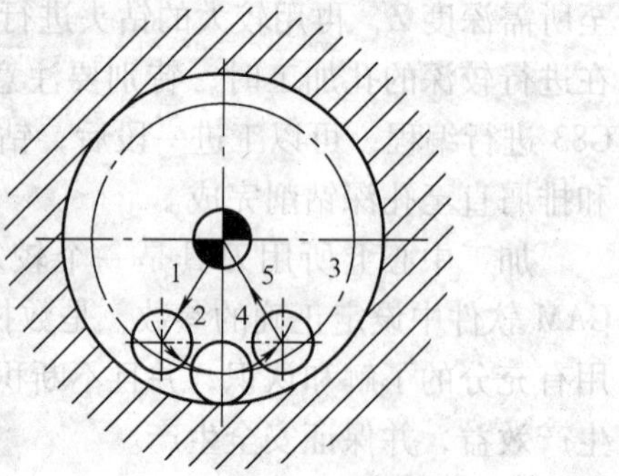

图 5-10 铣削内圆弧走刀路线图

对于孔位置精度要求较高的零件，在精镗孔系时，镗孔路线一定要注意各孔的定位方向一致，即采用单向趋近定位点的方法，以避免传动系统反向间隙误差或测量系统的误差对定位精度的影响。

铣削曲面时，常用球头铣刀采用行切法进行加工。所谓行切法是指刀具与零件轮廓的切点轨迹是一行一行的，而行间的距离是按零件加工精度的要求确定的。

对于边界敞开的曲面加工，可采用两种走刀路线。如发动机大叶片，采用图 5-11a 所示的加工方案时，每次沿直线加工，刀位点计算简单，程序少，加工过程符合直纹面的形成，可以准确保证母线的直线度。当采用图 5-11b 所示的加工方案时，符合这类零件数据给出情况，便于加工后检验，叶形的准确度较高，但程序较多。由于曲面零件的边界是敞开的，没有其他表面限制，所以边界曲面可以延伸，球头铣刀应由边界外开始加工。

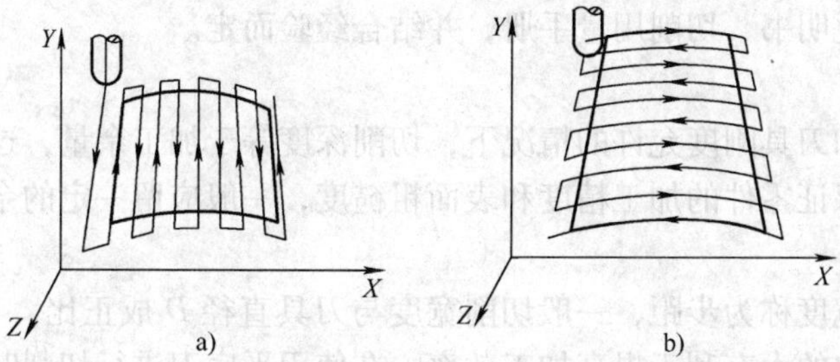

图5-11 发动机大叶片铣削路径比较

图5-12a、b分别为用行切法加工和环切法加工凹槽的走刀路线，而图5-12c是先用行切法，最后环切一刀光整轮廓表面。三种方案中，图5-12a所示方案的加工表面质量最差，在周边留有大量的残余；图5-12b、c所示方案加工后的能保证精度，但图5-12b所示方案采用环切的方案，走刀路线稍长，而且编程计算工作量大。

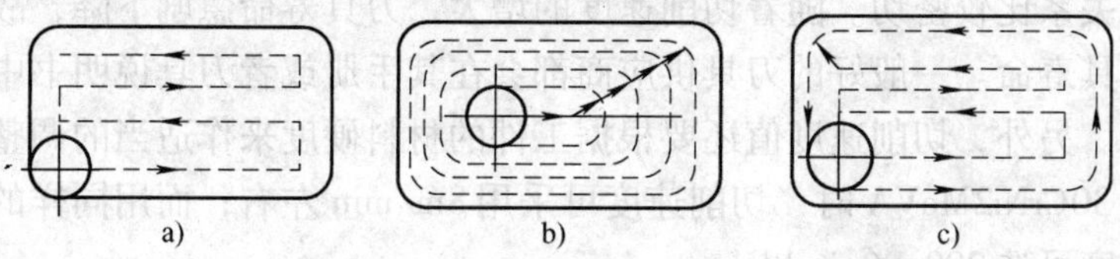

图5-12 加工凹槽的走刀路线比较

此外，轮廓加工中应避免进给停顿。因为加工过程中的切削力会使工艺系统产生弹性变形并处于相对平衡状态，进给停顿时，切削力突然减小会改变系统的平衡状态，刀具会在进给停顿处的零件轮廓上留下刻痕。

为提高工件表面的精度和减小表面粗糙度值，可以采用多次走刀的方法，精加工余量一般以0.2～0.5mm为宜。而且精铣时宜采用顺铣，以减小零件被加工表面粗糙度的值。

2. 应使走刀路线最短，减少刀具空行程时间，提高加工效率

如图5-13所示是正确选择钻孔加工路线的例子。按照一般习惯，总是先加工均布于同一圆周上的8个孔，再加工另一圆周上的孔，如图5-13a所示。但是对点位控制的数控机床而言，要求定位精度高，定位过程尽可能快，因此这类机应按空程最短来安排走刀路线，如图5-13b所示，以节省时间。

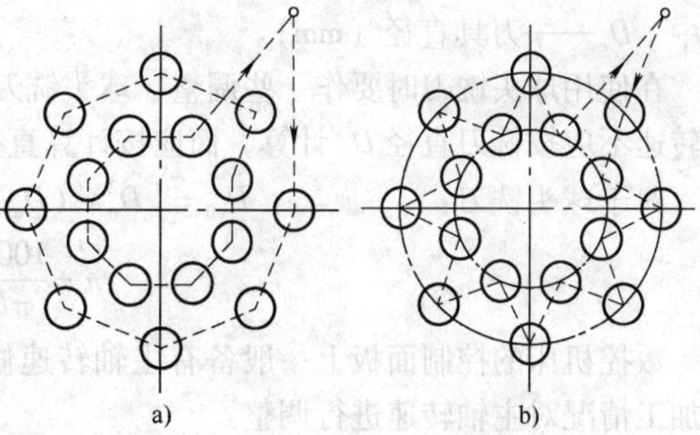

图5-13 钻孔加工路线比较

5.5 切削用量的确定

合理选择切削用量对于发挥数控机床的最佳效益有着至关重要的作用。选择切削用量的原则是：粗加工时，一般以提高生产率为主，但也应考虑经济性和加工成本；半精加工和精加工时，应在保证加工质量的前提下，兼顾切削效率、经济性和加工成本。具体数值应根据机床说明书、刀具说明书、切削用量手册，并结合经验而定。

1. 切削深度

在机床、工件和刀具刚度允许的情况下，切削深度等于加工余量，这是提高生产率的一个有效措施。为了保证零件的加工精度和表面粗糙度，一般应留一定的余量进行精加工。

2. 切削宽度

在编程中切削宽度称为步距，一般切削宽度与刀具直径 D 成正比，与切削深度成反比。在粗加工中，步距取的大有利于提高加工效率。在使用平底刀进行切削时，一般切削宽度的取值范围为（0.6～0.9）D。而使用圆鼻刀进行加工，刀具直径应扣除刀尖的圆角部分，即 $d=D-2r$，（D 为刀具直径，r 为刀尖圆角半径），而切削宽度可以取为（0.8～0.9）d。而在使用球头铣刀进行精加工时，步距的确定应首先考虑所能达到的精度和表面粗糙度。

3. 切削速度v_c

切削速度的单位为 m/min。提高切削速度值也是提高生产率的一个有效措施，但切削速度与刀具寿命的关系比较密切。随着切削速度的增大，刀具寿命急剧下降，故切削速度的选择主要取决于刀具寿命。一般好的刀具供应商都会在其手册或者刀具说明书中提供刀具的切削速度推荐参数。另外，切削速度值还要根据工件的材料硬度来作适当的调整。例如，用立铣刀铣削合金刚 30CrNi2MoVA 时，切削速度可采用 8m/min 左右；而用同样的立铣刀铣削铝合金时，切削速度可选 200m/min 以上。

4. 主轴转速 n

主轴转速的单位是 r/min，一般根据切削速度 v_c 来选定。计算公式为

$$n=\frac{1000v_c}{\pi D_c}$$

式中 D_c——刀具直径（mm）。

在使用球头铣刀时要作一些调整，球头铣刀的计算直径 D_{eff} 要小于铣刀直径 D_c，故其实际转速不应按铣刀直径 D_c 计算，而应按计算直径 D_{eff} 计算。

对于球头铣刀：
$$D_{eff}=[D_c^2-(D_c-2t)^2]\times 0.5$$
$$n=\frac{1000v_c}{\pi D_{eff}}$$

数控机床的控制面板上一般备有主轴转速修调（倍率）开关，可在加工过程中根据实际加工情况对主轴转速进行调整。

5. 进给速度v_f

进给速度是指机床工作台在作插位时的进给速度，单位为 mm/min。进给速度应根据零件的加工精度和表面粗糙度要求以及刀具和工件材料来选择。进给速度的增加也可以提高生产效率，但是刀具寿命也会降低。加工表面粗糙度要求低时，进给速度可选择得大些。进给速度可以按下面公式进行计算：

$$v_f=nzf_z$$

式中 v_f——工作台进给量（mm/min）；

n——主轴转速（r/min）；

z——刀具齿数；

f_z——进给量（mm/齿），f_z 值由刀具供应商提供。

在数控编程中，还应考虑在不同情形下选择不同的进给速度。如在初始切削进刀时，特别是沿 Z 轴方向下刀时，因为进行端面铣削，受力较大，同时考虑程序的安全性问题，所以应以相对较慢的速度进给。

另外，在 Z 轴方向的进给由高往低走时，产生端面切削，可以设置不同的进给速度。在切削过程中，有的平面侧向进刀，可能产生全刀切削即刀具的周边都要切削，切削条件相对较恶劣，这时可以设置较低的进给速度。

在加工过程中，进给速度也可通过机床控制面板上的修调开关进行人工调整，但是最大进给速度要受到设备刚度和进给系统性能等的限制。

在实际的加工过程中，可能要对各个切削用量参数进行调整，如使用较高的进给速度加工，虽刀具寿命有所降低，但节省了加工时间，反而能有更好的效益。

对于加工中不断产生的变化，数控加工中的切削用量选择在很大程度上依赖于编程人员的经验，因此，编程人员必须熟悉刀具的使用和切削用量的确定原则，不断积累经验，从而保证零件的加工质量和效率，充分发挥数控机床的优点，提高企业的经济效益和生产水平。

5.6　高度与安全高度

起止高度指进退刀的初始高度。在程序开始时，刀具将先到这一高度，同时在程序结束后，刀具也将退回到这一高度。起止高度应大于或等于安全高度，安全高度也称为提刀高度，是为了避免刀具碰撞工件而设定的高度（Z 值）。安全高度是在铣削过程中，刀具需要转移位置时将退到这一高度再进行 G00 插补到下一进刀位置，此值一般情况下应大于零件的最大高度（即高于零件的最高表面）。

慢速下刀相对距离通常为相对值，刀具以 G00 快速下刀到指定位置，然后以接近速度下刀到加工位置。如果不设定该值，刀具以 G00 的速度直接下刀到加工位置。若该位置又在工件内或工件上，且采用垂直下刀方式，则极不安全。即使是在空的位置下刀，使用该值也可以使机床有缓冲过程，确保下刀所到位置的准确性，但是该值也不宜取的太大，因为下刀插入速度往往比较慢，太长的慢速下刀距离将影响加工效率。

在加工过程中，当刀具需要在两点间移动而不切削时，是否要提刀到安全平面呢？当设定为抬刀时，刀具将先提高到安全平面，再在安全平面上移动；否则将直接在两点间移动而不提刀。直接移动可以节省抬刀时间，但是必须要注意安全，在移动路径中不能有凸出的部位，特别注意在编程中，当分区域选择加工曲面并分区加工时，中间没有选择的部分是否有高于刀具移动轨迹的部分。在粗加工时，对较大面积的加工通常建议使用抬刀，以便在加工时可以暂停，对刀具进行检查。而在精加工时，常使用不抬刀以加快加工速度，特别是像角落部分的加工，抬刀将造成加工时间大幅延长。在孔加工循环中，使用 G98 将抬刀到安全高度进行转移，而使用 G99 就将直接移动，不抬刀到安全高度。图 5-14 所示为 G98 的抬刀方式。

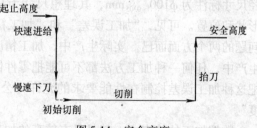

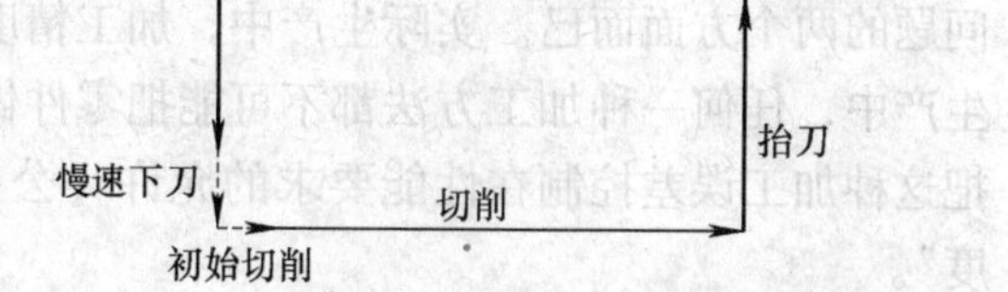

图 5-14　安全高度

5.7 轮廓控制

在数控编程中，不少时候需要通过轮廓来限制加工范围，而某些刀具轨迹形成过程中，轮廓是必不可少的因素，缺少轮廓将无法生成刀具轨迹。轮廓线需要设定其偏置补偿的方向，对于封闭的轮廓线会有三种参数选择，即刀具是在轮廓上、轮廓内或轮廓外。

（1）刀具在轮廓上，刀具中心线与轮廓线相重合，即不考虑补偿。

（2）刀具在轮廓内，是刀具中心不到轮廓上，而刀具的侧边到轮廓上，即相差一个刀具半径。

（3）刀具在轮廓外，刀具中心越过轮廓线，超过轮廓线一个刀具半径。

特别注意，当轮廓是一个岛屿时，其轮廓内外指的是外轮廓与岛屿之间的区域，而非一般概念上的“内”。

如图 5-15a 所示，轮廓线不作偏移，刀具轮廓及岛屿均为内部。图 5-15b 所示为外轮廓上，而岛屿为外部。

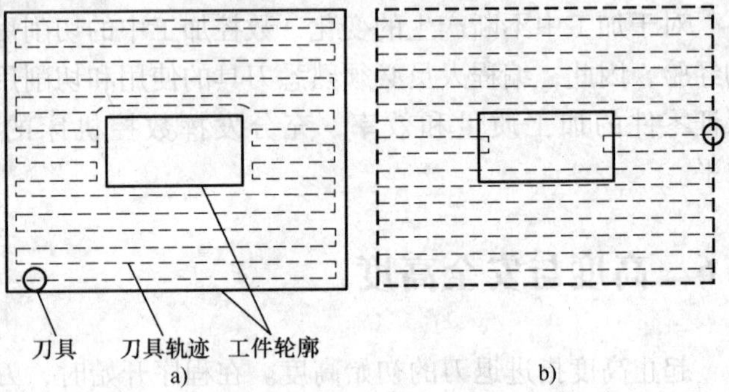

图 5-15 轮廓控制方式比较

对于开放的轮廓线也有三种参数选择，即刀具是在轮廓上、轮廓左或轮廓右。轮廓的左边或右边是相对于刀具的前进方向而言的。

5.8 数控编程的误差控制

加工精度是指零件加工后的实际几何参数（尺寸、形状及相互位置等）与理想几何参数符合的程度（分别为尺寸精度、形状精度及相互位置精度等），其符合程度越高，精度愈高。反之，两者之间的差异即为加工误差。如图 5-16 所示，加工后的实际型面与理论型面之间存在着一定的误差。所谓“理想几何参数”是一个相对的概念，对尺寸而言，其配合性能是以两个配合件的平均尺寸造成的间隙或过盈考虑的，故一般即以给定几何参数的中间值代替。如轴的直径尺寸标注为 $\phi100^{\ 0}_{-0.05}$mm，其理想尺寸为 99.975mm，而对理想形状和位置则应为准确的形状和位置。可见，“加工误差”和“加工精度”仅仅是评定零件几何参数准确程度这一个问题的两个方面而已。实际生产中，加工精度的高低往往是以加工误差的大小来衡量的。在生产中，任何一种加工方法都不可能把零件做得绝对准确，也没有必要做得绝对准确，只要把这种加工误差控制在性能要求的允许（公差）范围之内即可，通常称之为“经济加工精度”。

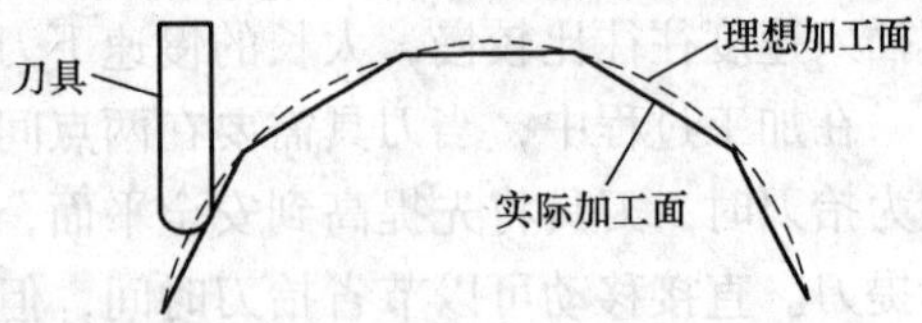

图 5-16 加工误差

数控加工的特点之一就是具有较高的加工精度，因此对于数控加工的误差必须加以严格控制，以达到加工要求。这就要求了解在数控加工中可能造成加工误差的因素及其影响。

由机床、夹具、刀具和工件组成的机械加工工艺系统（简称工艺系统）会有各种各样的误差产生，这些误差在各种不同的具体工作条件下都会以各种不同的方式（或扩大、或缩小）反映为工件的加工误差。工艺系统的原始误差主要有工艺系统的几何误差、定位误差、工艺系统的受力变形引起的加工误差、工艺系统的受热变形引起的加工误差、工件内应力重新分布引起的变形以及原理误差、调整误差、测量误差等。

在交互图形自动编程中，我们一般仅考虑两个主要误差：一是刀具轨迹计算误差，二是残余高度。

刀具轨迹计算误差的控制操作十分简单，仅需要在软件上输入一个公差带即可。而残余高度的控制则与刀具类型、刀具轨迹形式、刀具轨迹行间距等多种因素有关，因此其控制主要依赖于程序员的经验，具有一定的复杂性。

由于刀具轨迹是由直线和圆弧组成的线段集合近似地取代刀具的理想运动轨迹（称为插补运动），因此存在着一定的误差，称为插补计算误差。

插补计算误差是刀具轨迹计算误差的主要组成部分，它造成加工不到位或过切的现象，因此是CAM软件的主要误差控制参数。一般情况下，在CAM软件上通过设置公差带来控制插补计算误差，即实际刀具轨迹相对理想刀具轨迹的偏差不超过公差带的范围。

如果将公差带中造成过切的部分（即允许刀具实际轨迹比理想轨迹更接近工件）定义为负公差的话，则负公差的取值往往要小于正公差，以避免出现明显的过切现象，尤其是在粗加工时。

在数控加工中，相邻刀具轨迹间所残留的未加工区域的高度称为残余高度，它的大小决定了工件的表面粗糙度，同时决定了后续的抛光工作量，是评价加工质量的一个重要指标。在利用CAD/CAM软件进行数控编程时，对残余高度的控制是刀具轨迹行距计算的主要依据。在控制残余高度的前提下，以最大的行间距生成数控刀具轨迹是高效率数控加工所追求的目标。

在加工塑料模具的型腔和模具型芯时，经常会碰到相配合的锥体或斜面，加工完成后，可能会发现锥体端面与锥孔端面贴合不拢，经过抛光直到加工刀痕完全消失仍不到位，通过人工抛光，虽然能达到一定的表面粗糙度标准，但同时会造成精度的损失。故需要对刀具与加工表面的接触情况进行分析，对切深或步距进行控制，才能保证达到足够的精度和表面粗糙度标准。

使用平底铣刀进行斜面的加工或者曲面的等高加工时，会在两层间留下残余高度；而用球头铣刀进行曲面或平面的加工时，也会留下残余高度；用平底铣刀进行斜面或曲面的投影切削加工时，也会留下残余高度，这种残余类同于球头铣刀作平面切削。下面介绍斜面或曲面数控加工编程中残余高度与刀具轨迹行距之间的换算关系，以及控制残余高度的几种常用编程方法。

1. 平底铣刀进行斜面加工的残余高度

对于使用平底铣刀进行斜面的加工，以加工一个与水平面夹角为60°的斜面为例作说明。选择刀具加工参数为：直径为ϕ8mm的硬质合金立铣刀，刀尖半径为0，刀具轨迹为刀具中心，利用等弦长直线逼近法走刀，切削深度为0.3mm，主轴转速为4000r/min，进给速度为500mm/min，三坐标联动，利用编程软件自动生成等高加工的数控程序。

（1）刀尖不倒角平底立铣刀加工　理想的刀尖与斜面的接触情况如图 5-17 所示，每两刀之间在加工表面出现了残留量，通过抛光工件，去掉残留量，即可得到要求的尺寸，并能保证斜面的角度。若在刀具加工参数设置中减小加工的切削深度 t，可以使表面残留量减少，抛光更容易，但加工时，数控程序量增多，加工时间延长。这种用不倒角平头铣刀的加工状况只是理想状态，在实际工作中，刀具的刀尖角是不可能为零的，刀尖不倒角，加工中刀尖磨损快，甚至产生崩刃，致使刀具无法加工。

（2）刀尖倒斜角平底立铣刀加工　实际应用时，刀具的刀尖倒角 30°。对倒角刃带宽 0.5mm 的平底立铣刀加工进行分析，刀具加工的其他参数设置同上，加工表面残留部分不仅包括分析（1）中的残留部分，而且增加了刀具被倒掉的部分形成的残留余量 aeb，这样，使得表面残留余量增多，其高度为 e 与理想面之间的距离为 ed，如图 5-18 所示。而人工抛光是以谷 e、f 为参考的，去掉 e、f 之间的残留（即去掉刀痕），则所得表面与理想表面仍有 ed 距离，此距离将成为加工后存在的误差，即工件尺寸不到位，这就是锥体端面与锥孔端面贴合不拢的原因。若继续抛光则无参考线，不能保证斜面的尺寸和角度，导致注塑时产品产生飞边。

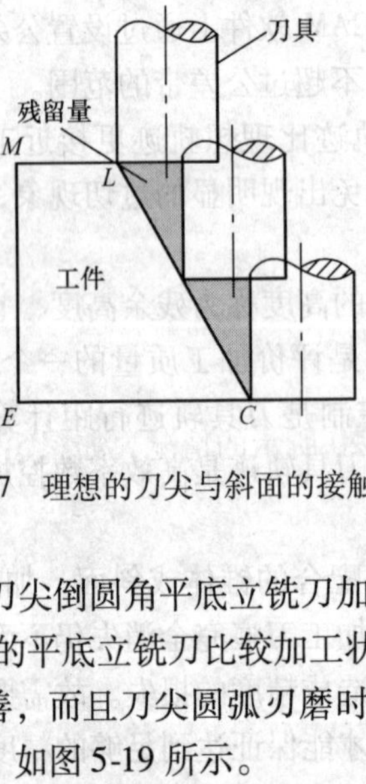

图 5-17　理想的刀尖与斜面的接触情况

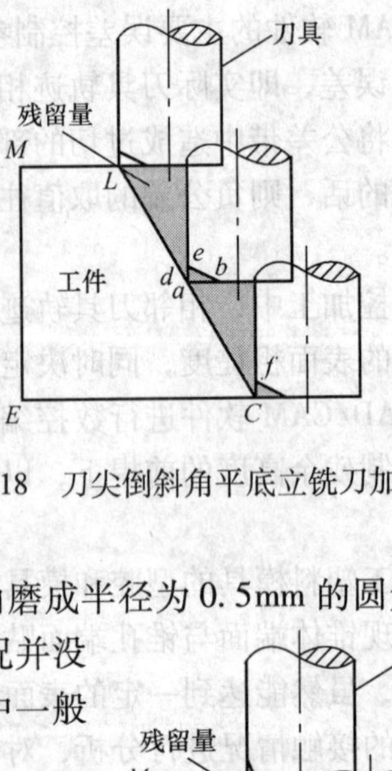

图 5-18　刀尖倒斜角平底立铣刀加工

（3）刀尖倒圆角平底立铣刀加工　将刀具的刀尖倒角磨成半径为 0.5mm 的圆角，刃带宽 0.5mm 的平底立铣刀比较加工状况可以发现，切削状况并没有多大改善，而且刀尖圆弧刃磨时控制困难，实际操作中一般较少使用，如图 5-19 所示。

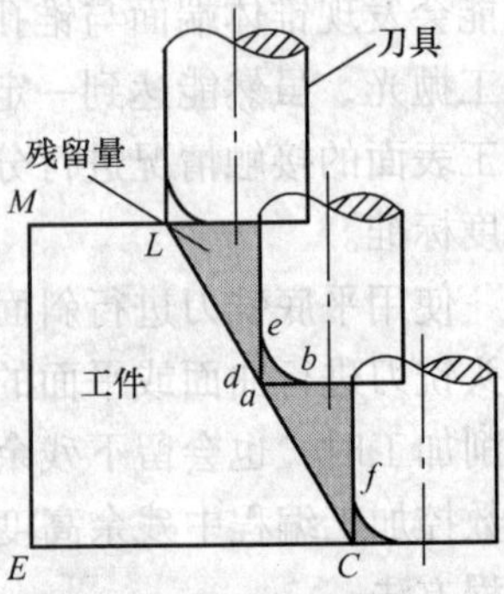

图 5-19　刀尖倒圆角平底立铣刀加工

通过以上分析可知：在使用平底铣刀加工斜面时，不倒角刀具加工是最理想的状况，抛光去掉刀痕即可得标准斜面，但刀具极易磨损和崩刃。实际加工中，刀具不可不倒角。而倒圆角刀具与倒斜角刀具相比，加工状况并没有多大改进，且倒圆角刀具刃磨困难，实际加工时一般很少使用。在实际应用中，倒斜角立铣刀加工是比较现实的。现在对该情况就如何改善加工状况，保证加工质量作进一步探讨。

1）刀具下降。如图 5-18 所示，刀尖倒斜角时，刀具与理想斜面最近的点为 e，要使 e 点与理想斜面接触，即 e 点到 a 点，刀具必须下降 ea 距离，这可以通过准备功能代码 G92 位置设定指令实现。这种方法适用于加工斜通孔类零件。但是，当斜面下有平台时，刀具底面会与平台产生干涉而过切。

2）采用刀具半径补偿。在按未倒角平底立铣刀生成数控程序后，将刀具作一定量的补偿，补偿值为距离 *ed*，使刀具轨迹向外偏移，从而得到理想的斜面。这种方法的思想是源于倒角刀具在加工锥体时实际锥体比理想锥体大了，而加工锥孔时实际锥孔比理想锥孔小了，相当于刀具有了一定量的磨损，而进行补偿后，正好可以使实际加工出的工件正好是所要求的锥面或斜面。但是这种加工方式只能在没有其他侧向垂直的加工面时使用，否则，其他没有锥度的加工面将过切。

3）偏移加工面　在按未倒角平底立铣刀生成数控程序前，将斜面 *LC* 向 *E* 点方向偏移 *ed* 距离（图5-18），再编制数控程序进行加工，从而得到理想的斜面。这种方法先将锥体偏移一定距离使之变小，将锥孔偏移一定距离使之变大，再生成数控程序加工，从而使实际加工出的工件正好是所要求的锥面或斜面。

2. 用球头铣刀进行平面或斜面加工时的残余高度控制

在曲面精加工中更多采用的是球头铣刀，以下讨论基于球头铣刀加工的行距换算方法。图5-20所示为刀具轨迹行距计算中最简单的一种情况，即加工面为平面。这时，刀具轨迹的行距与残余高度之间的换算公式为：

$$l = 2\sqrt{R^2 - (h - R)^2} \text{ 或 } h = R - \sqrt{R^2 - (l/2)^2}$$

式中　h，l——残余高度和刀具轨迹的行距。

在利用CAD/CAM软件进行数控编程时，必须在行距或残余高度中任设其一，二者之间的关系就是由上式确定的。

同一行刀具轨迹所在的平面称为截平面，刀具轨迹的行距实际上就是截平面的间距。对曲面加工而言，多数情况下被加工表面与截平面存在一定的角度，而且在曲面的不同区域有着不同的夹角。从而造成同样的行距下残余高度大于图5-20所示的情况，如图5-21所示。

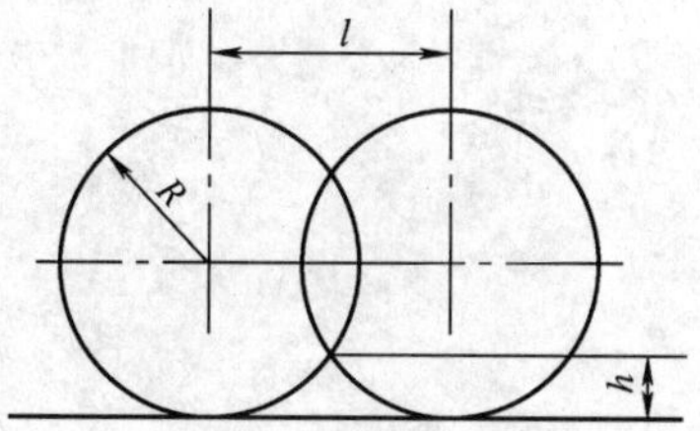

图5-20　平面加工

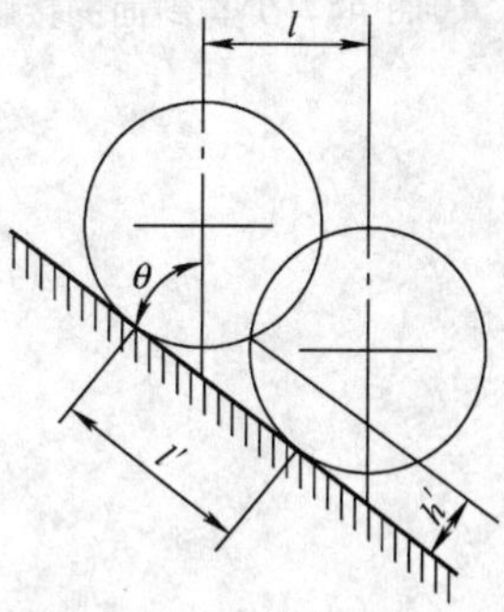

图5-21　斜面加工

图5-21中，尽管在CAD/CAM软件中设定了行距，但实际上两条相邻刀具轨迹沿曲面的间距 l'（称为面内行距）却远大于 l。而实际残余高度 h' 也远大于图5-20所示的 h。其间关系为：

$$l' = l/\sin\theta \quad \text{或} \quad h' = R - \sqrt{R^2 - (l/2\sin\theta)^2}$$

由于现有的CAD/CAM软件均以图5-20所示的最简单的方式作行距计算，并且不能随曲面的不同区域的不同情况对行距大小进行调整，因此并不能真正控制残余高度（即面内行距）。这时，需要编程人员根据不同加工区域的具体情况灵活调整。

对于曲面的精加工而言，在实际编程中控制残余高度是通过改变刀具轨迹的形式和调整行距来完成的。一种是斜切法，即截平面与坐标平面呈一定夹角（通常为45°），该方法优点是实现简单快速，但有适应性不广的缺点，对某些角度复杂的产品就不适用。另一种是分区法，即将被加工表面分割成不同的区域来加工，该方法在不同区域采用了不同的刀具轨迹形式或者不同的切削方向，也可以采用不同的行距，修正方法可按上式进行。这种方式效率高且适应性好，但编程过程相对复杂一些。

第 6 章　2.5 轴数控铣削加工

6.1　CATIA V5R20 数控编程基本流程

数控编程的主要任务是计算加工中的刀位点。CATIA 软件提供了多种加工类型用于各种复杂零件的粗精加工，用户可根据零件结构、加工表面形状和加工精度要求选择合适的加工类型。

对于不同的加工类型，CATIA 软件的数控编程过程都需要经过获取零件模型、加工工艺分析及规划、完善零件模型、设置加工参数、生成数控加工刀具轨迹、检验数控刀具轨迹和生成数控加工程序七个步骤。其流程如图 6-1 所示。

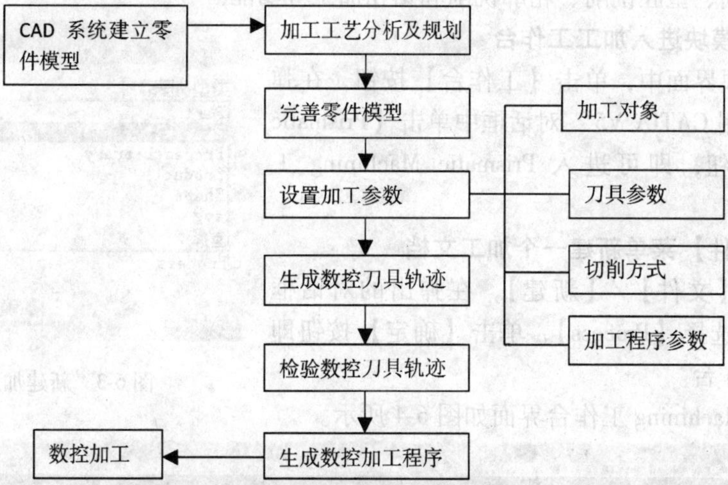

图 6-1　CATIA 数控加工流程

6.2　平面铣削加工

以图 6-2 所示型腔零件为例讲解 2.5 轴数控铣削加工，包括平面加工、型腔加工、轮廓铣削加工和孔加工。

模型见光盘中课程模型资源/第 6 章 2.5 轴数控加工/实例。

操作过程见光盘中课程视频/第 6 章 2.5 轴数控加工/2.5 轴数控加工实例 . exe。

6.2.1　进入加工模块

CATIA V5R20 软件有三种方式进入加工工作台：

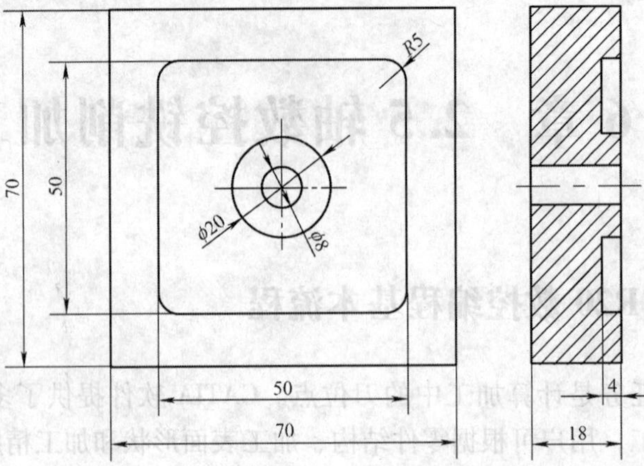

图 6-2　型腔零件

1. 从【开始】菜单中启动

选择菜单【开始】/【加工】/【Prismatic Machining】，该模块是 2.5 轴数控加工模块，包括了平面铣削、型腔铣削、轮廓铣削和钻孔加工等功能。

2. 从当前模块进入加工工作台

在当前模块界面中，单击【工作台】按钮，在弹出的“欢迎使用 CATIA V5”对话框中单击【Prismatic Machining】按钮，即可进入 Prismatic Machining 工作台。

3. 从【文件】菜单新建一个加工文档

选择菜单【文件】/【新建】，在弹出的对话框（见图 6-3）中选择【Process】，单击【确定】按钮即可进入加工工作台。

图 6-3　新建加工文档

Prismatic Machining 工作台界面如图 6-4 所示。

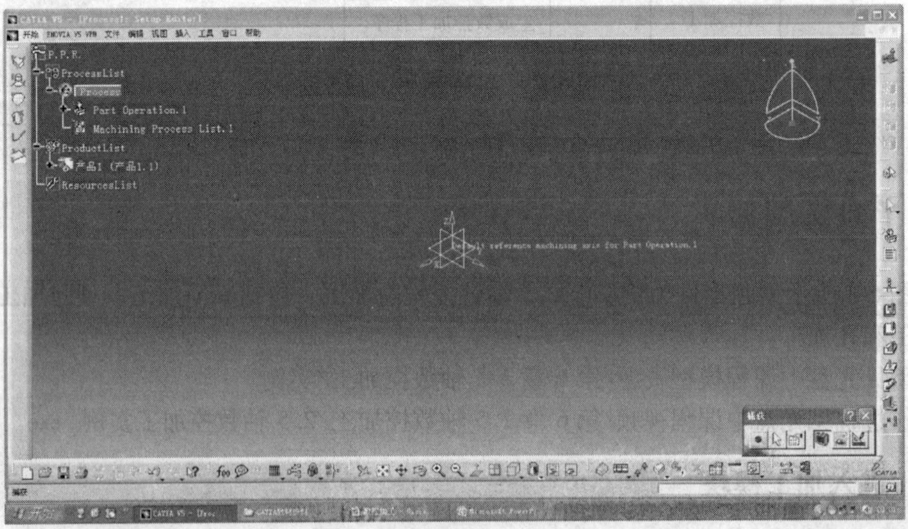

图 6-4　加工模块

6.2.2 创建毛坯零件

在进行 CATIA V5 R20 加工制造流程的各项规划之前，应该先创建一个制造模型。

1）单击【文件】/【打开】，出现对话框，选择目标文件，单击【确定】按钮，打开被加工零件。

2）选择【开始】/【加工】/【surface Machining】,进入曲面加工模块,如图6-5所示。

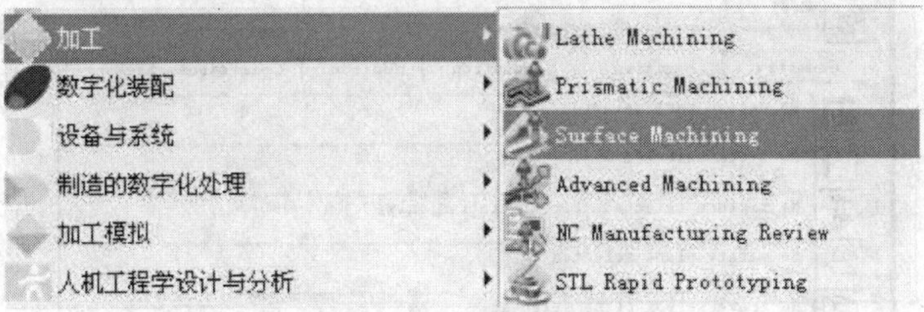

图6-5 进入曲面加工

3）单击 （创建毛坯）按钮，出现“创建毛坯定义”对话框，选择零件作为被加工件，参数设置如图6-6所示，单击【确定】按钮，完成毛坯的创建。

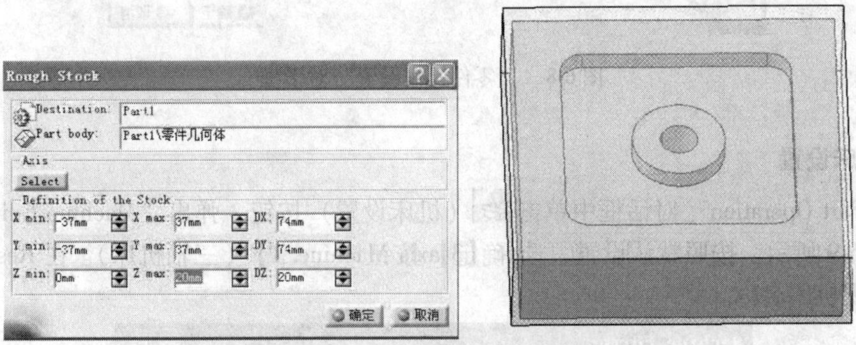

图6-6 创建毛坯

4）选择【开始】/【加工】/【Prismatic Machining】，切换到 Prismatic Machining 工作台后，特征树如图6-7所示。在 P. P. R. 下有三个二级节点 ProcessList、ProductList 和 ResourcesList。

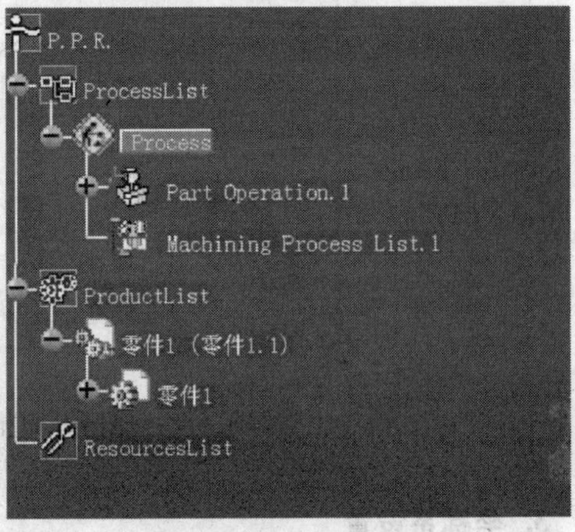

图6-7 加工特征树

6.2.3 零件操作定义

零件操作定义主要包括：数控加工机床设置、加工坐标系设置、加工零件及毛坯选择、安全平面设置等。

1. 打开零件操作设置对话框

在 P. P. R. 特征树中，双击 ProcessList 节点中的 Part Operation. 1 结点，弹出“Part Operation”对话框，如图6-8所示。

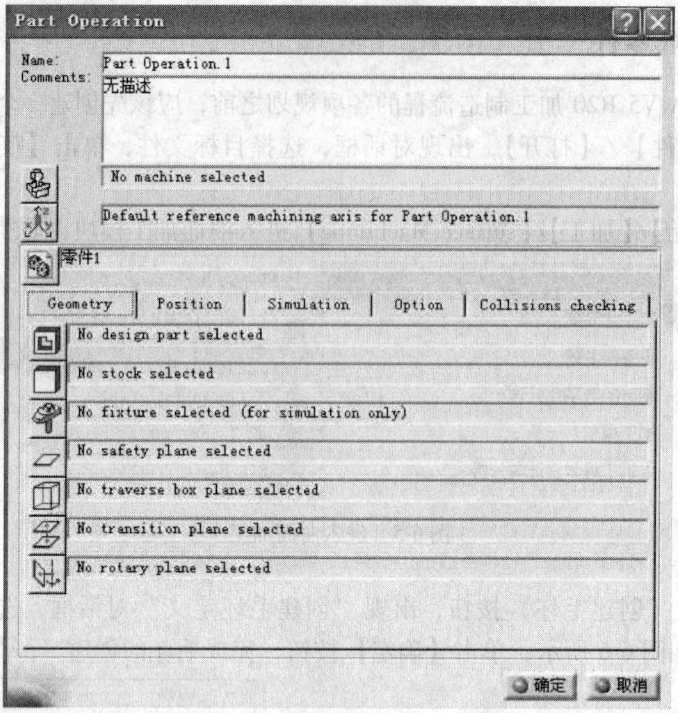

图 6-8 “零件操作设置”对话框

2. 机床设置

在“Part Operation”对话框中单击（机床设置）按钮，弹出“Machine Editor”对话框，如图 6-9 所示。按照默认设置，选择【3-axis Machine. 1】（三轴机床）。在 ResourcesList 节点下出现机床名称。

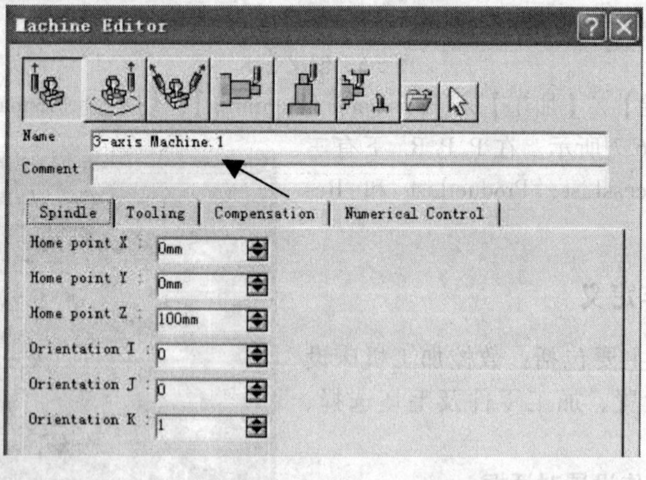

图 6-9 “机床设置”对话框

3. 坐标系设置

在“Part Operation”对话框中单击（坐标系设置）按钮，弹出坐标系设置对话框，该坐标系为工件坐标系，默认将零件建模时的坐标系作为工件坐标系。单击原点，坐标系设置对话框消失，在毛坯零件上选择已设置的点，坐标系设置对话框中坐标系变成绿色，单击【确定】按钮，即完成坐标系设置，如图 6-10 所示。

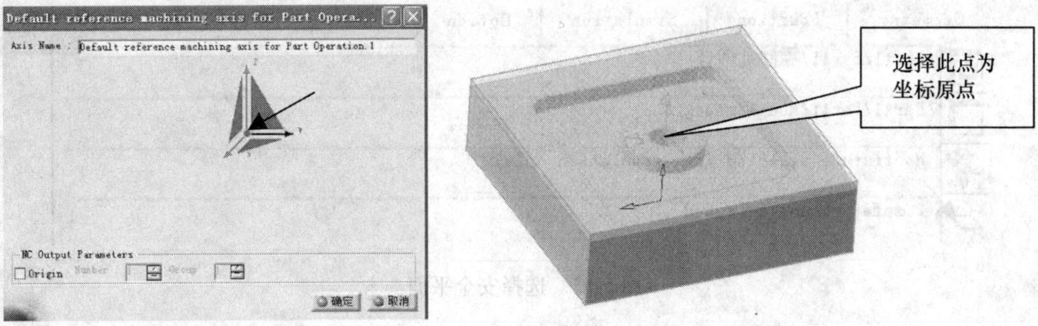

图 6-10　坐标系设置

4. 选择加工目标零件

在“Part Operation”对话框中，选择“Geometry”选项卡，单击（选择加工零件）按钮，如图 6-11 所示，在视图上或特征树中选择要加工的零件几何体，双击即可返回对话框。

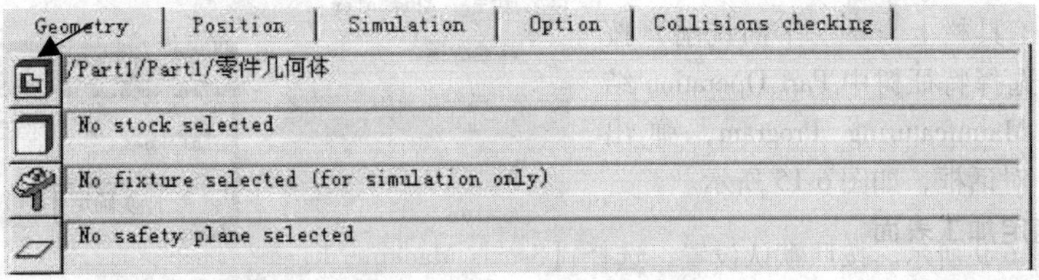

图 6-11　选择加工目标零件

5. 选择毛坯

在“Part Operation”对话框中，选择“Geometry”选项卡，如图 6-12 所示，单击（选择毛坯）按钮，在视图上或特征树中选择创建的毛坯，双击即可返回对话框。

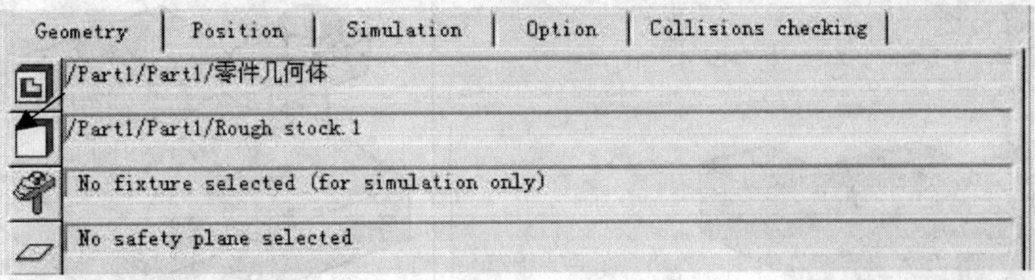

图 6-12　选择毛坯

6. 选择安全平面

在“Part Operation”对话框中，选择“Geometry”选项卡，单击（安全平面）按钮，如图 6-13 所示。选择毛坯上表面后，返回“Part Operation”对话框，在视图中【Safety Plane】上右键单击，在弹出的菜单中选择【Offset】，在对话框中设置安全高度为 30，如图 6-14 所示。

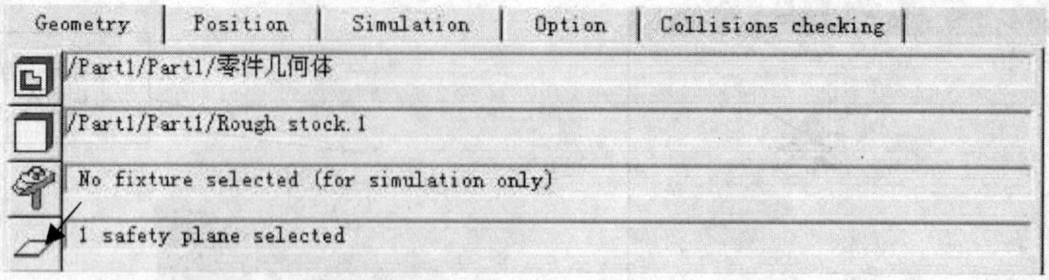

图 6-13 选择安全平面

7. 完成零件操作设置

单击“Part Operation”对话框中的【确定】按钮，即可完成零件操作的参数设置。

6.2.4 铣削参数设置

1. 打开“Facing”对话框

单击工具栏上 （平面铣削）按钮，然后选择特征树中 Part Operation 结点下的 Manufcaturing Program，弹出“Facing”对话框，如图 6-15 所示。

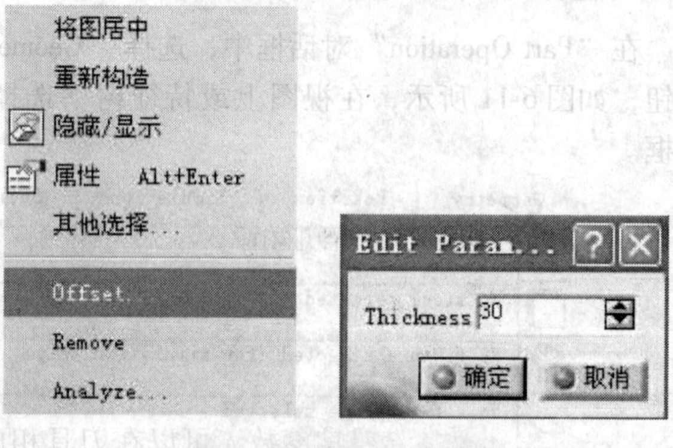

图 6-14 设置安全高度

2. 确定加工表面

选择“Facing.1”对话框中的 （几何参数）选项卡，将鼠标移动到感应区中零件的上表面，该表面以橙色高亮显示，单击鼠标，然后在视图中零件的上表面上单击，返回对话框，相应区域变为深绿色，如图 6-16 所示，几何参数按钮也变为 。

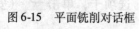

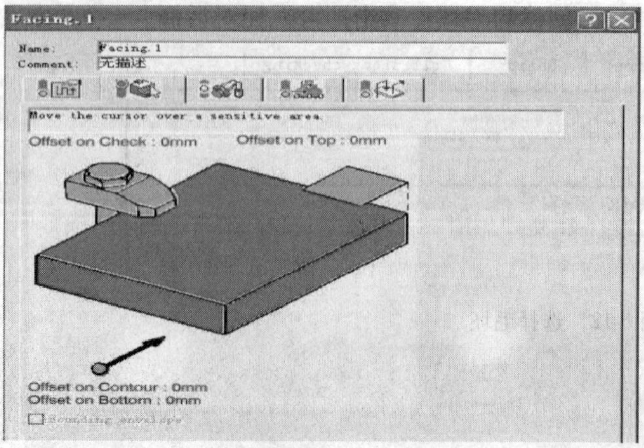

图 6-15 平面铣削对话框

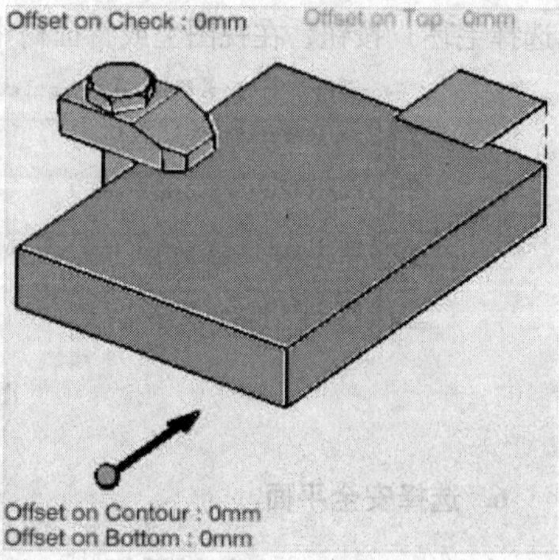

图 6-16 确定加工表面

3. 设置偏置

双击图 6-16 所示的 Offset on Contour 字样，在弹出的对话框中设置偏置为 –5mm，即刀具轨迹在零件轮廓上向外偏置 5mm，如图 6-17 所示。如果有必要，也可设置其他方向的偏置，设置方法相同。

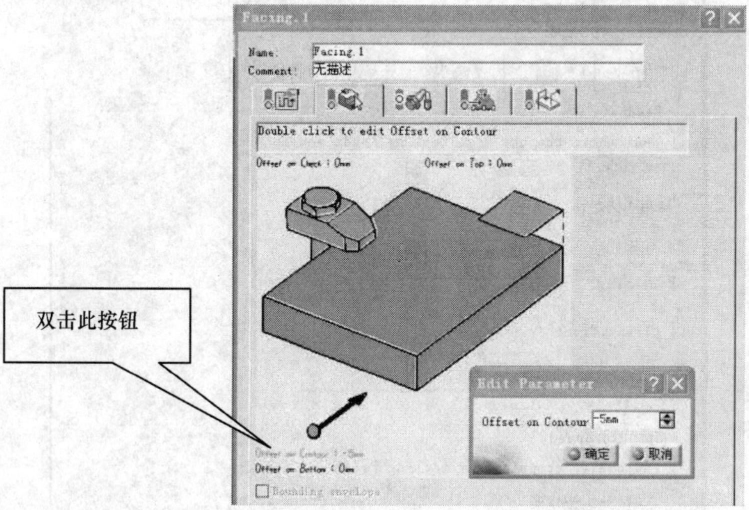

图 6-17 设置偏置

4. 设置刀具参数

选择“Facing.1”对话框中的（刀具参数）选项卡，选择面铣刀，刀具参数如图 6-18 所示。如果要修改刀具参数，可以在刀具相应的参数上双击，即可进行修改，或者单击对话框中的【More】按钮，展开更多的刀具参数，从参数表中修改。确定刀具参数后，“刀具参数”选项卡变为。

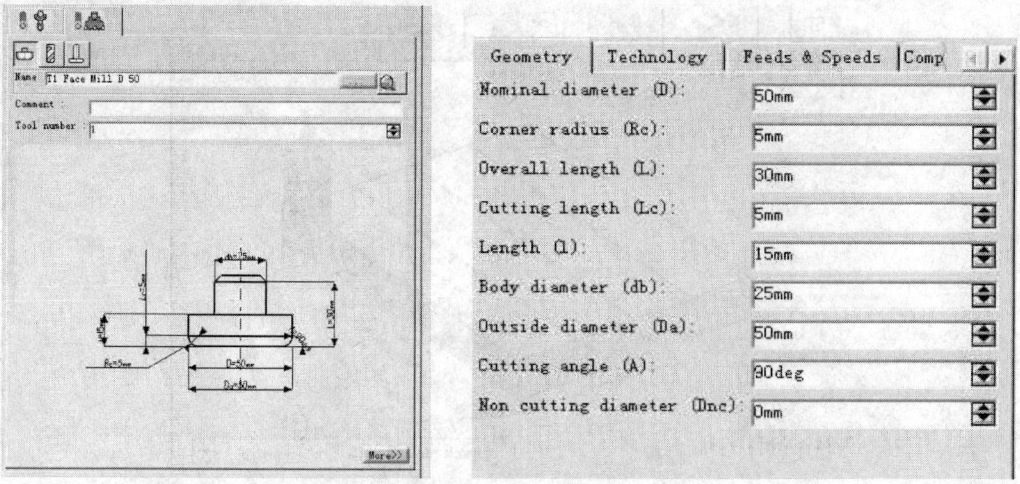

图 6-18 设置刀具参数

5. 设置切削参数

单击“切削参数”选项卡，取消自动确定复选框，可手动设计进给率和主轴转速参数，参数设置如图 6-19 所示。

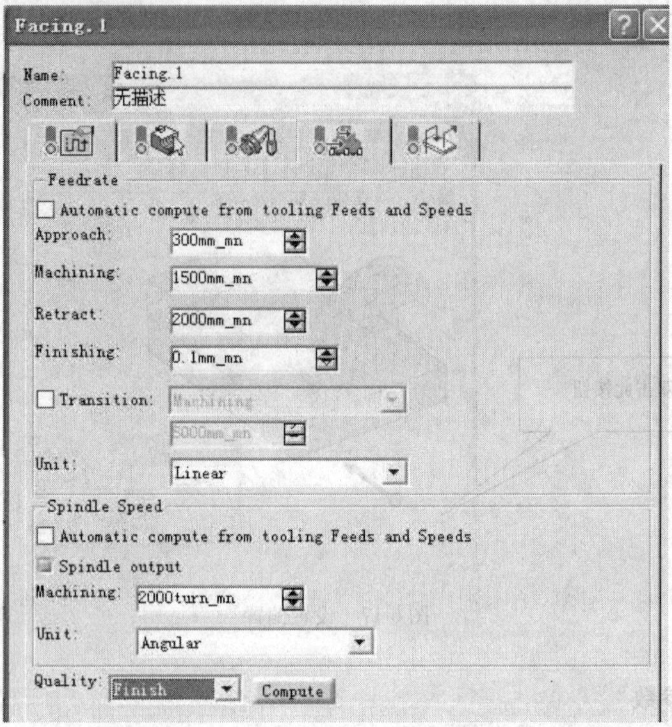

图 6-19 设置切削参数

6. 设置刀具路径

选择“Facing. 1”对话框中的（刀具路径）选项卡，在 Tool path style 下拉列表中，根据需要选择 Back and forth，如图 6-20 所示。

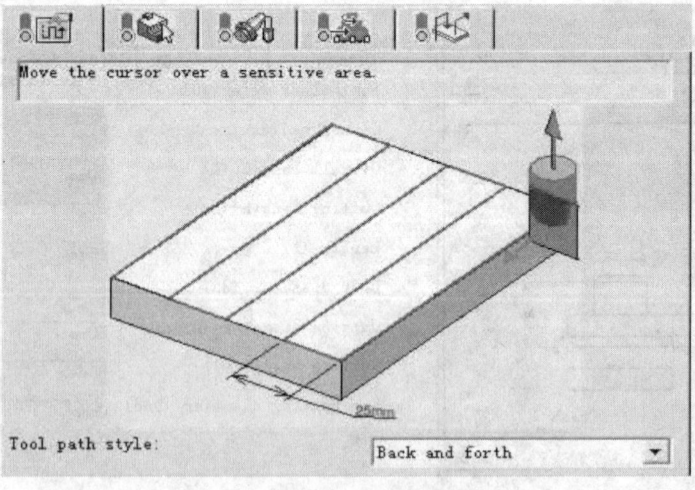

图 6-20 设置刀具路径

7. 设置进刀/退刀

选择“Facing”对话框中的 （进/退刀）按钮。在对话框的 Macro Management 列表中选择进/退刀方式。在 mode 下拉列表中可选择建立进/退刀路径的模式，如图 6-21 所示。

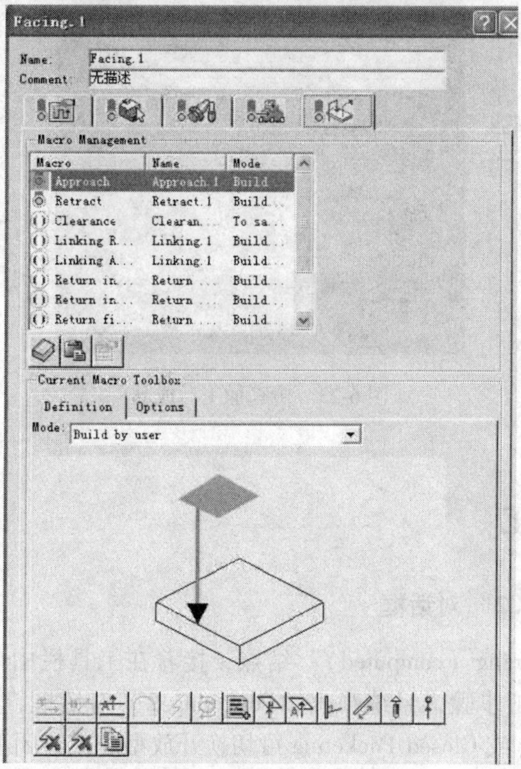

图 6-21　设置进刀/退刀

6.2.5　刀具轨迹仿真

1）在完成上平面参数设置后，可以进行刀路仿真。“Facing.1”对话框中单击 （仿真）按钮，系统对刀具轨迹进行计算，计算完成后，弹出对话框，在视图区显示了刀具、工件和刀路的情况，可进行多种形式的刀路仿真，如图 6-22 所示。

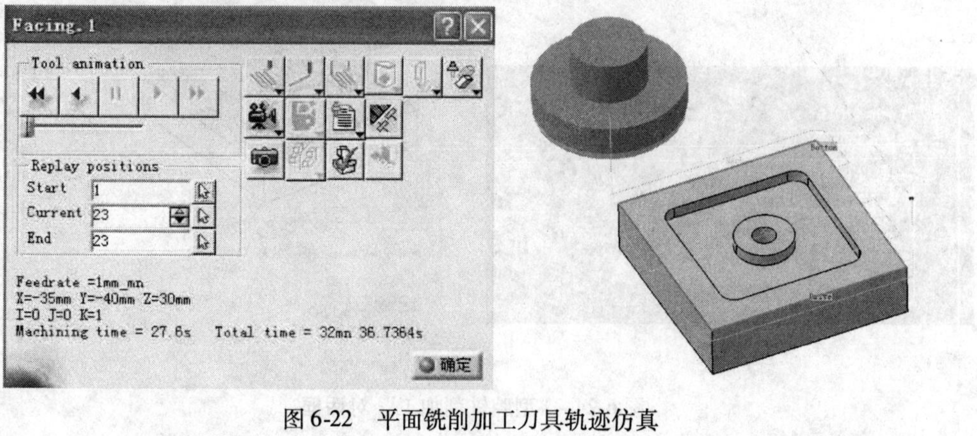

图 6-22　平面铣削加工刀具轨迹仿真

2）单击（播放方式）按钮后，单击播放控制键，进入仿真加工演示，加工完成后如图 6-23 所示。

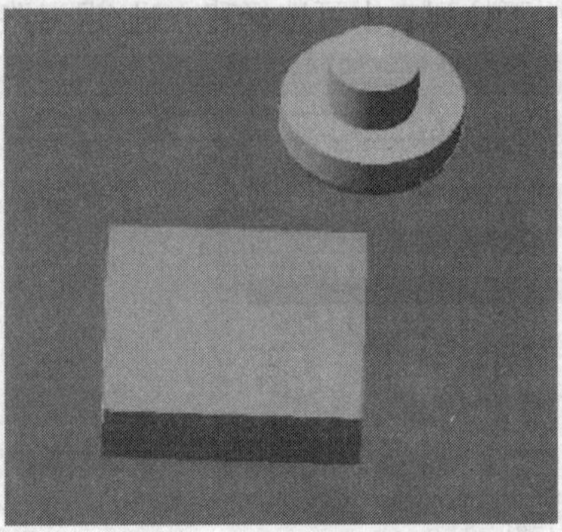

图 6-23　仿真加工后成品

6.3　型腔铣削加工

1. 打开“Pocketing. 2”对话框

在特征树中选择 Facing（computed)”结点，接着在工具栏中单击（型腔铣削）按钮，插入一个型腔铣加工步骤，系统弹出“Pocketing. 2”对话框，如图 6-24 所示。单击对话框中的 Open Pocketing 或 Closed Pocketing 可切换开放型腔或封闭型腔这两种模式。

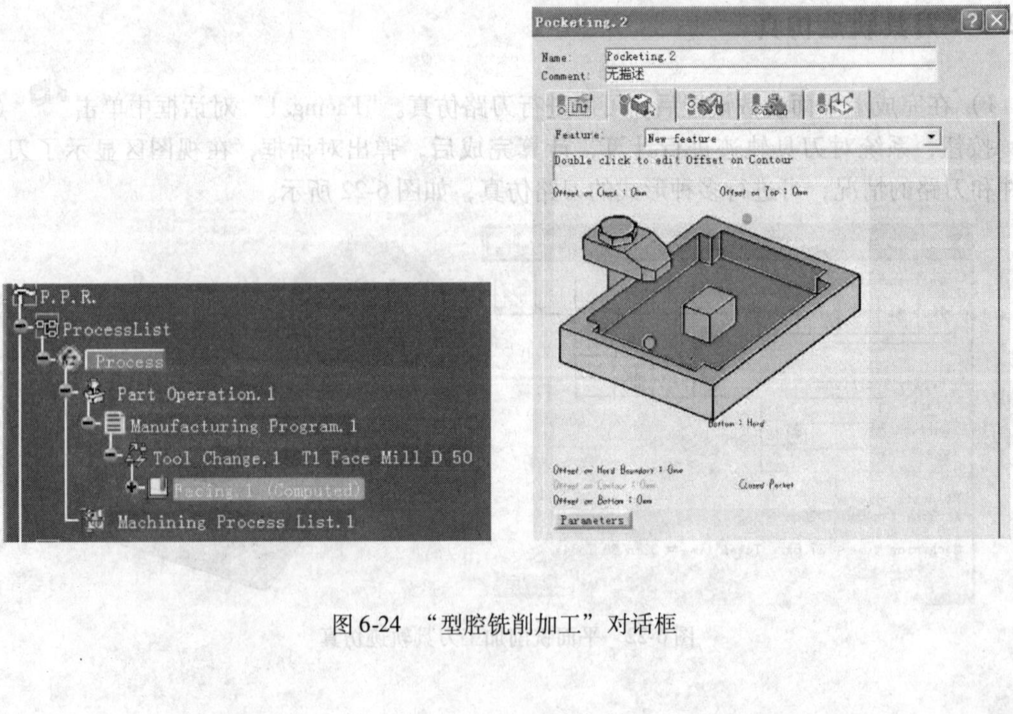

图 6-24　“型腔铣削加工”对话框

2. 确定加工表面

选择“加工表面”选项卡，与平面加工设置方法相同，利用零件感应区来确定加工表面，单击“Pocketing”对话框中型腔底面，对应单击零件型腔底面；单击型腔对话框中顶面，对应单击零件型腔顶面，完成加工表面的选取，如图6-25所示。

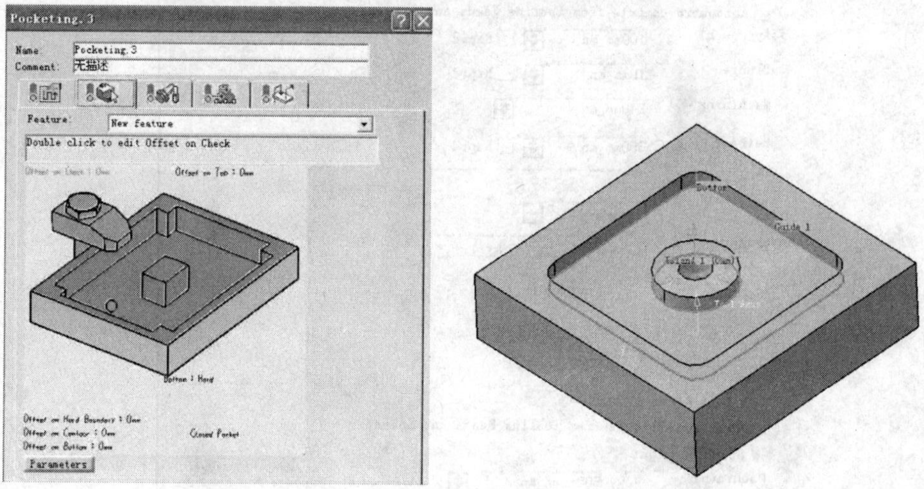

图6-25　确定加工表面

3. 设置刀具参数

选择“刀具”选项卡，设置加工型腔的刀具，选择立铣刀，直径10mm，刀尖圆弧半径为0，如图6-26所示。

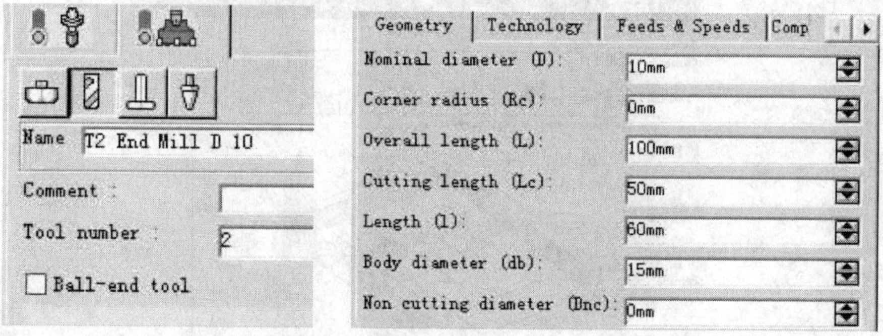

图6-26　选择刀具并设置其参数

4. 定义切削参数

单击“切削参数”选项卡，取消自动确定复选框，可手动设计进给率和主轴转速参数，参数设置如图6-27所示。

5. 定义刀具轨迹参数

单击“刀具轨迹”选项卡，在对话框Tool path style项中选择Inward helical选项，其他参数采用默认设置，如图6-28所示。

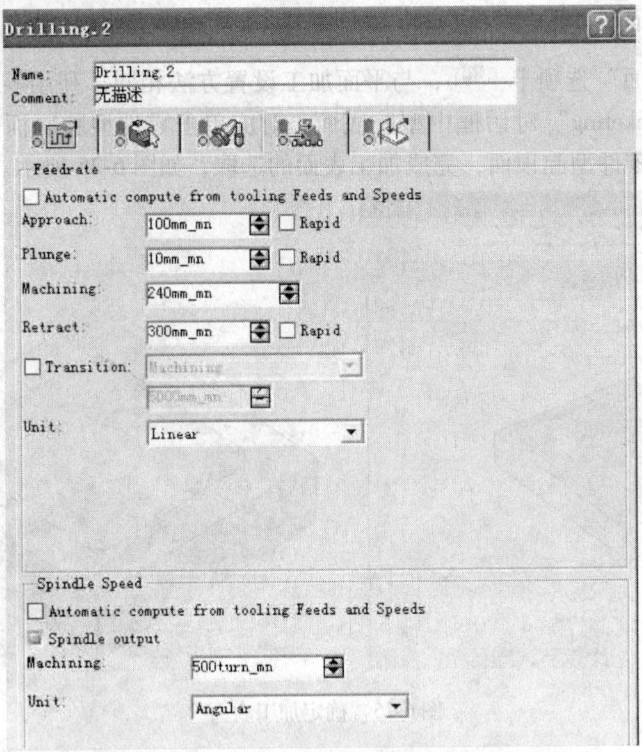

图 6-27　切削参数

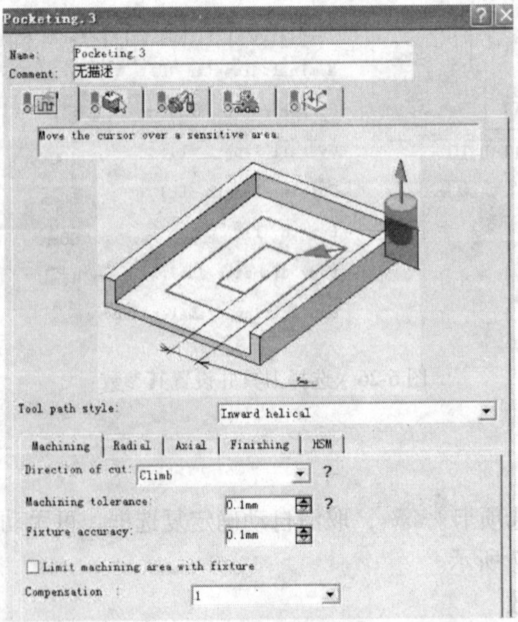

图 6-28　定义刀具轨迹参数

6. 设置进刀/退刀参数

进入“进刀/退刀参数”选项卡，与平面铣削加工设置方法相同，本例设为螺旋进刀，Z轴退刀，参数如图6-29所示。

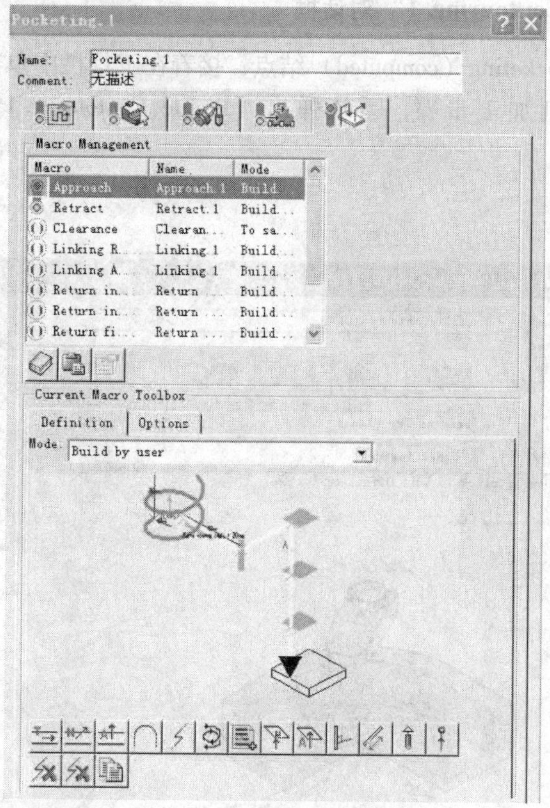

图6-29 设置进刀/退刀参数

7. 刀具轨迹仿真

参数设置完成，单击 （仿真）按钮，系统对刀具轨迹进行计算，计算完成后，如图6-30所示视图区显示了刀具、工件和刀路的情况，可进行多种形式的刀路仿真。

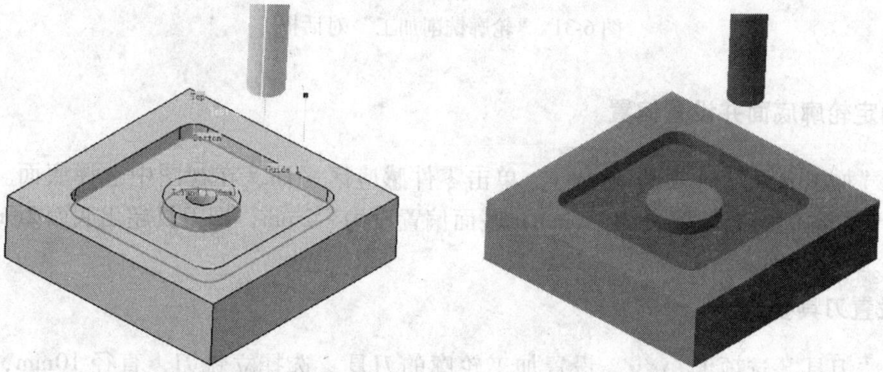

图6-30 刀具轨迹仿真

6.4 轮廓铣削加工

1. 打开“Profile Contouring. 1”对话框

在特征树中选择 Pocketing（computed）结点，接着在工具栏中单击（轮廓铣削）按钮，插入一个轮廓铣削加工步骤，系统弹出“Profile Contouring. 1”对话框，如图 6-31 所示。

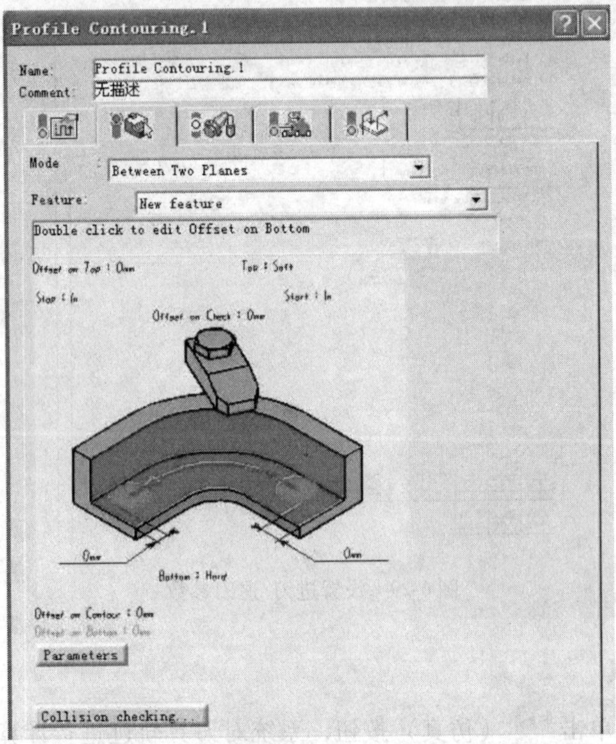

图 6-31 “轮廓铣削加工”对话框

2. 确定轮廓底面并设置偏置

选择“加工表面”选项卡，单击零件感应区平面，在视图中选择底面。同上方法设置偏置，本例轮廓偏置设为 -1mm，底面偏置设为 -2mm，即刀具超出底面 2mm，如图 6-32 所示。

3. 设置刀具参数

选择“刀具”选项卡，设置加工轮廓的刀具，选择立铣刀，直径 10mm，刀尖圆弧半径为 0，如图 6-33 所示。

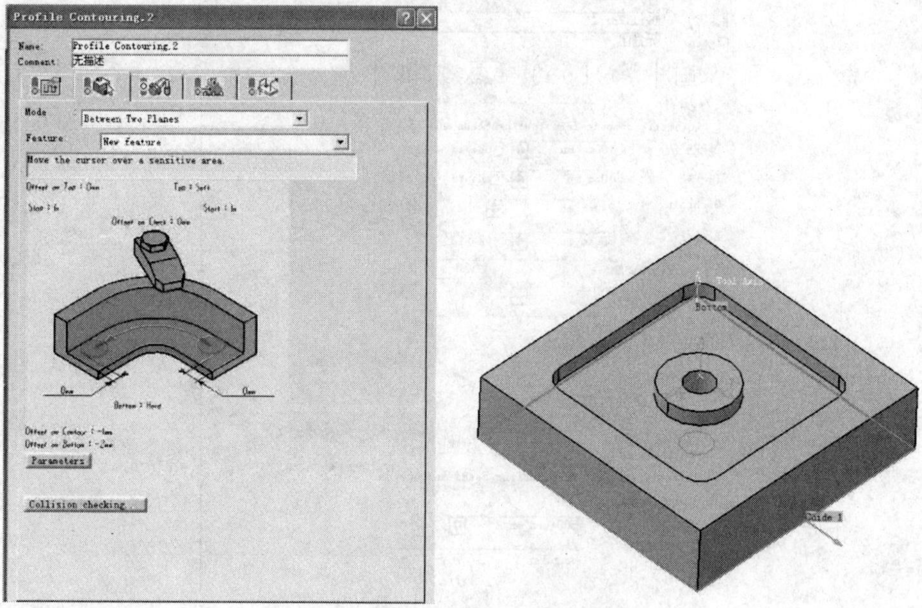

图6-32 设置底面和偏置

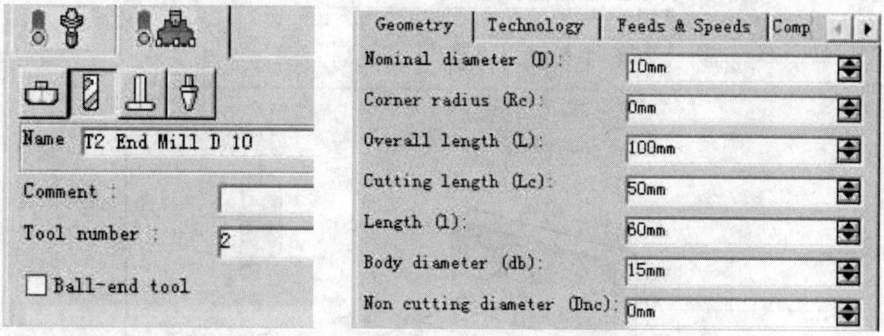

图6-33 设置刀具参数

4. 定义切削参数

单击“切削参数”选项卡，取消自动确定复选框，可手动设计进给率和主轴转速参数，如图6-34所示。

5. 定义刀具轨迹参数

单击“刀具轨迹”选项卡，定义刀具轨迹参数，参数采用默认设置，如图6-35所示。

6. 设置进刀/退刀参数

进入“进刀/退刀参数”选项卡，与平面铣削加工设置方法相同，如图6-36所示。

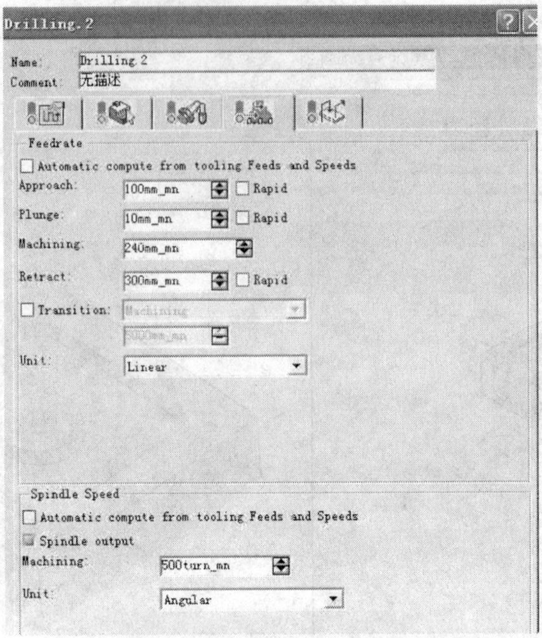

图 6-34 设置切削参数

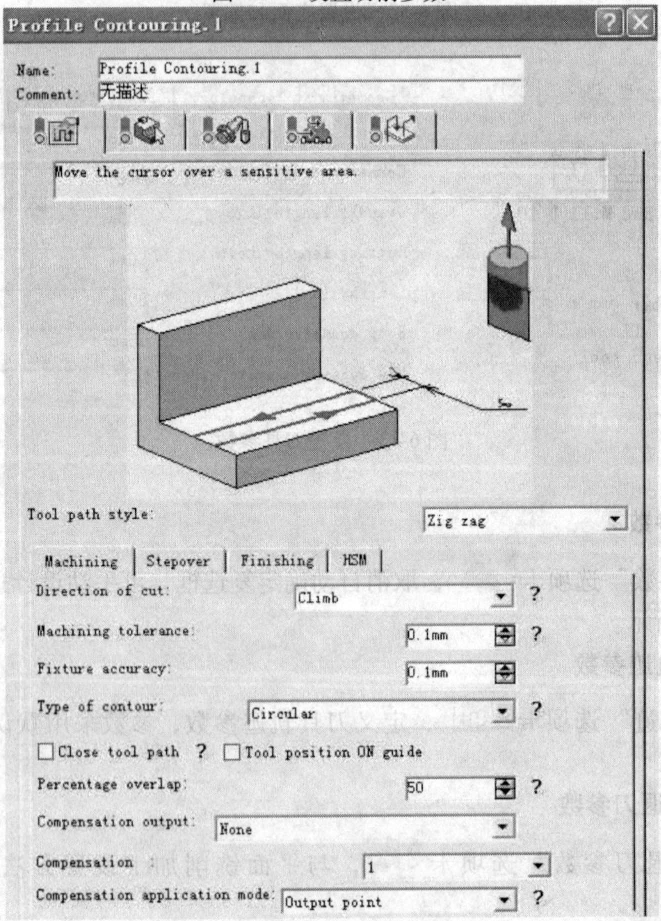

图 6-35 设置刀具轨迹参数

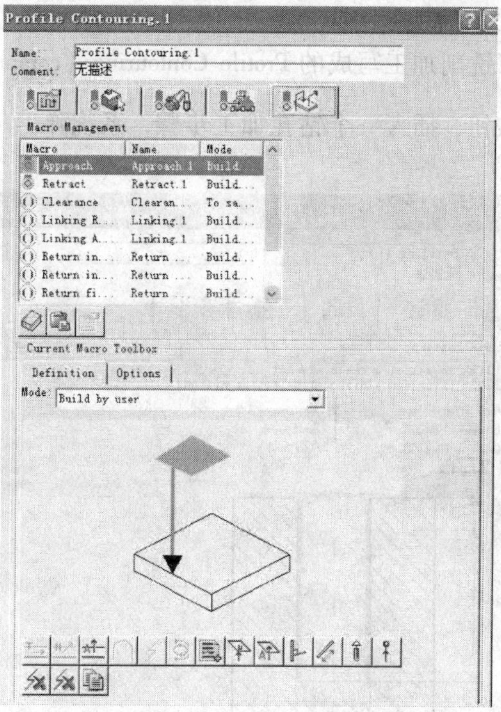

图6-36　设置进刀/退刀参数

7. 刀具轨迹仿真

采用型腔铣削加工中所使用的刀具，其他参数均使用默认参数，完成上述设置后，可进行刀具轨迹仿真，如图6-37所示。

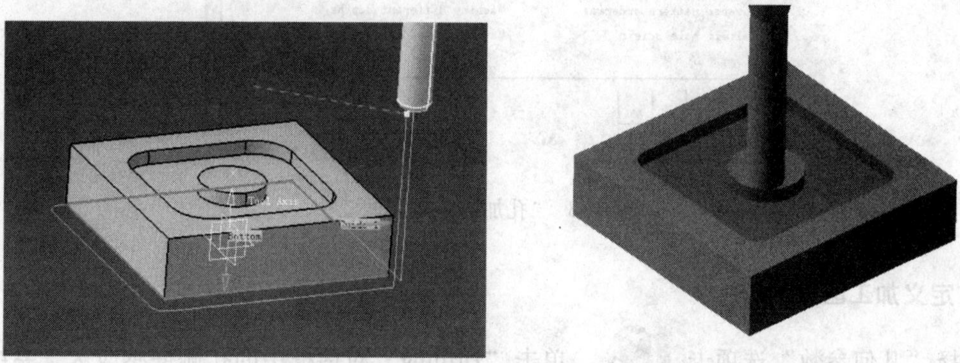

图6-37　型腔铣削加工刀具轨迹仿真

6.5　孔加工

2.5轴数控加工包括了多种孔加工，有钻中心孔、钻孔、镗孔、铰孔和倒角孔等。由于孔加工操作的设置都比较类似，这里主要介绍钻孔加工。

1. 打开“Drilling”对话框

在特征树中选择轮廓铣削加工写成的 Profile Contouring（computed）结点，接着在工具栏中单击（钻孔）按钮，插入一个钻孔加工步骤，系统弹出“Drilling. 1”对话框，如图 6-38 所示。

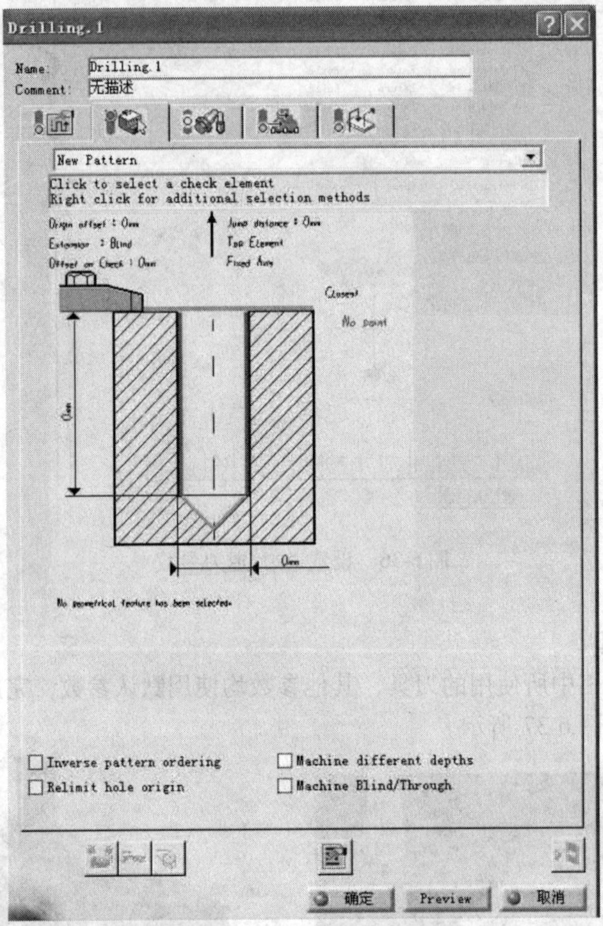

图 6-38 “孔加工”对话框

2. 定义加工区域

选择“几何参数”选项卡，单击“Drilling”对话框中的孔侧壁感应区，系统弹出“Pattern Selection”对话框，选择零件中的孔，然后在图形空白处双击，系统返回到“Drilling”对话框。加工区域定义完成后，“Drilling”对话框中会显示系统判断的孔的直径和深度值，如图 6-39 所示。

3. 定义刀具参数

进入“刀具”选项卡，选择麻花钻并对刀具进行命名。单击【more】按钮设置麻花钻的参数，如图 6-40 所示。

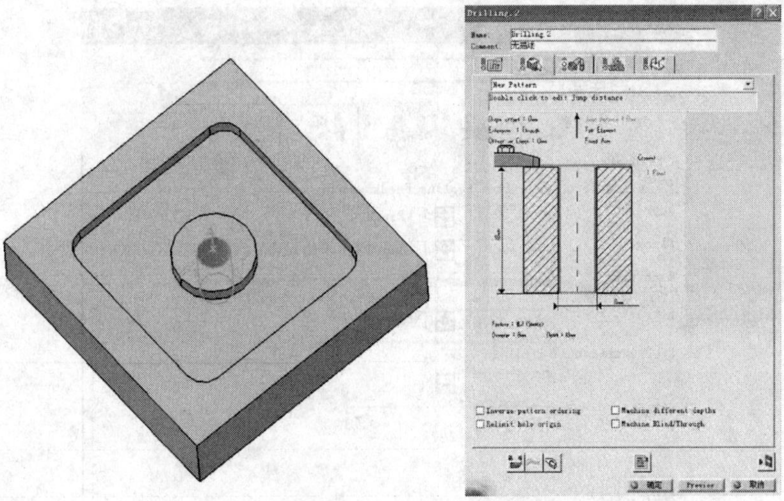

图 6-39　定义加工区域

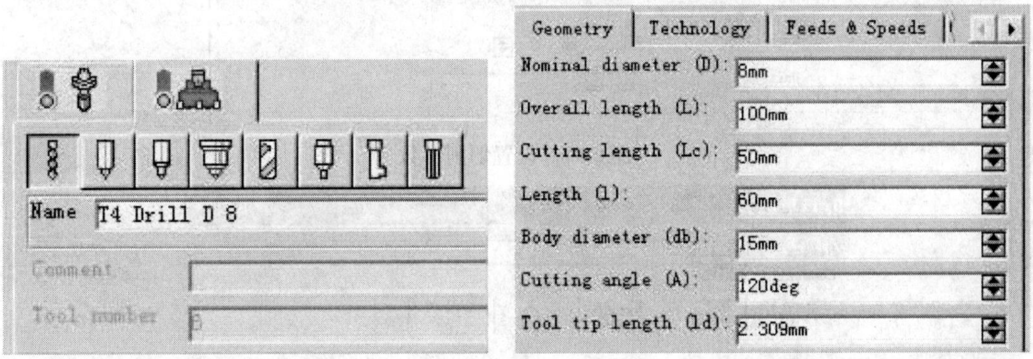

图 6-40　定义刀具参数

4. 定义切削参数

单击“切削参数”选项卡，取消自动确定复选框，可手动设计进给率和主轴转速参数，如图 6-41 所示。

5. 定义刀具轨迹参数

单击“刀具轨迹”选项卡，定义钻孔类型，在对话框中的 Depth mode 下拉列表框中选择 By shoulder（Ds）选项。其他参数采用默认设置，如图 6-42 所示。

6. 定义进刀/退刀路径

单击“进刀/退刀路径”选项卡，选择有用户设置选项，在下方设置相应的进刀/退刀方式。如图 6-43 所示。

7. 刀路仿真

在“Drilling”对话框中单击，系统弹出“Drilling”对话框，并在图形区显示刀具轨迹。加工后的零件如图 6-44 所示。

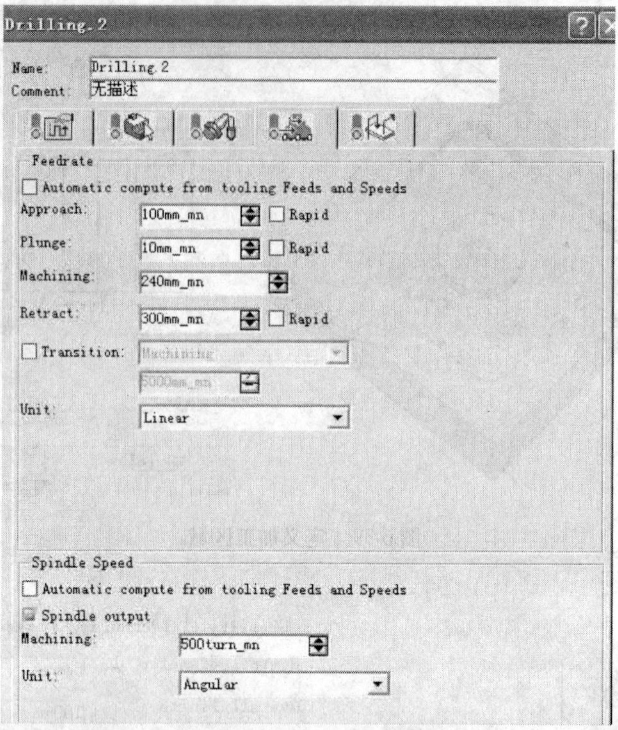

图 6-41 设置切削参数

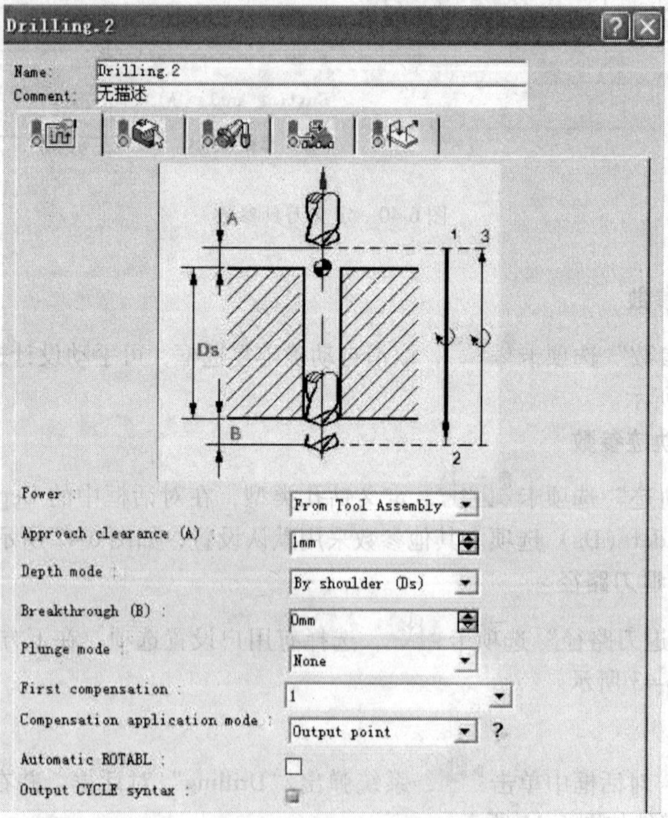

图 6-42 设置刀具轨迹参数

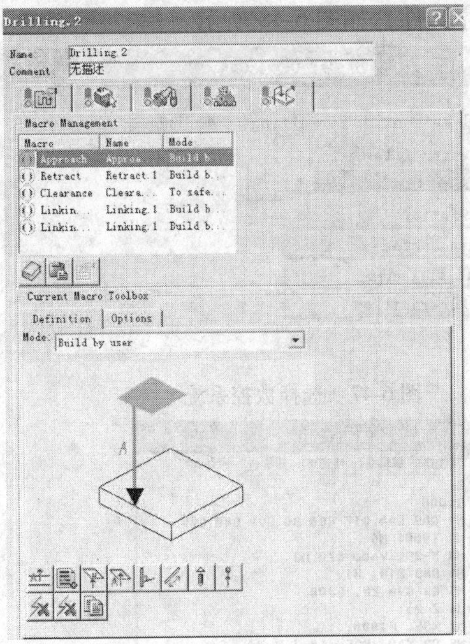

图6-43 设置进刀/退刀方式

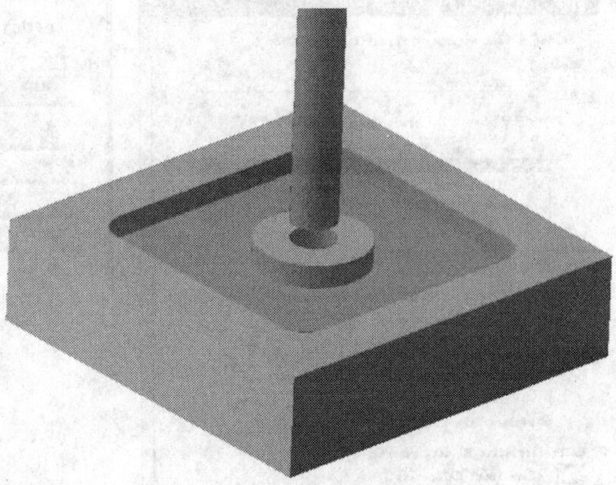

图6-44 孔加工仿真

6.6 后处理及程序输出

完成上述加工的相关设置后，需要进行后处理，即根据数控系统的要求生成数控程序(NC Program)。

1. 检查与加工相关的设置

选择菜单【工具】/【选项】命令，弹出“选项”对话框，如图6-45所示。在结构树中选择“加工”；在弹出的对话框中选择“Output”选项卡，在“Post Processor”选项区中选中“IMS”单选项。

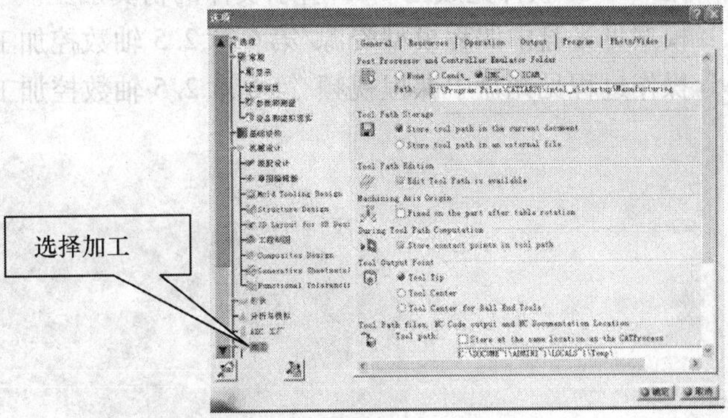

图6-45 “选项”对话框

2. 进行数控程序的相关设置

单击工具栏中的(生成数控程序)按钮，弹出如图6-46所示对话框，在“NC data type”下拉列表中选择“NC Code”表示输出数控程序。

3. 设置机床所用的数控系统

选择“NC Code”选项卡，在IMS Post-processor file下拉列表中选择你所用的数控系统。这里选择“fanuc0”，如图6-47所示。

4. 设置程序号

单击图6-46所示对话框中的【Execute】按钮，在弹出的对话框中设置程序号。设置为“1000”，即数控程序程序号为“%1000”。设置完成后单击【Continue】按钮，系统提示

“成功输出程序”。可用文本编辑器打开和查看程序文件，如图 6-48 所示。

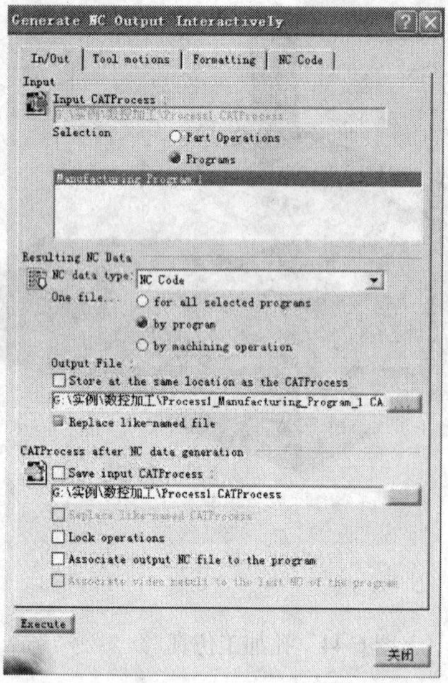

图 6-46　生成数控程序的相关设置

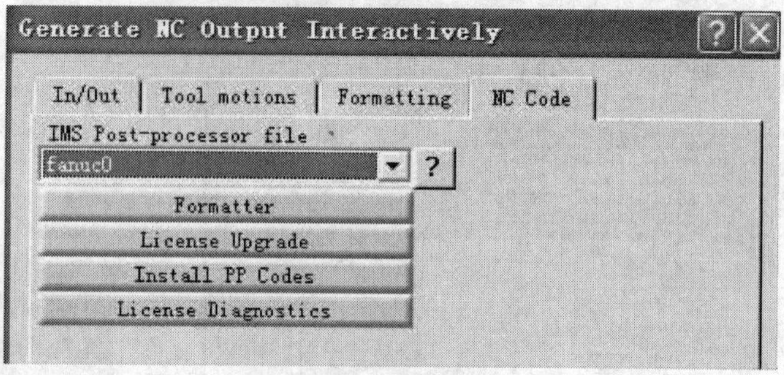

图 6-47　选择数控系统

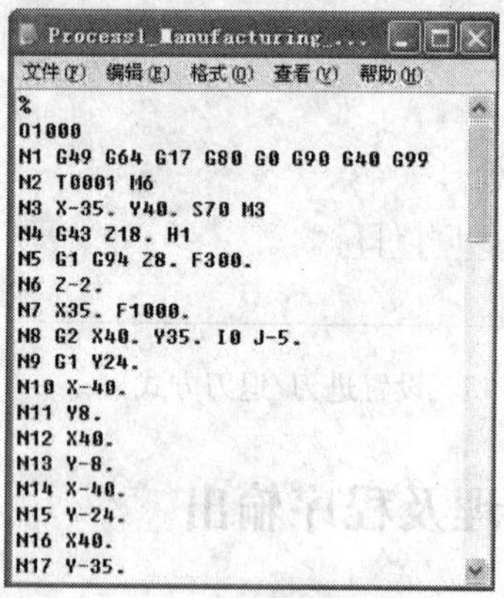

图 6-48　生成的数控程序

6.7　练习题

用 CATIA 软件完成图 6-49 所示实体的仿真加工。

模型见光盘中课程模型资源/第 6 章 2.5 轴数控加工/2.5 轴加工习题。

操作过程见光盘中课程视频/第 6 章 2.5 轴数控加工/2.5 轴加工习题 . exe。

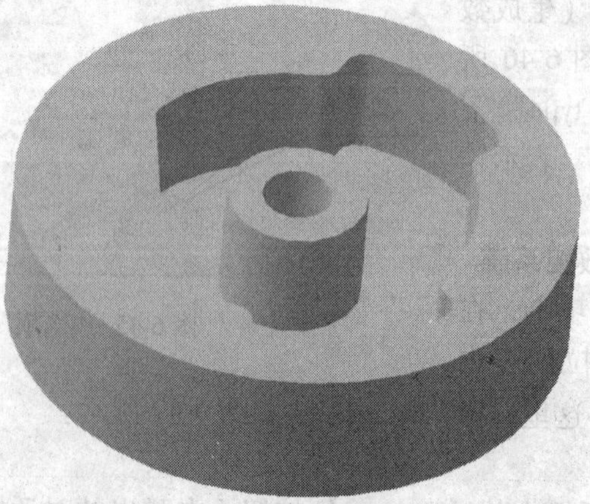

图 6-49　习题

第 7 章　曲面铣削加工

CATIA V5 软件中的曲面铣削加工应用广泛，可以满足各种加工方法的需要。本章以图 7-1 所示的零件为例讲解常用的曲面铣削加工操作，包括等高线加工、投影加工、轮廓驱动加工、沿面加工、螺旋加工、清根加工等。

图 7-1　曲面加工实例

模型见光盘中课程模型资源/第 7 章曲面加工/综合。
操作过程见光盘中课程视频/第 7 章曲面加工/综合 . exe。

7.1　等高线加工

7.1.1　等高线粗加工

1. 打开模型文件并进入曲面加工模块

1）打开模型文件。

2）选择【开始】/【加工】/【surface machining】命令，进入曲面加工模块。

2. 创建毛坯零件

在 Geometry Management 工具栏中单击（创建毛坯）按钮，系统弹出“创建毛坯”对话框，选择加工零件为加工体，系统自动根据零件的尺寸创建一个毛坯零件，用户也可修改毛坯尺寸，单击【确定】按钮，在目录树中右键单击创建的毛坯，进行编辑，如图 7-2 所示。以圆形毛坯代替矩形毛坯，单击更新，如图 7-3 所示。

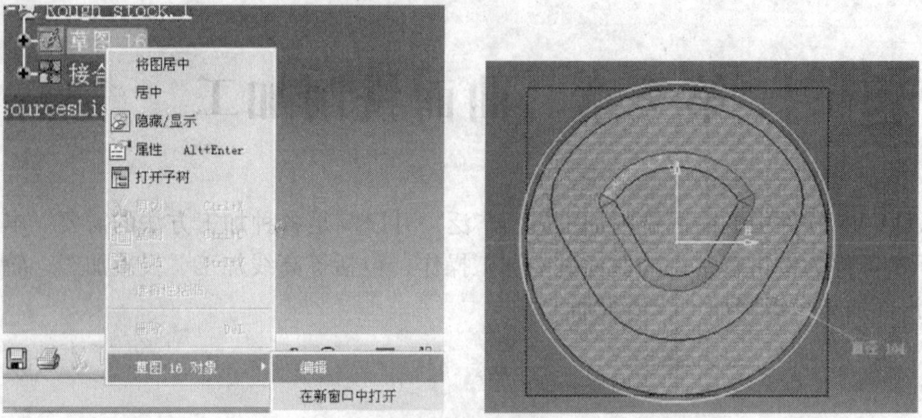

图 7-2　创建毛坯

3. 零件操作定义

零件操作定义主要包括：设置数控加工机床、设置加工坐标系、选择加工零件及毛坯、设置安全平面等。

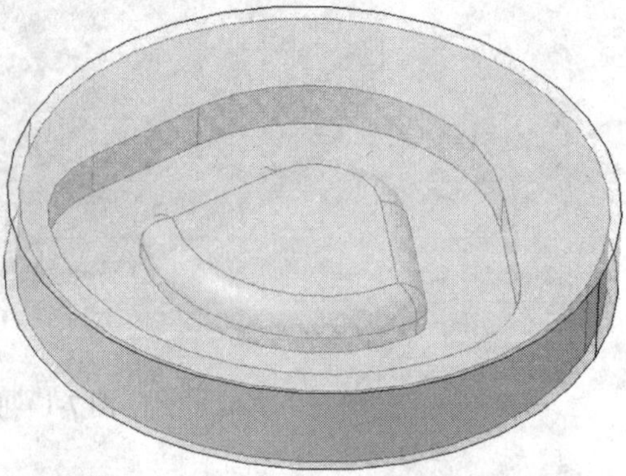

图 7-3　圆形毛坯

（1）打开零件操作设置对话框　在 P. P. R. 特征树中，双击 ProcessList 节点中的 Part Operation 结点，弹出“Part Operation”对话框。

（2）机床设置　在“Part Operation”对话框中单击（机床设置）按钮，弹出“Machine Editor”对话框，按照默认设置，选择“3-axis Machine”（三轴机床）。在 ResourcesList 节点下出现机床名称。

（3）坐标系设置　在“Part Operation”对话框中单击（坐标系设置）按钮，弹出“坐标系设置”对话框，该坐标系为工件坐标系，默认将零件建模时的坐标系作为工件坐标系。单击原点，坐标系设置对话框消失，在毛坯零件上选择已设置的点，坐标系设置对话框中坐标系变成绿色，单击【确定】按钮，完成坐标系设置，如图 7-4 所示。

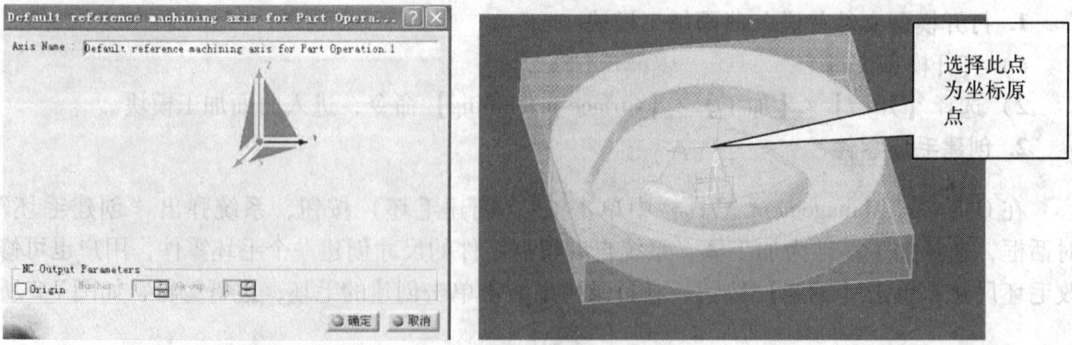

图 7-4　设置坐标系

（4）选择加工目标零件　在“Part Operation”对话框中，选择“Geometry”选项卡，单击（选择加工零件）按钮，在视图上或特征树中选择要加工的零件几何体，双击即可返回对话框。

（5）选择毛坯　在“Part Operation”对话框中，选择“Geometry”选项卡，单击（选择毛坯）按钮，选择方法与加工零件的选择相同。

（6）选择安全平面　在“Part Operation”对话框中，选择“Geometry”选项卡，单击（安全平面）按钮，选择毛坯上表面后，返回“Part Operation”对话框，在视图中【Safety Plane】上右键单击，在弹出的菜单中选择【Offset】，在对话框中设置安全高度为30mm，如图7-5所示。

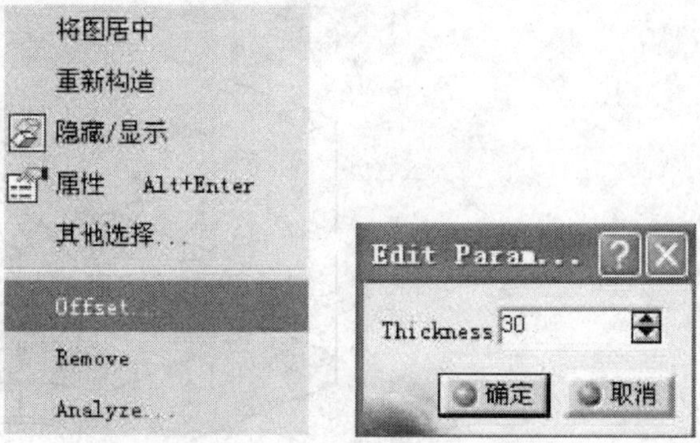

图7-5　设置安全高度

（7）完成零件操作设置　单击“Part Operation”对话框中的【确定】按钮，即可完成零件操作的参数设置。

4. 设置加工参数

（1）进入参数设置界面　在特征树中选中，单击（等高线粗加工）按钮，插入一个等高线粗加工步骤，系统弹出“Roughing.1”对话框，如图7-6所示。

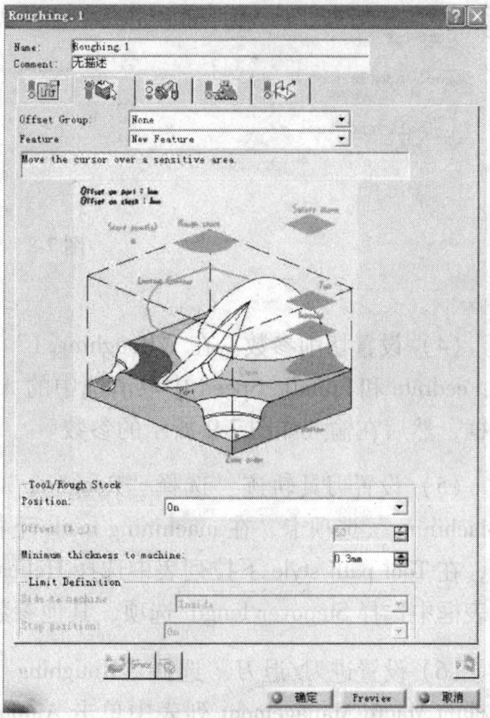

图7-6　“等高线粗加工”对话框

（2）确定加工表面　选择“Roughing”对话框中的（几何参数）选项卡，将鼠标移动到感应区中目标零件感应区，该表面以橙色高亮显示，单击鼠标，然后在视图中双击整个零件几何体，返回对话框，相应区域变为深绿色，如图7-7所示，几何参数按钮也变为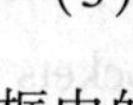。

（3）设置刀具参数　选择“Roughing”对话框中的（刀具参数）选项卡，去除掉Ball-endtool，单击对话框中的【More】按钮，展开更多的刀具参数，从参数表中修改，如图7-8所示。确定刀具参数后，“刀具参数”选项卡变为。

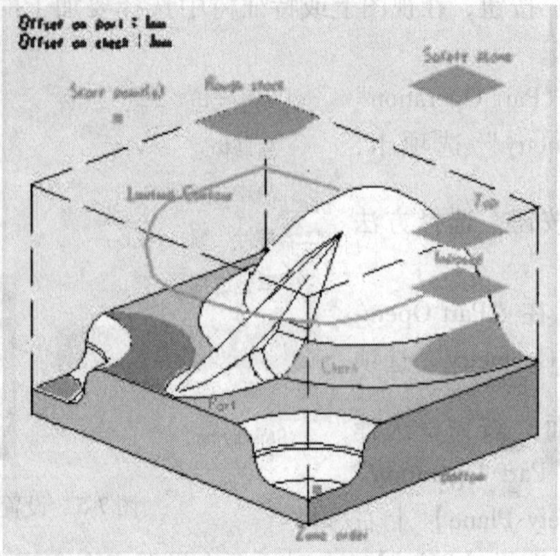

图 7-7 设置加工表面

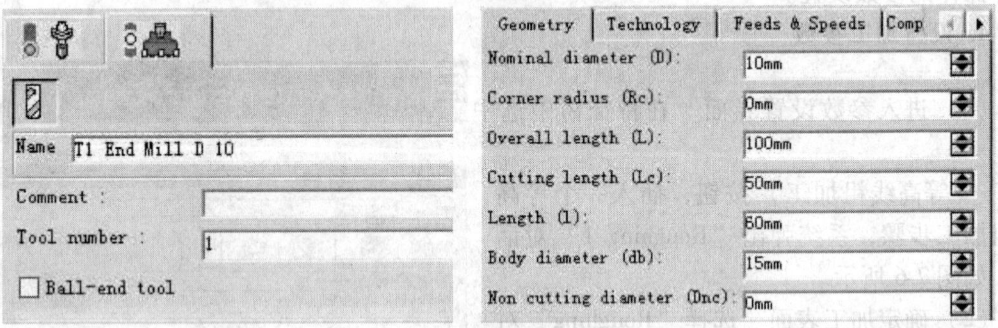

图 7-8 设置刀具参数

（4）设置切削参数　在“Roughing. 1”对话框中单击（切削参数）选项卡，分别在 Feedrate 和 Spindle Speed 中取消选中的 Automatic compute from tooling Feeds and Speeds 复选框，然后在输入如图 7-9 所示的参数。

（5）设置刀具轨迹　选择“Roughing”对话框中的（刀具轨迹）选项卡，单击“Machining”选项卡，在 machining mode 下拉列表中选择 By Area 和 Outer part and pockets 选项，在 Tool path style 下拉列表中选择 Helical 选项；单击 Radial 选项，然后在 Stepover 下拉列表框中选择 Stepover length 选项，其他参数采用默认设置，如图 7-10 所示。

（6）设置进刀/退刀　选择“Roughing”对话框中的（进刀/退刀）选项卡。在对话框的 Macro Management 列表中单击 Automatic 选项，参数设置为默认方式；单击 Pre-motions 选项方式下，单击（从平面）按钮；如图 7-11 所示。

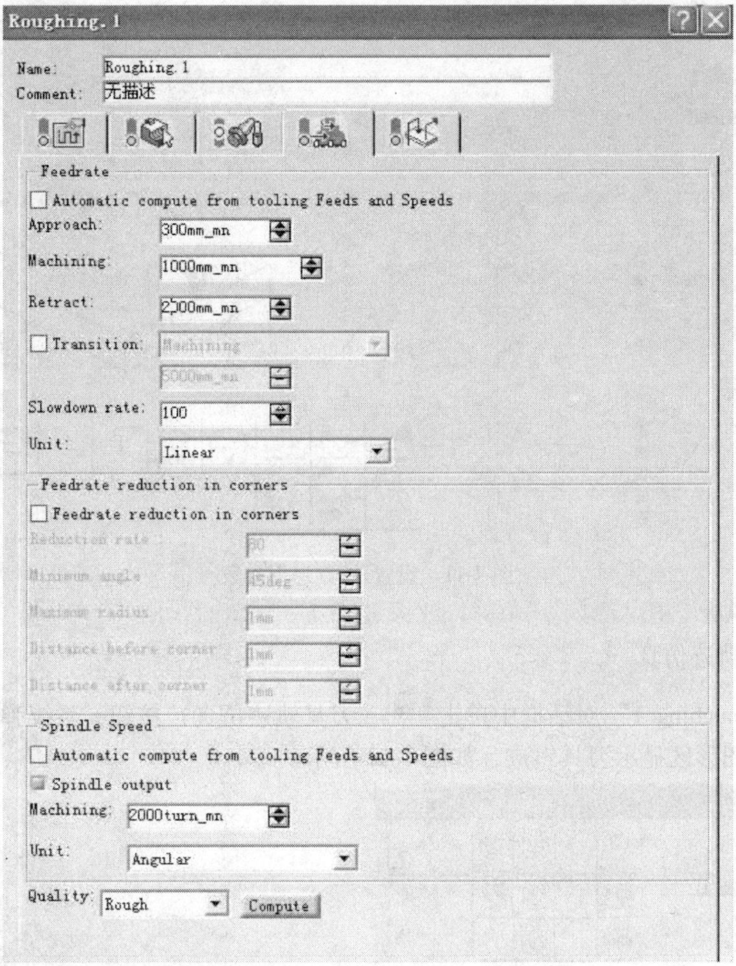

图 7-9 设置切削参数

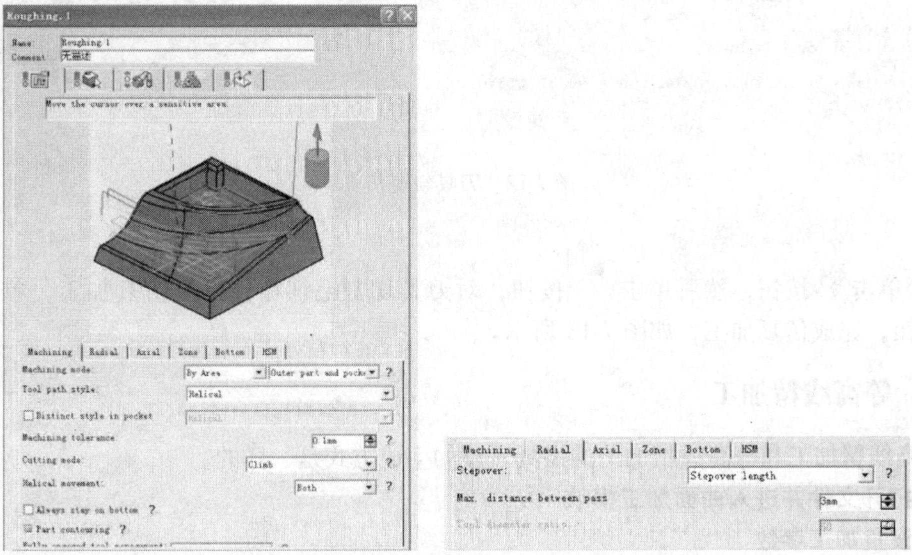

图 7-10 设置刀具轨迹

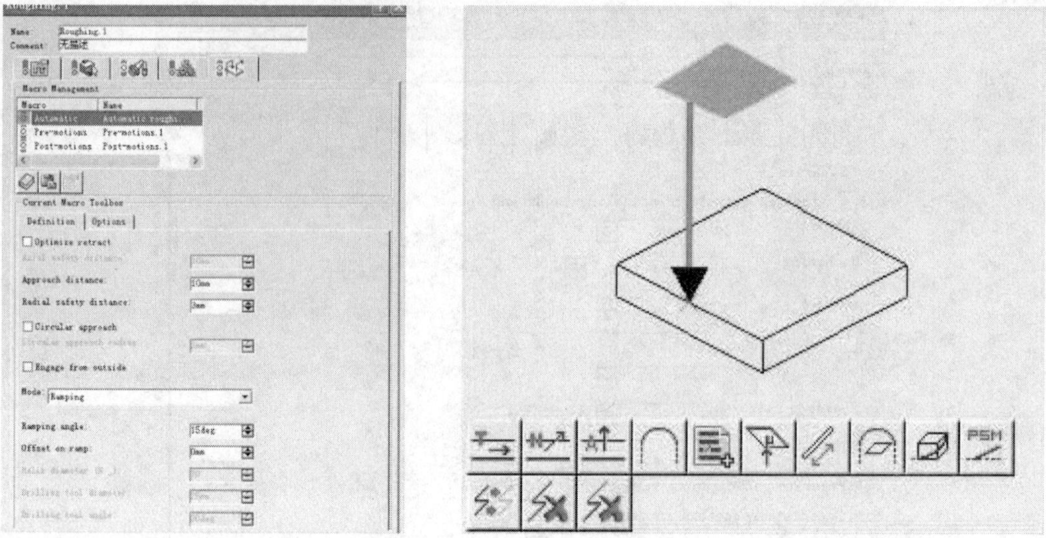

图 7-11　设置进刀/退刀参数

（7）刀具轨迹仿真

1）在“Roughing. 1”对话框中单击（刀具轨迹仿真）按钮，系统弹出“Roughing”对话框，并在图形区显示刀具轨迹，如图 7-12 所示。

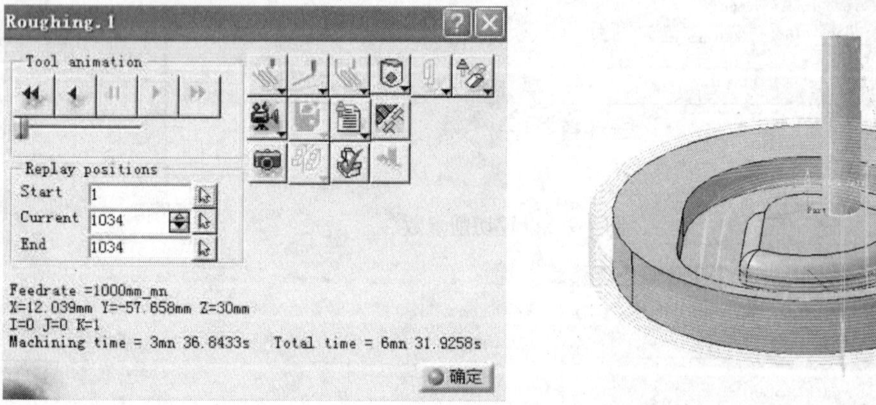

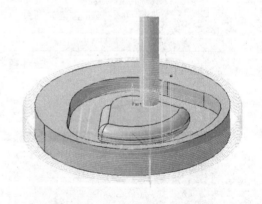

图 7-12　刀具轨迹仿真

2）单击按钮，然后单击按钮，对刀具切割毛坯零件进行仿真加工，单击【确定】按钮，完成仿真加工，如图 7-13 所示。

7.1.2　等高线精加工

等高线精加工和等高线粗加工的刀具轨迹的生成方式是一样的。

1. 打开文件并进入曲面加工模块

2. 设置加工参数

（1）设置几何参数

1）在特征树中选择 Roughing（Computed），然后单击按钮，系统弹出“ZLevel. 1”对话框，如图 7-14 所示。

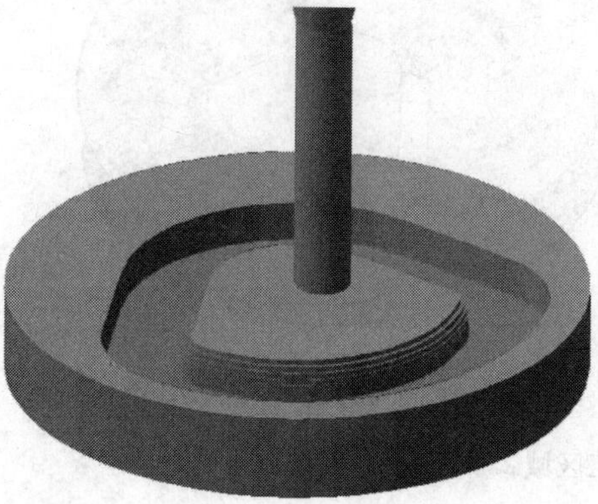

图 7-13 仿真完成后实体

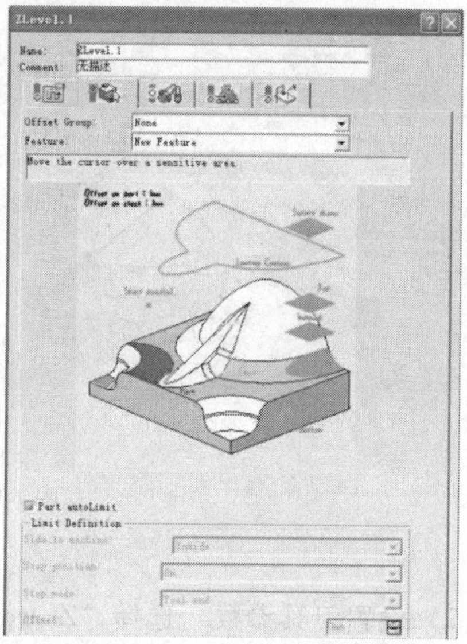

图 7-14 “等高线精加工”对话框

2）定义加工区域。选择“ZLevel”对话框中的（几何参数）选项卡，在对话框中目标零件感应区单击右键，选择加工面，如图 7-15 所示。该表面以橙色高亮显示，然后在视图中双击整个零件几何体，返回对话框，相应区域变为深绿色，几何参数按钮也变为。

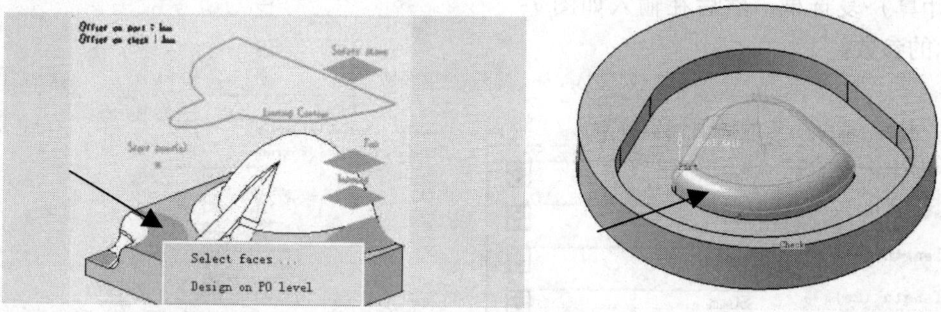

图 7-15 定义加工区域 1

单击不需加工面，在零件几何体上选择不需要加工的面，双击图形区域或单击【OK】，返回对话框，如图 7-16 所示。

3）设置加工余量，双击“ZLevel”对话框中的 Offset on part 字样，在系统弹出的“Edit Parameter”对话框中输入 0；双击“ZLeve”对话框中的 Offset on check 字样，在系统弹出的“Edit Parameter”对话框中输入 0。

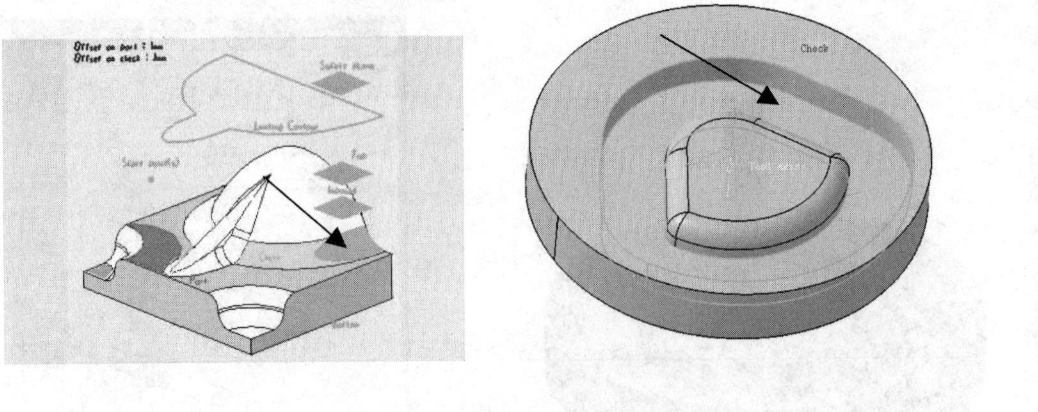

图 7-16 定义加工区域 2

（2）设置刀具参数 选择“ZLevel. 1”对话框中的（刀具参数）选项卡，选中 ball end-tool，单击对话框中的【More】按钮，展开更多的刀具参数，从参数表中修改，如图 7-17 所示。确定刀具参数后，“刀具参数”选项卡变为。

（3）设置切削参数 在“ZLevel. 1”对话框中单击（切削参数）选项卡，分别在 Feedrate（进给率）和 Spindle Speed（主轴转速）中取消选中的 Automatic compute from tooling Feeds and Speeds（自动计算）复选框，然后在输入如图 7-18 所示的参数。

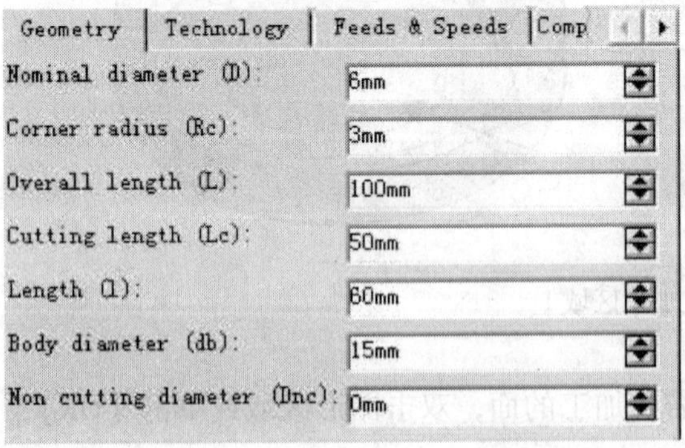

图 7-17 设置刀具参数

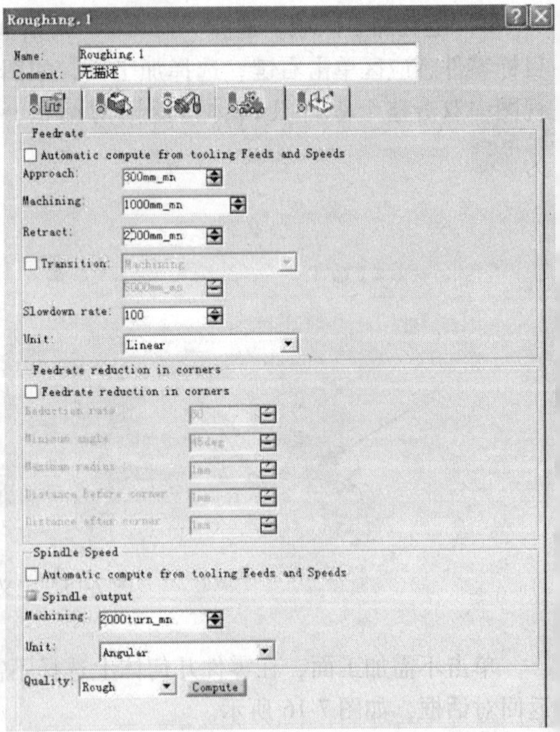

图 7-18 设置切削参数

（4）设置刀具轨迹　选择“ZLevel. 1”对话框中的（刀具轨迹）选项卡，单击【Machining】选项卡，在 machining tolerance 中输入 0. 01mm，在 Axial 选项卡下，Distance between pass 中输入 0. 5，其他参数采用默认设置；如图 7-19 所示。

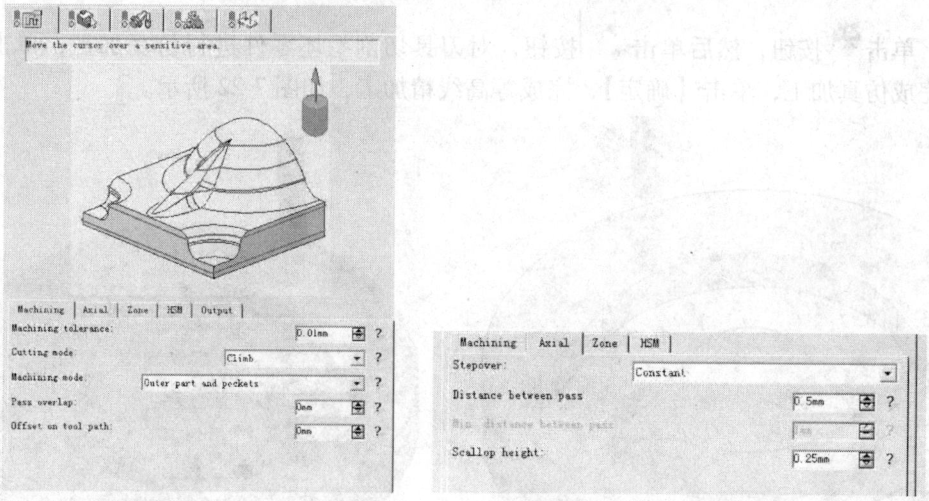

图 7-19　设置刀具轨迹

（5）设置进刀/退刀　选择“ZLevel. 1”对话框中的（进刀/退刀）选项卡。在对话框的 Macro Management 列表中单击 Approach 选项，在 mode 中选择 Ramping，双击图 7-20 中进刀尺寸 1. 2mm，在弹出的对话框中输入 8mm，单击 Retract 选项，在 mode 中选择 Build by user，单击按钮，再单击按钮，如图 7-20 所示，完成进刀/退刀设置。

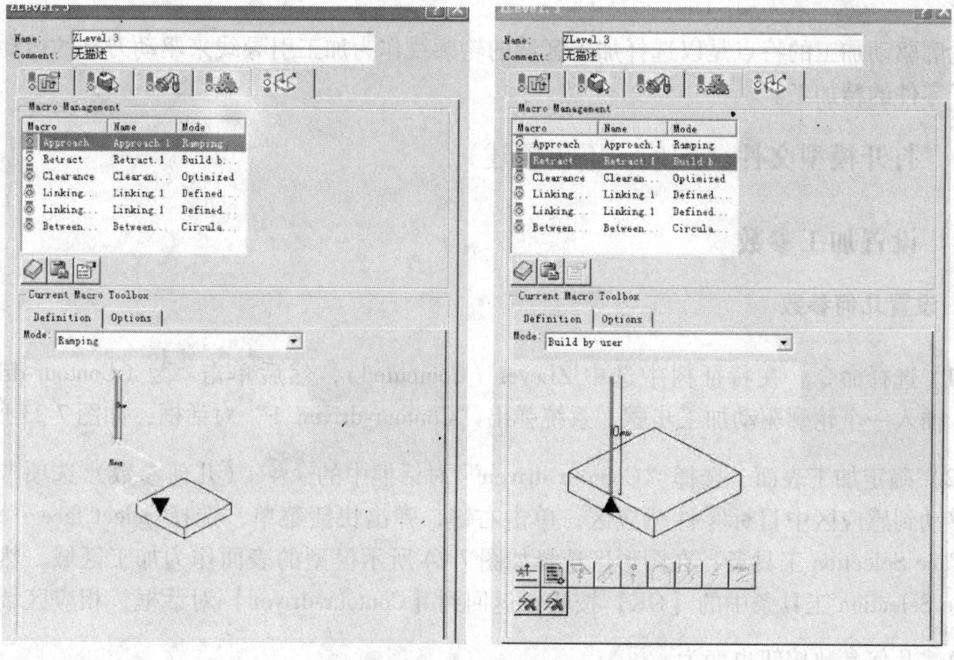

图 7-20　设置进刀/退刀

(6) 刀具轨迹仿真

1) 在“ZLevel”对话框中单击（刀具轨迹仿真）按钮，系统弹出“ZLevel”对话框，并在图形区显示刀具轨迹，如图 7-21 所示。

2) 单击按钮，然后单击按钮，对刀具切割毛坯零件进行仿真加工，单击【确定】，完成仿真加工，单击【确定】，完成等高线精加工，如图 7-22 所示。

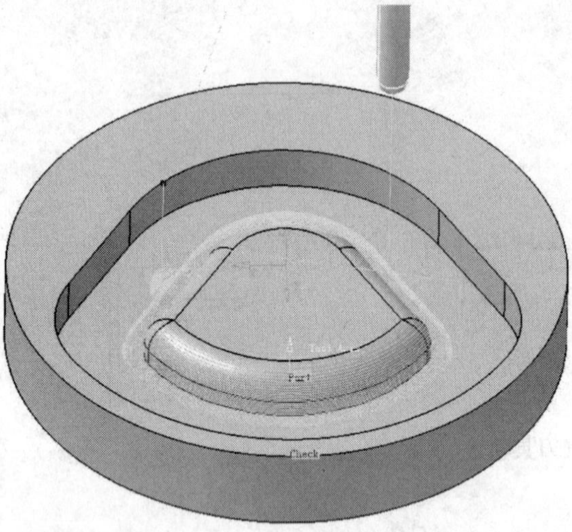

图 7-21 刀具轨迹仿真

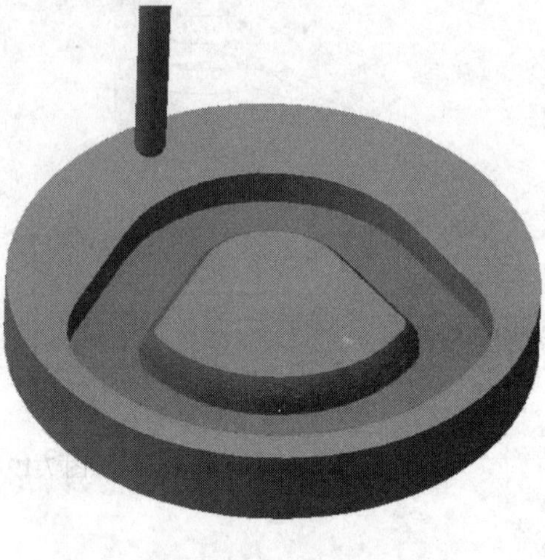

图 7-22 仿真完成后的实体

7.2 轮廓驱动加工

轮廓驱动加工的特点是以选择加工区域的轮廓线作为加工引导线来驱动刀具的运动，一般用于零件的精加工。

7.2.1 打开模型文件（同前，不再赘述）

7.2.2 设置加工参数

1. 设置几何参数

(1) 选择命令　在特征树中选中 ZLevel（Computed），然后单击（Contour-driven）按钮，插入一个轮廓驱动加工步骤，系统弹出“Contour-driven. 1”对话框，如图 7-23 所示。

(2) 确定加工表面　选择“Contour-driven”对话框中的（几何参数）选项卡，将鼠标移动到感应区中目标零件感应区，单击右键，弹出快捷菜单，选择 Select face…命令，弹出 Face Selection 工具条；在图形区选择如图 7-24 所示模型的表面作为加工区域。然后单击 Face Selection 工具条中的【OK】按钮，返回到【Contour-driven】对话框，相应区域变为深绿色，几何参数按钮也变为。

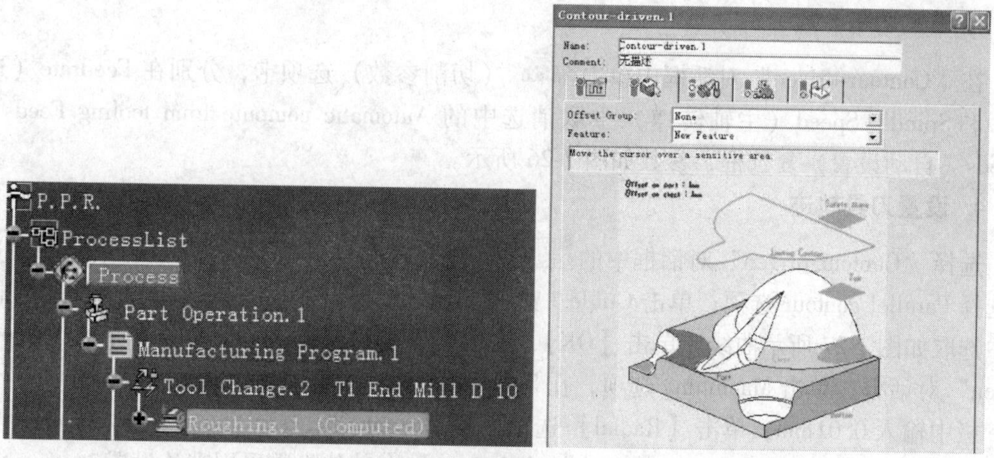

图 7-23　“轮廓驱动加工”对话框

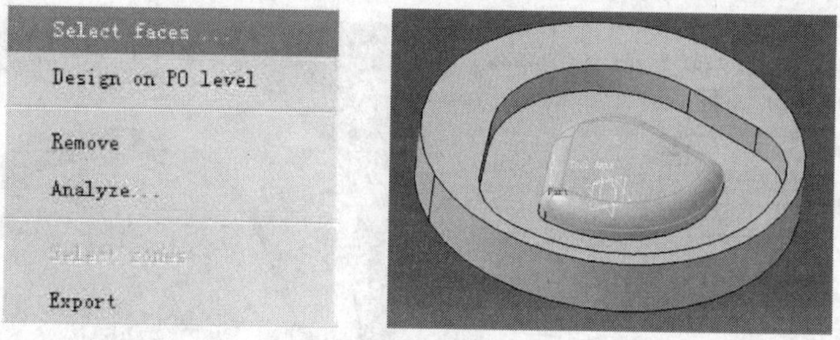

图 7-24　设置加工表面

（3）设置加工余量　双击“Contour-driven. 1”对话框中的 Offset on part 字样，在系统弹出的“Edit parameter”对话框中输入 0. 3。双击对话框中的 Offset on check 字样，在系统弹出的“Edit parameter”对话框中输入 0. 3。

2. 设置刀具参数

选择“Contour-driven”对话框中的（刀具参数）选项卡，选择按钮，修改刀具名称为 T3 End Mill D6，选中 Ball-end tool，单击对话框中的【More】按钮，展开更多的刀具参数，从参数表中修改，如图 7-25 所示。确定刀具参数后，“刀具参数”选项卡变为。

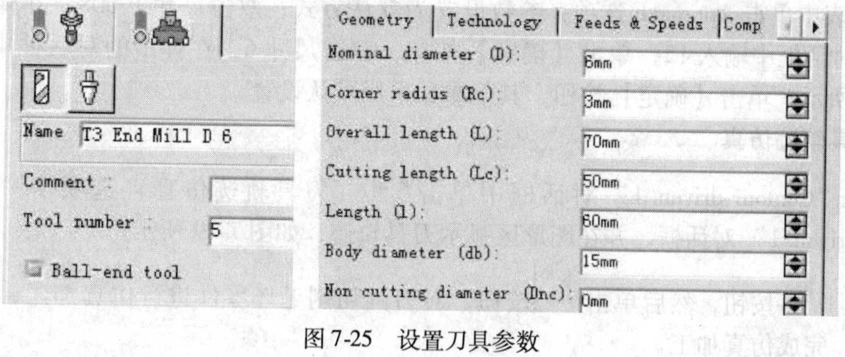

图 7-25　设置刀具参数

3. 设置切削参数

在“Contour-driven”对话框中单击 （切削参数）选项卡，分别在 Feedrate（进给率）和 Spindle Speed（主轴转速）中取消选中的 Automatic compute from tooling Feeds and Speeds（自动设置）复选框，参数如图 7-26 所示。

4. 设置刀具轨迹

选择“Contour-driven”对话框中的 （刀具轨迹）选项卡，在 Guiding strategy 选项中选择 Parallel contour 选项；单击 Guide 1 感应区，系统弹出 Edge Selection 工具条。在图形区中选取如图 7-27 所示曲线，单击【OK】，完成引导线的定义。同时系统返回到“Contour-driven”对话框；单击 Machining 选项，在 Tool path stype 中选择 Zig-zag；在 Machining tolerance 栏中输入 0.01mm，单击【Radial】选项，在 Distance between paths 中输入 2mm；单击【Axial】选项，在 Maximum cut depth 中输入 0.2mm；在其他参数采用默认设置。

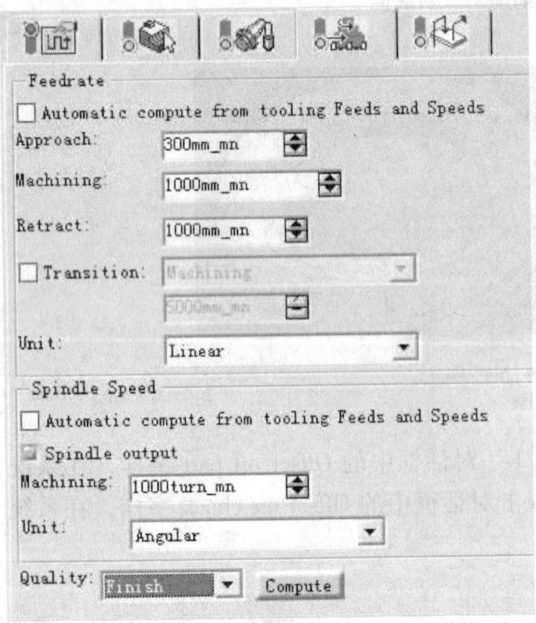

图 7-26 设置切削参数

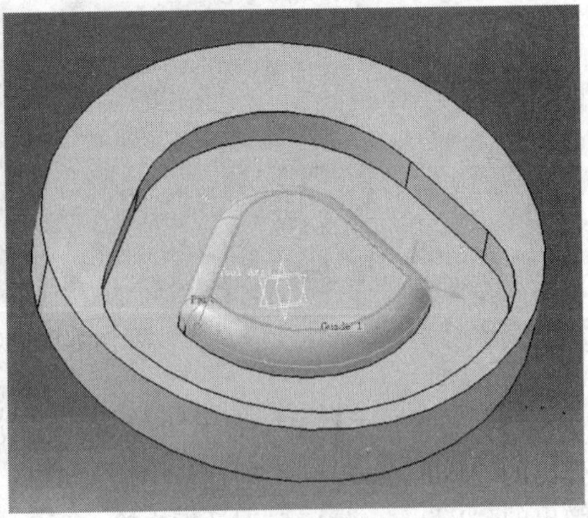

图 7-27 设置刀具轨迹

5. 设置进刀/退刀

选择“Contour-driven”对话框中的 （进刀/退刀）选项卡。在对话框的 Macro Management 列表中单击 Approach 选项，参数设置为默认方式；双击尺寸 1.608，在弹出的 Edit Parameter 对话框中输入 15，单击【确定】按钮，双击尺寸 6，在弹出的对话框中输入 15，如图 7-28 所示。单击【确定】按钮，其他参数采用默认设置。

6. 刀具轨迹仿真

1）在“Contour-driven.1”对话框中单击 （刀具轨迹仿真）选项卡，系统弹出“Contour-driven.1”对话框，并在图形区显示刀具轨迹，如图 7-29 所示。

2）单击 按钮，然后单击 按钮，对刀具切割毛坯零件进行仿真加工，单击【确定】按钮，完成仿真加工。

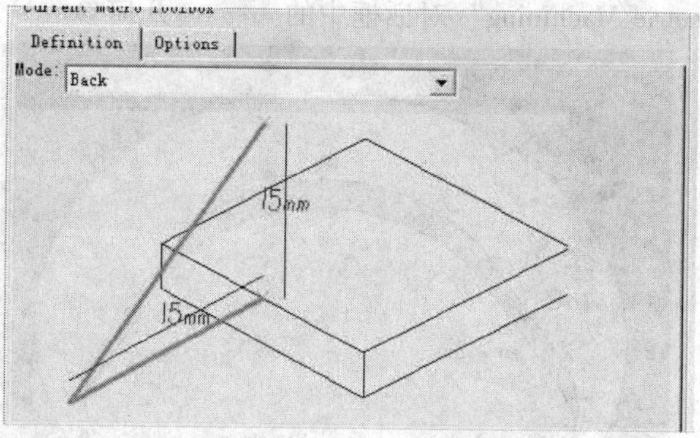

图 7-28 设置进刀/退刀

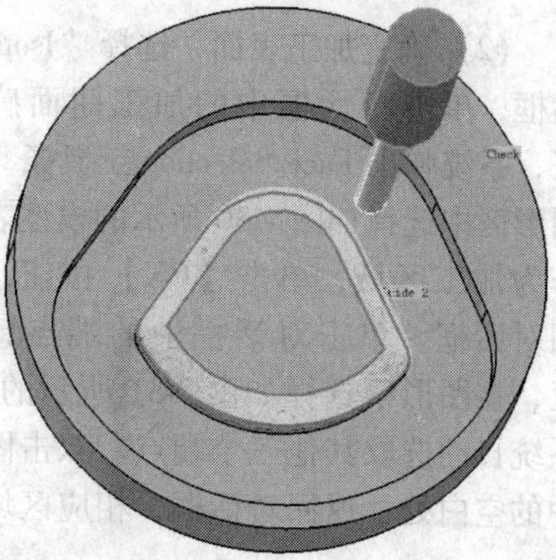

图 7-29 刀具轨迹仿真

7.3 沿面加工

沿面加工就是由所加工的曲面等参数线 U、V 来确定切削路径。用户需要选取加工曲面和 4 个端点作为几何参数，所选择的曲面必须是相邻且共边的。

7.3.1 打开加工模型文件（同前文，不再赘述）

7.3.2 设置加工参数

1. 设置几何参数

（1）选择命令　在特征树中选中 Contour-driven.1 (Computed)，然后单击（Isoparametric Machining）按钮，插入一个沿面加工步骤，系统弹出“Isoparametric Machining”对话框，如图 7-30 所示。

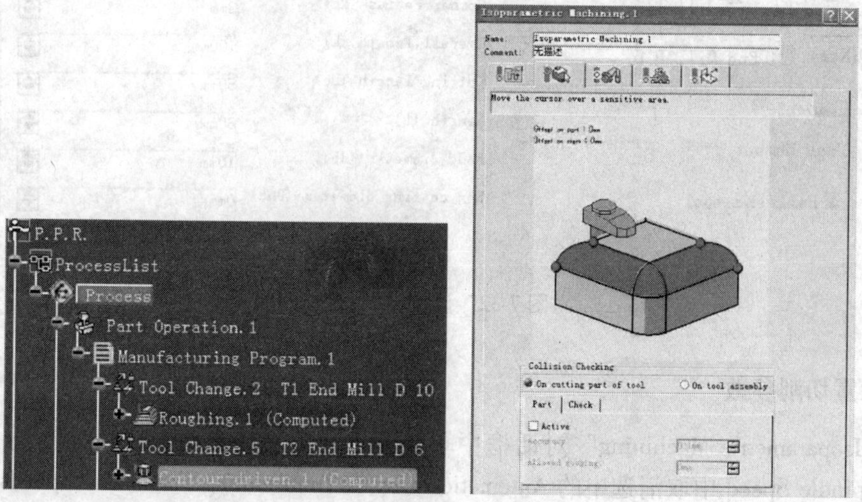

图 7-30 “沿面加工”对话框

（2）确定加工表面　选择“Isoparametric Machining”对话框中的（几何参数）对话框，单击对话框中的加工曲面感应区，系统弹出 Face Selection 工具条。在图形区中选择如图 7-30 所示的模型表面作为加工区域，单击【OK】按钮，返回对话框。单击对话框中的端点感应区，在图形中选择如图 7-31 所示的点，系统自动选取其他三个端点。双击图形中的空白处，返回对话框，相应区域变为深绿色，几何参数按钮也变为。

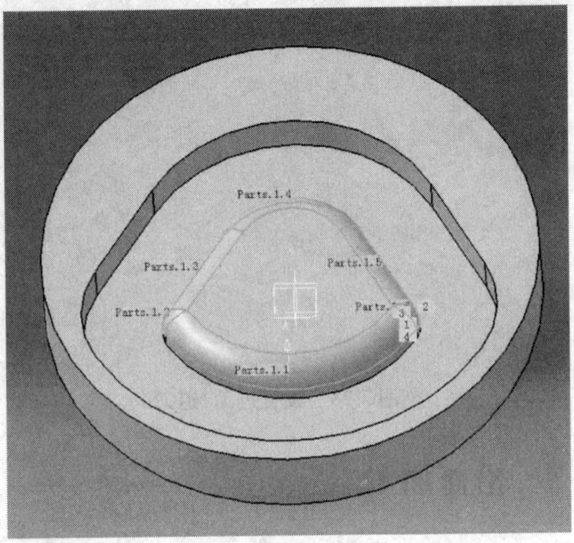

图 7-31　确定加工表面

3）设置加工余量　双击“Isoparametric Machining”对话框中的 Offset on part 字样，在系统弹出的“Edit parameter”对话框中输入 0；双击对话框中的 Offset on check 字样，在系统弹出的“Edit parameter”对话框中输入 0。

2. 设置刀具参数

选择“Isoparametric Machining”对话框中的（刀具参数）选项卡，选择按钮，修改刀具名称为 T4 End Mill D6，选中 Ball-end tool，单击对话框中的【More】按钮，展开更多的刀具参数，从参数表中修改，如图 7-32 所示。确定刀具参数后，“刀具参数”选项卡变为。

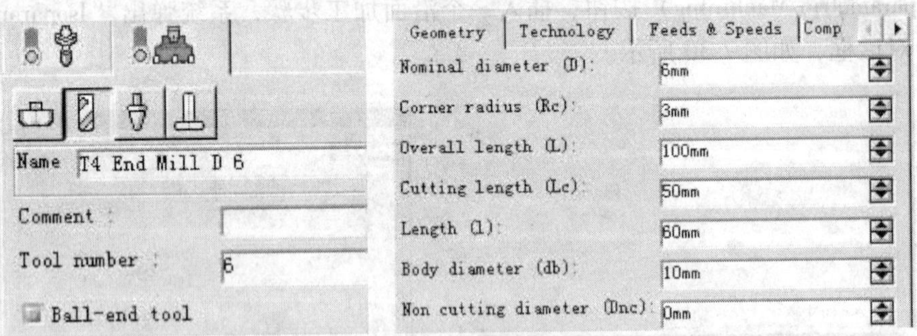

图 7-32　设置刀具参数

3. 设置切削参数

在“Isoparametric Machining”对话框中单击（切削参数）选项卡，分别在 Feedrate 和 Spindle Speed 中取消选中的 Automatic compute from tooling Feeds and Speeds（自动选取）复选框，设置如图 7-33 所示的参数。

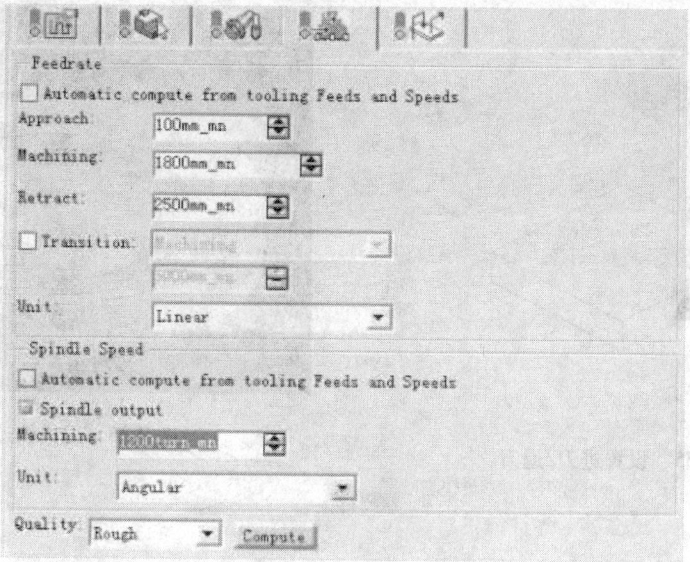

图7-33 设置切削参数

4. 设置刀具轨迹

选择“Isoparametric Machining”对话框中的（刀具轨迹）选项卡，单击Machining选项，在Tool path stype中选择Zigzag；在Machining tolerance栏中输入0.01mm，其他参数采用默认设置，刀具轨迹如图7-34所示。

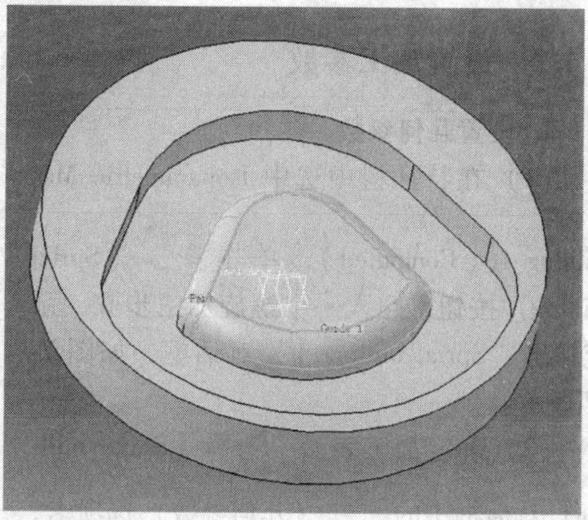

图7-34 设置刀具轨迹

5. 设置进刀/退刀

选择“Isoparametric Machining”对话框中的（进刀/退刀）选项卡。在对话框的Macro Management列表中单击Approach选项并单击右键，选择Activate选项，在Mode中选择Build by user，单击对话框中的按钮；在对话框的Macro Management列表中右键单击Retract选项，选择Activate选项，在Mode中选择Build by user，单击对话框中的按钮，如图7-35所示。

6. 刀具轨迹仿真

1）在“Isoparametric Machining”对话框中单击（刀具轨迹仿真）按钮，在图形区显示刀具轨迹，如图7-36所示。

2）单击按钮，然后单击按钮，对刀具切割毛坯零件进行仿真加工，单击【确定】按钮，完成仿真加工。

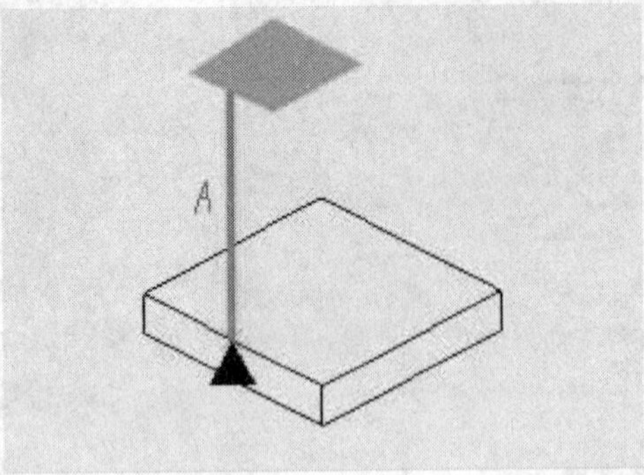

图 7-35 设置进刀/退刀

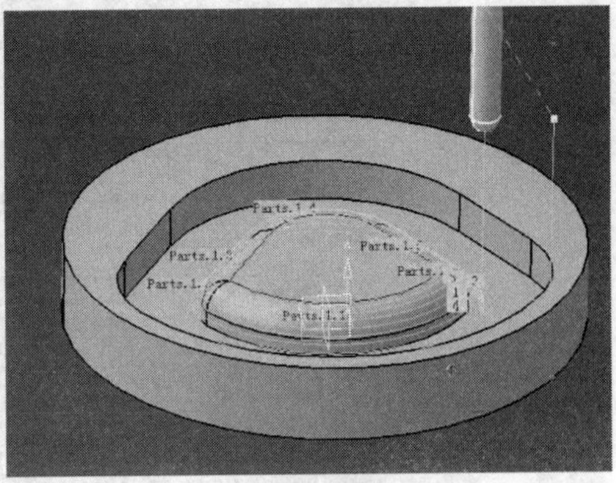

图 7-36 刀具轨迹仿真

7.4 螺旋加工

螺旋加工就是在选定的加工区域中，对指定角度以下的平坦区域进行精加工。

7.4.1 打开模型文件（同前文，不再赘述）

7.4.2 设置加工参数

1. 设置几何参数

（1）在特征树中选中 Isoparametric Machining. 1（Computed），单击 （Sprial milling）按钮，插入一个螺旋加工步骤，系统弹出“Sprial milling. 1”对话框，如图 7-37 所示。

（2）确定加工表面 选择【Sprial milling】对话框中的 （几何参数）选项卡，单击对话框中的加工曲面感应区，在图形区中双击选择整个零件作为加工区域，返回对话框，相应区域变为深绿色，几何参数按钮也变为 。

（3）设置加工余量 双击“Sprial milling”对话框中的 Offset on part 字样，在系统弹出的 Edit parameter 对话框中输入 0；双击“Contour-driven. 1”对话框中的 Offset on check 字样，在系统弹出的“Edit parameter”

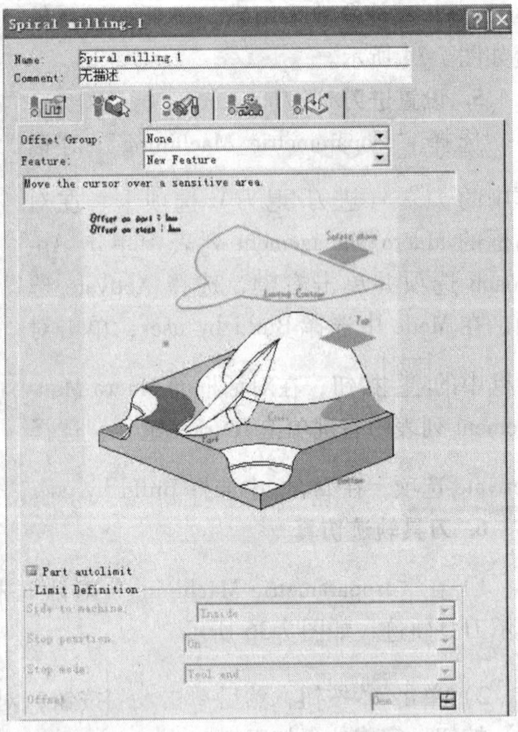

图 7-37 “螺旋加工”对话框

对话框中输入 0。

2. 设置刀具参数

选择“Sprial milling”对话框中的（刀具参数）选项卡，选择按钮，修改刀具名称为 T5 End Mill D6，选中 Ball-end tool，单击对话框中的【More】按钮，展开更多的刀具参数，从参数表中修改，如图 7-38 所示。确定刀具参数后，“刀具参数”选项卡变为。

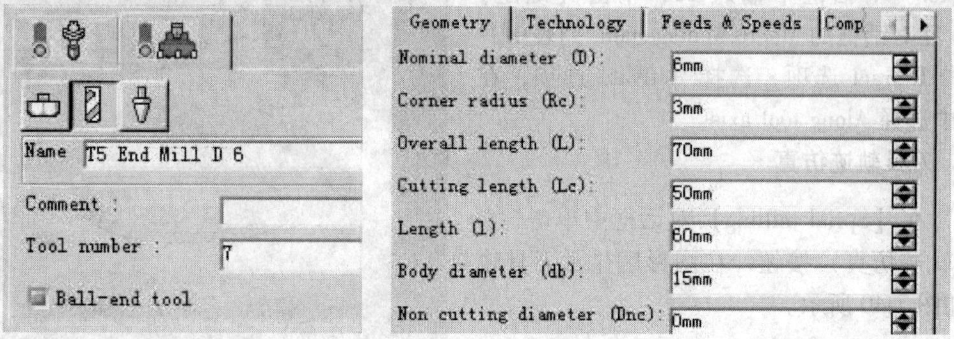

图 7-38 设置刀具参数

3. 设置切削参数

在“Sprial milling”对话框中单击（进给率）选项卡，分别在 Feedrate（进给率）和 Spindle Speed（主轴转速）中取消选中的 Automatic compute from tooling Feeds and Speeds（自动设置）复选框，设置如图 7-39 所示的参数。

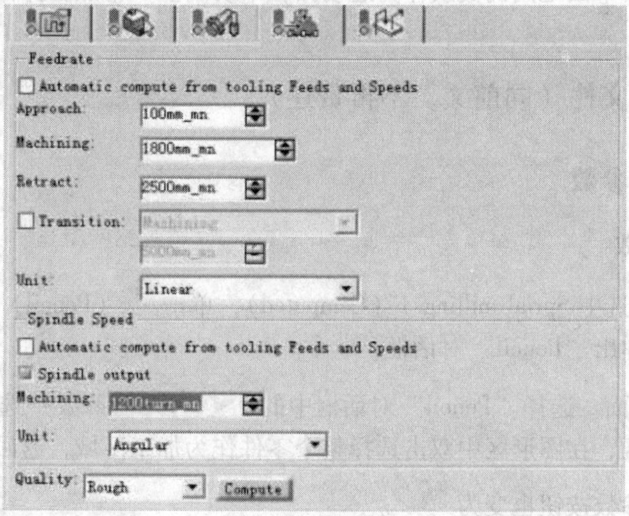

图 7-39 设置切削参数

4. 设置刀具轨迹

选择“Sprial milling”对话框中的（刀具轨迹）选项卡；在 Machining tolerance 栏中输入 0.01mm，其他参数采用默认设置。

5. 设置进刀/退刀

选择“Sprial milling”对话框中的（进刀/退刀）选项卡。在对话框的“Macro Management”列表中单击 Approach 选项并单击右键，选择 Activate 选项，在 Mode 中选择 Back 选项，双击尺寸 1.608mm，在弹出的“Edit parameter”对话框中输入 20，单击【确定】按钮，双击尺寸 6mm，在弹出的“Edit parameter”对话框中输入 10，单击【确定】按钮。在对话框的 Macro Management 列表中右键单击 Retract 选项，选择 Activate 选项，在 Mode 中选择 Along tool axis。

6. 刀具轨迹仿真

1）在【Sprial milling】对话框中单击（刀具轨迹仿真）按钮，在图形区显示刀具轨迹，如图 7-40 所示。

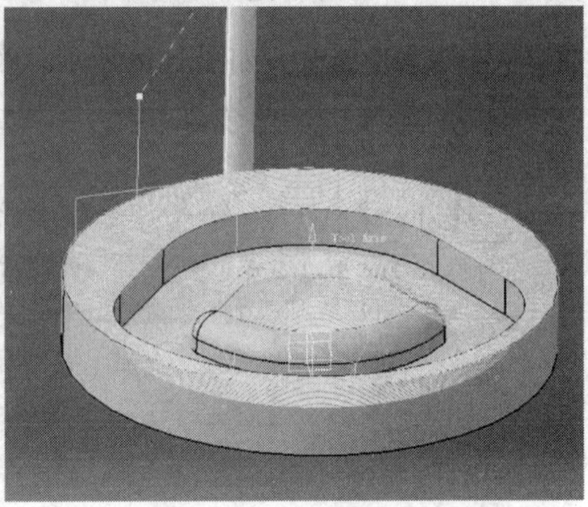

图 7-40 刀具轨迹仿真

2）单击按钮，然后单击按钮，对刀具切割毛坯零件进行仿真加工，单击【确定】按钮，完成仿真加工。

7.5 清根加工

清根加工是以两个面之间的交线作为运动路径来切削上一个加工操作留在两个面之间的残料。

7.5.1 打开模型文件（同前文，不再赘述）

7.5.2 设置加工参数

1. 设置几何参数

1）在特征树中选中 Sprial milling.1（Computed），单击（Pencil）按钮，插入一个清根加工步骤，系统弹出“Pencil”对话框。

2）确定加工表面。选择“Pencil”对话框中的（几何参数）选项卡，单击对话框中的加工曲面感应区，在图形区中双击选择整个零件作为加工区域，返回对话框，相应区域变为深绿色，几何参数按钮也变为。

2. 设置刀具参数

选择“Pencil”对话框中的（刀具参数）选项卡，选择按钮，修改刀具名称为 T6 End Mill D6，选中 Ball-end tool，单击对话框中的【More】按钮，展开更多的刀具参数，从参数表中修改，如图 7-41 所示。确定刀具参数后，“刀具参数”选项卡变为。

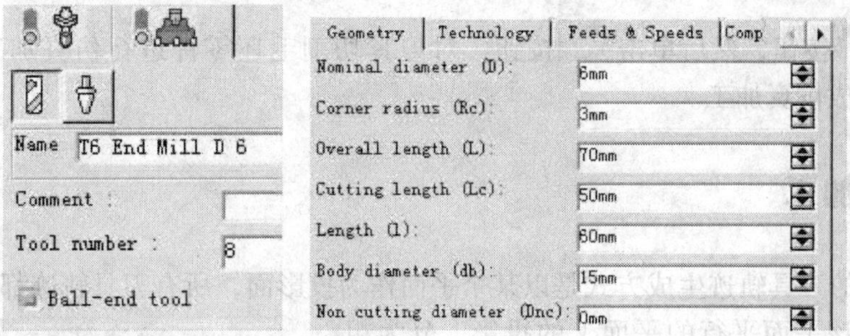

图7-41　设置刀具参数

3. 设置切削参数

在“Pencil”对话框中单击（切削参数）选项卡，分别在 Feedrate 和 Spindle Speed 中取消选中的 Automatic compute from tooling Feeds and Speeds 复选框，设置如图7-42所示的参数。

4. 设置刀具轨迹

选择“Pencil”对话框中的（刀具轨迹）选项卡；在 Machining tolerance 栏中输入0.01mm，其他参数采用默认设置。

5. 设置进刀/退刀

选择“Pencil”对话框中的（进刀/退刀）选项卡。在对话框的 Macro Management 列表中单击 Approach 选项并单击右键，选择 Activate 选项，在 Mode 中选择 Back 选项，双击尺寸1.608mm，在弹出的“Edit parameter”对话框中输入20，单击【确定】按钮，双击尺寸6mm，在弹出的“Edit parameter”对话框中输入10，单击【确定】按钮。在对话框的“Macro Management”列表中右键单击 Retract 选项，选择 Activate 选项，在 Mode 中选择 Along tool axis。

6. 刀具轨迹仿真

1）在“Pencil. 1”对话框中单击（刀具轨迹仿真）选项卡，在图形区显示刀具轨迹，如图7-43所示。

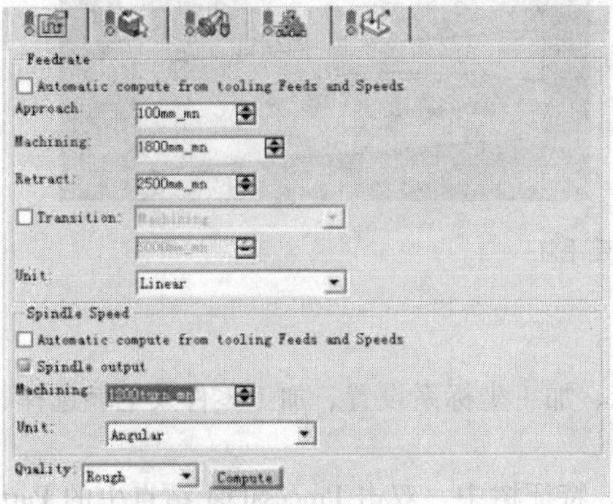

图7-42　设置切削参数

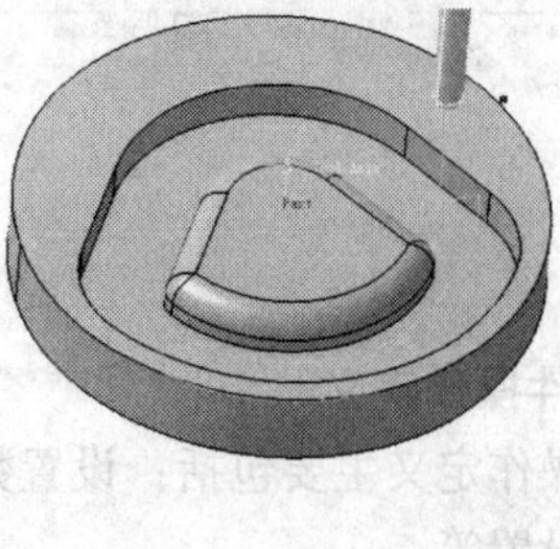

图7-43　刀具轨迹仿真

2）单击按钮，然后单击按钮，对刀具切割毛坯零件进行仿真加工，单击【确定】按钮，完成仿真加工。

7.6 投影加工

投影加工的刀具轨迹生成方式是以某个平面作为投影面，所有刀具轨迹都是加工对象的表面轮廓在与该平面平行的平面上的投影，分为粗加工和精加工，以图7-44为例讲解投影加工。

模型见光盘中课程模型资源/第7章曲面加工/投影加工。

操作过程见光盘中课程视频/第7章曲面加工/投影加工.exe。

图7-44 投影加工实例

7.6.1 投影粗加工

1. 打开模型文件并进入曲面加工模块

1）打开模型文件。

2）选择【开始】/【加工】/【surface machining】命令，进入曲面加工模块。

2. 创建毛坯

在Geometry Management工具栏中单击（创建毛坯）按钮，系统弹出“创建毛坯”对话框，选择加工零件为加工体，系统自动根据零件的尺寸创建一个毛坯，用户也可修改毛坯尺寸，单击【确定】按钮，完成毛坯的创建，如图7-45所示。

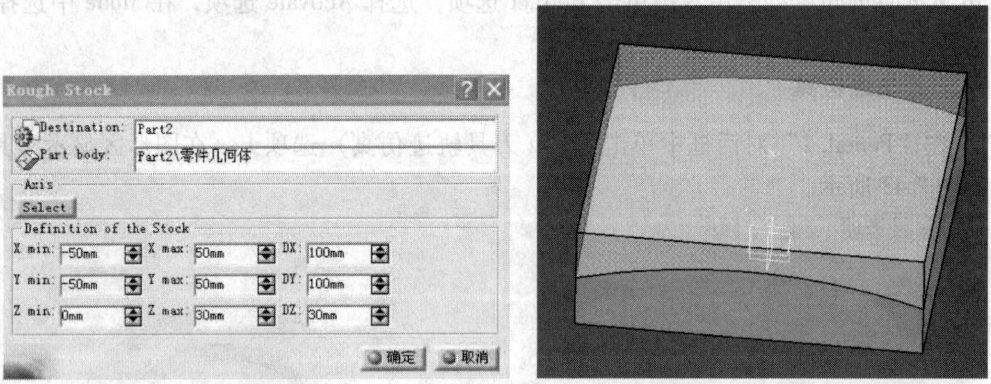

图7-45 创建毛坯

3. 零件操作定义

零件操作定义主要包括：设置数控加工机床、加工坐标系设置、加工零件及毛坯选择、安全平面设置等。

（1）打开零件操作设置对话框 在P. P. R. 特征树中，双击ProcessList结点中的Part Operation结点，弹出“Part Operation”对话框。

（2）机床设置　在“Part Operation”对话框中单击（机床设置）选项卡，弹出“Machine Editor”对话框，如图7-46所示。按照默认设置，选择3-axis Machine. 1（三轴机床），单击【确定】按钮，在ResourcesList结点下出现机床名称。

（3）坐标系设置　在“Part Operation”对话框中单击（坐标系设置）选项卡，弹出坐标系设置对话框，该坐标系为工件坐标系，默认将零件建模时的坐标系作为工件坐标系。单击原点，“坐标系设置”对话框消失，在毛坯零件上选择已设置的点，“坐标系设置”对话框中坐标系变成绿色，单击【确定】按钮，完成坐标系设置，如图7-47所示。

（4）选择加工目标零件　在“Part Operation”对话框中，选择“Geometry”选项卡，单击（选择加工零件）按钮，在视图上或特征树中选择要加工的零件几何体，双击即可返回对话框。

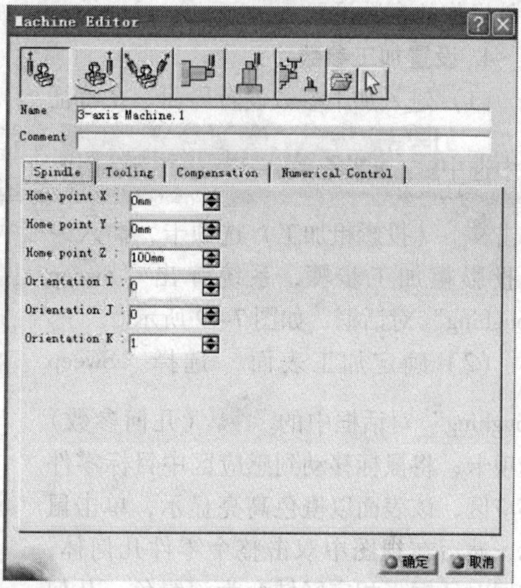

图7-46　机床设置

图7-47　设置坐标系

（5）选择毛坯　在“Part Operation”对话框中，选择Geometry选项卡，单击（选择毛坯）按钮，选择方法与加工零件的选择相同。

（6）选择安全平面　在“Part Operation”对话框中，选择Geometry选项卡，单击（安全平面）按钮，选择毛坯上表面后，返回“Part Operation”对话框，在视图中Safety Plane上右键单击，在弹出的菜单中选择Offset，在对话框中设置安全高度为30mm，如图7-

48 所示。

（7）完成零件操作设置 单击“Part Operation”对话框中的【确定】按钮，即可完成零件操作的参数设置。

4. 设置加工参数

（1）进入加工参数设置界面 在特征树中选中 Manufacturing Program.1，单击（投影粗加工）选项卡，插入一个投影粗加工步骤，系统弹出“Sweep Roughing”对话框，如图 7-49 所示。

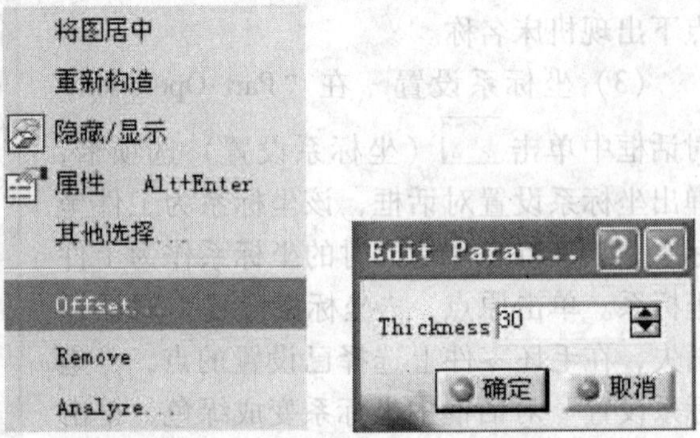

图 7-48 选择安全平面

（2）确定加工表面 选择“Sweep Roughing”对话框中的（几何参数）选项卡，将鼠标移动到感应区中目标零件感应区，该表面以橙色高亮显示，单击鼠标，然后在视图中双击整个零件几何体，返回对话框，相应区域变为深绿色，几何参数按钮也变为。

（3）设置刀具参数 选择“Sweep Roughing”对话框中的（刀具参数）选项卡，取消选中 Ball-end tool，单击对话框中的【More】按钮，展开更多的刀具参数，从参数表中修改，如图 7-50 所示，确定刀具参数后，“刀具参数”选项卡变为。

（4）设置切削参数 在“Sweep Roughing”对话框中单击（切削参数）选项卡，分别在 Feedrate（进给率）和 Spindle Speed（主轴转速）中取消选中的 Automatic compute from tooling Feeds and Speeds（自动设置）复选框，设置如图 7-51 所示的参数。

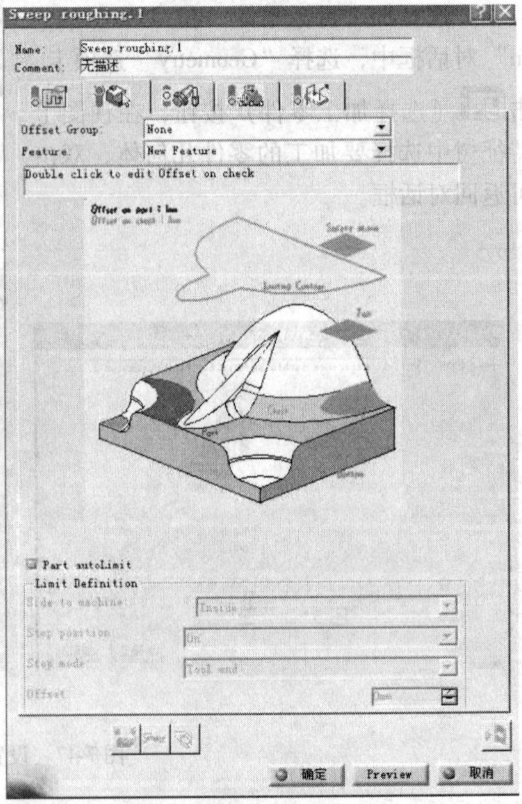

图 7-49 “投影粗加工”对话框

（5）设置刀具轨迹 选择“Sweep Roughing”对话框中的（刀具轨迹）选项卡，Roughing type 中选择 ZProgressive，单击 Machining 选项，在 Tool path stype 中选择 Zig-zag；单击 Radial 选项，在 Stepover side 中下拉列表框中选择 Right 选项，Max. distancebetween pass 中输入 2mm，单击 Axial，在 Maximum cut depth 中输入 2mm，其他参数采用默认设置，如图 7-52 所示。

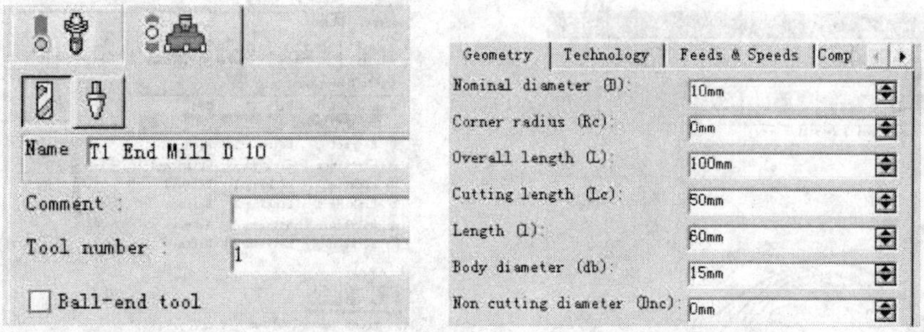

图7-50 设置刀具参数

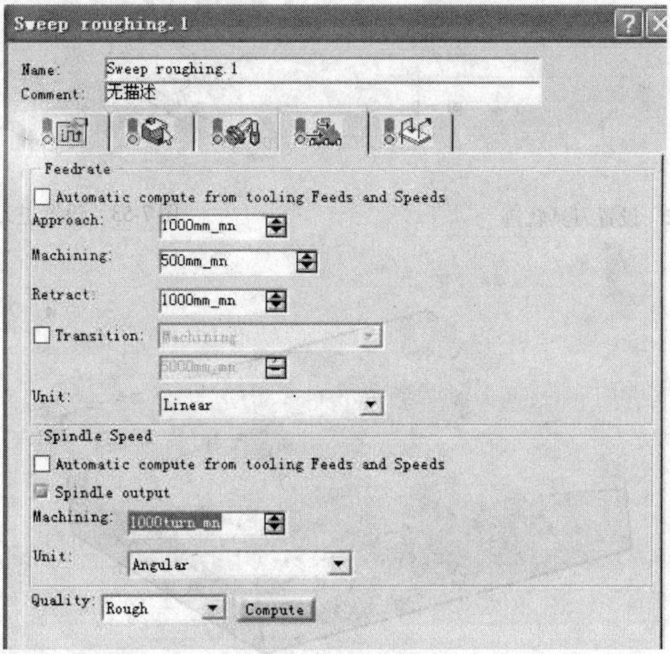

图7-51 设置切削参数

（6）设置进刀/退刀 单击“Sweep Roughing”对话框中的（进刀/退刀）选项卡。在对话框的 Macro Management 列表中单击 Approach 选项，参数设置为默认方式；双击尺寸 1.608，在弹出的“Edit Parameter”对话框中输入 30，单击【确定】按钮，双击尺寸 6，在弹出的对话框中输入 20，单击【确定】按钮。其他参数采用默认设置，如图 7-53 所示。

（7）刀具轨迹仿真

1）在对话框中单击（刀具轨迹仿真）按钮，系统弹出“Roughing”对话框，并在图形区显示刀具轨迹，如图 7-54 所示。

2）单击按钮，然后单击按钮，对刀具切割毛坯零件进行仿真加工，单击【确定】按钮，完成仿真加工，如图 7-55 所示。

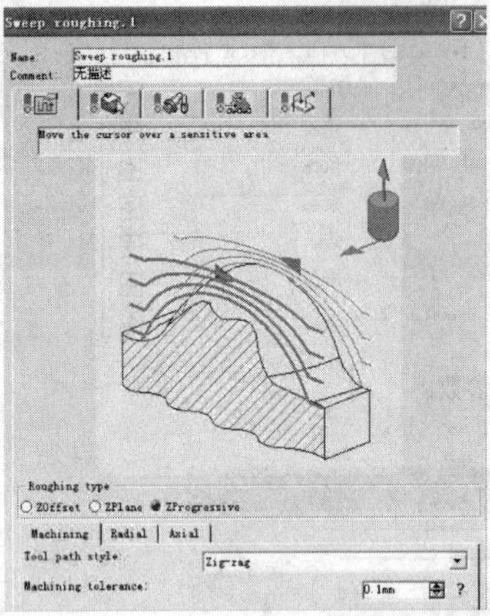

图 7-52 设置刀具轨迹

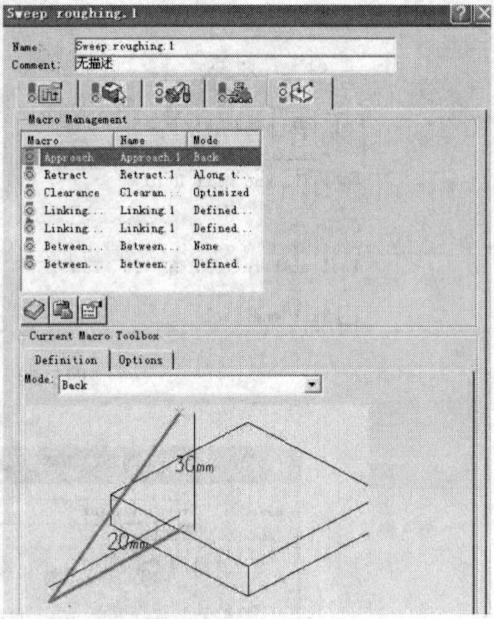

图 7-53 设置进刀/退刀

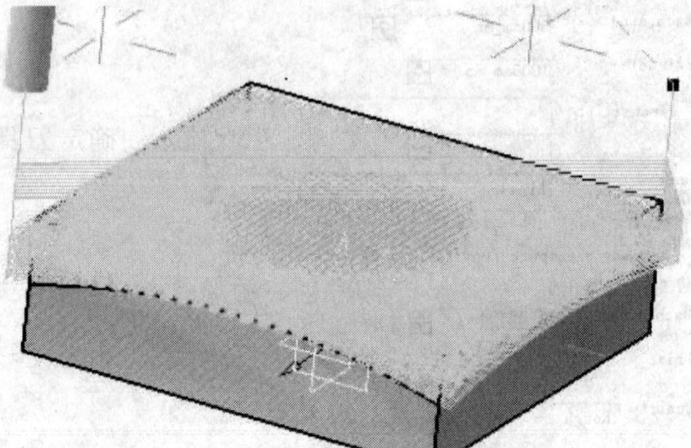

图 7-54 刀具轨迹仿真

图 7-55 仿真完成后的实体

7.6.2 投影精加工

投影精加工和投影粗加工的刀路生成方式是一样的，只是加工余量的设置不同。

1. 打开文件

2. 设置加工参数

（1）定义几何参数

1）在特征树中选中 Sweep roughing.1（Computed），然后单击（Sweeping）按钮，插入一个投影精加工步骤，系统弹出“Sweeping”对话框。

2）确定加工表面。选择“Sweeping”对话框中的（几何参数）选项卡，将鼠标移动到感应区中目标零件感应区，该表面以橙色高亮显示，单击鼠标，然后在视图中双击整个零件几何体，返回对话框，相应区域变为深绿色，几何参数按钮也变为。

3）设置加工余量。双击“Sweeping”对话框中的 Offset on part 字样，在系统弹出的“Edit parameter”对话框中输入0。双击“Sweeping”对话框中的 Offset on check 字样，在系统弹出的“Edit parameter”对话框中输入0。

（2）设置刀具参数 选择“Sweeping”对话框中的（刀具参数）选项卡，选择按钮，修改刀具名称为 T2 End Mill D6，选中 Ball-end tool，单击对话框中的【More】按钮，展开更多的刀具参数，从参数表中修改，如图7-56所示。确定刀具参数后，“刀具参数”选项卡变为。

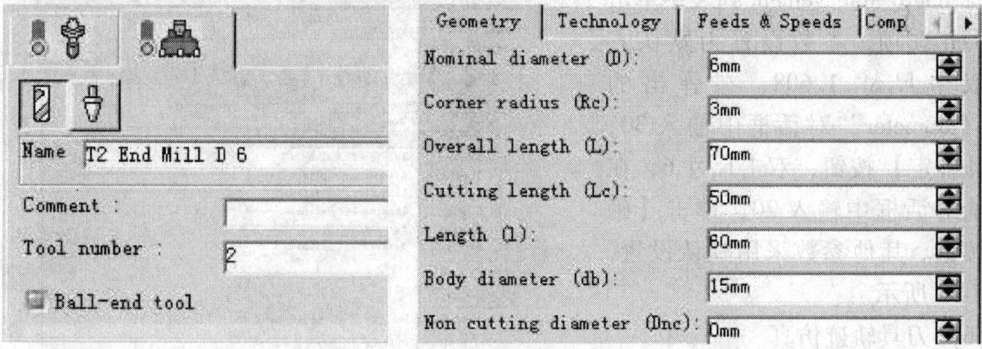

图7-56 设置刀具参数

（3）设置切削参数 在“Sweeping”对话框中单击（切削参数）选项卡，分别在 Feedrate（进给率）和 Spindle Speed（主轴转速）中取消选中的 Automatic compute from tooling Feeds and Speeds（自动设置）复选框，参数设置如图7-57所示。

（4）设置刀具路径 选择“Sweeping.1”对话框中的（刀具路径）选项卡，单击 Machining 选项，在 Tool path stype 中选择 Zig-zag；在 Machining tolerance 栏中输入0.01mm，单击 Radial 选项，在 Max. distance between pass 中输入0.5mm，其他参数采用默认设置。

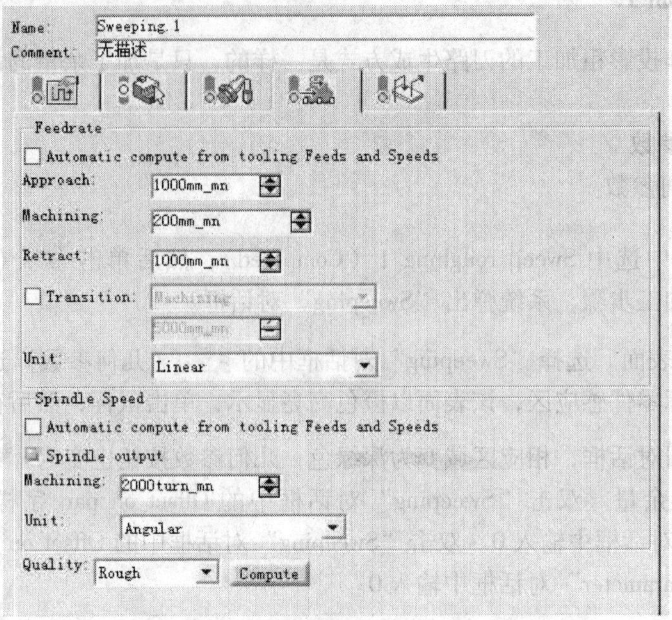

图 7-57 设置切削参数

（5）设置进刀/退刀 选择“Sweeping”对话框中的（进刀/退刀）选项卡。在对话框的 Macro Management 列表中单击 Approach 选项，参数设置为默认方式；双击尺寸 1.608，在弹出的“Edit Parameter”对话框中输入 30，单击【确定】按钮，双击尺寸 6，在弹出的对话框中输入 20，单击【确定】按钮。其他参数采用默认设置，如图 7-58 所示。

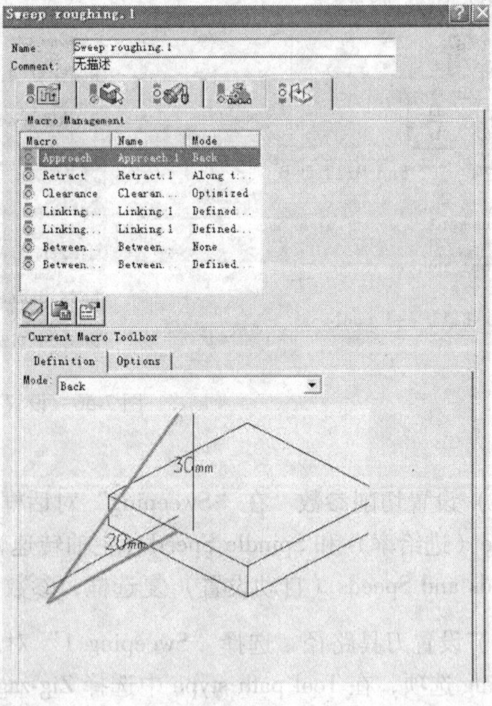

图 7-58 设置进刀/退刀

（6）刀具轨迹仿真

1）在“Sweeping”对话框中单击（刀具轨迹仿真）选项卡，系统弹出“Sweeping”对话框，并在图形区显示刀具轨迹，如图 7-59 所示。

2）单击按钮，然后单击按钮，对刀具切割毛坯零件进行仿真加工，单击【确定】按钮，完成仿真加工，如图 7-60 所示。

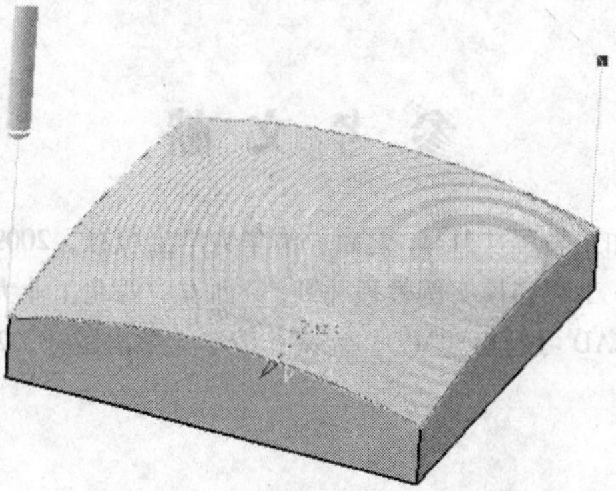

图 7-59　刀具轨迹仿真

图 7-60　仿真完成后的实体

参 考 文 献

[1] 詹才浩 . CATIA V5 数控加工教程［M］. 北京：清华大学出版社，2009.
[2] 曹岩，曹现刚 . CATIA V5 工程建模实例教程［M］. 西安：西北工业大学出版社 . 2010.
[3] 何煜琛，习宗德. 三维 CAD 习题集［M］. 北京：清华大学出版社，2010.